入侵粉蚧生物学及其防控

周忠实　齐国君　吕要斌 等　编著

科学出版社

北京

内 容 简 介

本书针对当前我国入侵粉蚧危害严重的现状，结合国内外最新研究进展，从分类地位与分布、种类鉴别、生物学特性、入侵机制与灾变过程、预防与治理等方面对重要入侵粉蚧类害虫的生物学及其防控进行了较为系统和全面的介绍。

本书图文并茂、内容翔实，可供高等院校和科研院所植物保护学、昆虫学等相关专业师生、科研工作者阅读，也可供植物检疫部门相关技术人员参考。

审图号: GS 京（2022）0802 号

图书在版编目（CIP）数据

入侵粉蚧生物学及其防控/周忠实等编著. —北京：科学出版社，2023.4
ISBN 978-7-03-074019-9

Ⅰ.①入… Ⅱ.①周… Ⅲ.①粉蚧科-侵入种-防治 Ⅳ.① Q969.36
② S433.39

中国版本图书馆 CIP 数据核字（2022）第 228935 号

责任编辑：陈　新　闫小敏/责任校对：郑金红
责任印制：肖　兴/封面设计：无极书装

科 学 出 版 社 出版
北京东黄城根北街 16 号
邮政编码：100717
http://www.sciencep.com

北京九天鸿程印刷有限责任公司 印刷
科学出版社发行　各地新华书店经销
*
2023 年 4 月第 一 版　开本：720×1000　1/16
2023 年 4 月第一次印刷　印张：12 3/4
字数：257 000

定价：228.00 元
（如有印装质量问题，我社负责调换）

主要编著者简介

周忠实　男，1976 年 11 月出生，广西宜州人，博士，研究员，博士研究生导师，现任国家农业生物安全科学中心副主任，国家"万人计划"科技创新领军人才，"十三五"和"十四五"国家重点研发计划项目首席科学家，国家优秀青年科学基金获得者，科技部人才推进计划"中青年科技创新领军人才"，中国农业科学院农科英才计划 B 类领军人才，南繁生物安全与风险评估创新团队首席科学家，中国农业科学院－广西农业科学院科技创新工程协同创新任务技术总师。兼任中国昆虫学会常务理事、中国昆虫学会外来物种及检疫专业委员会主任委员、中国林学会森林昆虫分会常务委员、中国植物保护学会生物入侵分会委员、中国植物保护学会生物防治专业委员会委员、中国昆虫学会生物防治专业委员会委员。担任《生物安全学报》副主编，以及 *Frontiers in Physiology*、*Jacobs Journal of Agriculture*、《植物保护学报》、《中国生物防治学报》和《环境昆虫学报》等学术期刊编委。

1999 年、2004 年在广西大学分别获得植物保护专业学士学位、农业昆虫与害虫防治专业硕士学位，2007 年在华南农业大学获得农业昆虫与害虫防治专业博士学位，2007 年 7 月进入中国农业科学院植物保护研究所从事博士后研究，2009 年 6 月博士后出站留所工作。长期从事外来入侵物种适应性与防控研究。先后主持国家重点研发计划项目、国家优秀青年科学基金项目、国家自然科学基金面上项目等 20 余项。发表论文 120 余篇，其中以第一作者和通讯作者发表 SCI 论文 50 余篇；担任《中国植物保护百科全书：生物安全卷》和《植物害虫检疫学》（教材）副主编，参编其他生物入侵领域著作 5 部；获得国家发明专利授权 20 余件、国家实用新型专利授权 7 件；获得省部级科学技术进步奖一等奖 1 项（排名第一）、三等奖 1 项（排名第四），中国植物保护学会科学技术奖一等奖（排名第四）和中国农业科学院科学技术进步奖一等奖（排名第五）；2013 年荣获中国昆虫学会第六届青年科学技术奖，2015 年荣获中国农业科学院金龙鱼杰出青年奖，2017 年荣获中国植物保护学会第五届青年科技奖和中国昆虫学会第四届优秀学会工作者奖。

　　齐国君　男，1985年1月出生，山东潍坊人，副研究员，硕士研究生导师，现任广东省农业科学院植物保护研究所农业生物安全研究室主任、红火蚁防控科技创新中心副主任，广州市珠江科技新星获得者。兼任广东省红火蚁防控技术指导专家组成员，中国植物保护学会青年工作委员会委员，中国昆虫学会外来物种及检疫专业委员会委员，广东省外来入侵物种风险评估和监测预警创新团队岗位专家，广东省昆虫学会理事，广州市乡村振兴百团千人科技下乡专家，广州市青年乡村振兴促进会理事。

　　2006年在山东农业大学获得植物保护专业学士学位，2009年在南京农业大学获得农业昆虫与害虫防治专业硕士学位，2009年7月到广东省农业科学院植物保护研究所工作。主要从事外来入侵物种风险评估、扩散机制及迁飞昆虫灾变预警研究。主持国家自然科学基金项目、国家重点研发计划项目子课题、国家公益性行业（农业）科研专项子课题、广东省科技计划项目、广东省现代农业产业共性关键技术研发创新团队建设项目、广州市珠江科技新星专项等科研项目10余项。发表科技论文70余篇，其中以第一作者和通讯作者发表论文40余篇；作为主编、副主编分别撰写著作各1部，参与撰写著作2部；获得国家发明专利、国家实用新型专利授权及计算机软件著作权30余件；获得广东省科学技术进步奖一等奖1项（排名第六），广西科学技术进步奖一等奖1项（排名第四），广东省农业技术推广奖二等奖3项（分别排名第一、第二、第三），中国植物保护学会科学技术奖二等奖1项（排名第二）。

吕要斌　男，1971 年 2 月出生，山西沁水人，博士，研究员，现任浙江省农业科学院植物保护与微生物研究所所长，浙江省"新世纪 151 人才工程"培养人员。兼任农业农村部植保生物技术重点实验室主任、农业农村部外来生物入侵突发事件预警与风险评估咨询委员会成员、中国植物保护学会理事、浙江省植物保护学会副理事长、浙江省应对气候变化专家委员会委员。担任《农药学学报》、《浙江农业学报》和《环境昆虫学报》编委。被聘为南京农业大学、浙江师范大学、中国计量大学、浙江农林大学等大学的研究生导师。

1992 年在山西农业大学获得森林保护专业学士学位，1995 年在山西农业大学获得昆虫学专业硕士学位，2000 年在华南农业大学获得农业昆虫与害虫防治专业博士学位，2001～2002 年在浙江大学植物保护博士后流动站进行博士后研究工作，2003 年 1 月到浙江省农业科学院植物保护与微生物研究所工作，2005～2006 年参加中央组织部"博士服务团"赴四川省巴中市挂职市长助理。

长期从事入侵害虫、经济作物害虫灾变机制及绿色防控研究，在西花蓟马、扶桑绵粉蚧、红火蚁、番茄潜叶蛾、草地贪夜蛾等重大入侵害虫，以及花蓟马、棕榈蓟马、小菜蛾、甜菜夜蛾等重要蔬菜害虫的成灾机制及防控技术研究领域取得了一批重要的科研成果。近 10 年，主持国家自然科学基金项目、浙江省重点研发计划项目等各类项目 10 余项，在 Ecology Letters 等杂志发表论文 130 多篇（其中以第一作者或通讯作者发表 SCI 论文 45 篇）；获得国家发明专利授权 10 件，蓟马高效引诱剂、小菜蛾区域性引诱剂、红火蚁专用诱饵等多项害虫绿色防控技术成功进行转让实现产业化；获得国家科学技术进步奖二等奖 1 项（排名第六）、浙江省科学技术进步奖二等奖 2 项（排名第一）、浙江省自然科学学术奖一等奖 1 项（排名第一）。

《入侵粉蚧生物学及其防控》
编著者名单

主要编著者

周忠实（中国农业科学院植物保护研究所）

齐国君（广东省农业科学院植物保护研究所）

吕要斌（浙江省农业科学院植物保护与微生物研究所）

马　骏（广州海关技术中心）

许益镌（华南农业大学植物保护学院）

李惠萍（太原海关技术中心）

陆永跃（华南农业大学植物保护学院）

陈红松（广西壮族自治区农业科学院植物保护研究所）

其他编著者（以姓名汉语拼音为序）

陈广梅（中国农业科学院植物保护研究所）

陈　婷（广东省农业科学院植物保护研究所）

崔少伟（中国农业科学院植物保护研究所）

高旭渊（广西壮族自治区农业科学院植物保护研究所）

顾渝娟（广州海关技术中心）

黄　俊（浙江省农业科学院植物保护与微生物研究所）

蒋明星（浙江大学）

景　琳（中国农业科学院植物保护研究所）

李德伟（广西壮族自治区农业科学院甘蔗研究所）

李建宇（福建省农业科学院植物保护研究所）

李汝雯（中国农业科学院植物保护研究所）

李慎磊（广州瑞丰生物科技有限公司）

马　超（中国农业科学院植物保护研究所）

马方舟（生态环境部南京环境科学研究所）

覃振强（广西壮族自治区农业科学院甘蔗研究所）

史梦竹（福建省农业科学院农业质量标准与检测技术研究所）

田震亚（中国农业科学院植物保护研究所）

田镇齐（东北农业大学）

涂华龙（中国农业科学院植物保护研究所）

汪宝如（中国农业科学院植物保护研究所）

汪晶晶（中国农业科学院植物保护研究所）

王奕婷（中国农业科学院植物保护研究所）

吴开元（中国农业科学院植物保护研究所）

张彦静（生态环境部南京环境科学研究所）

张　燕（中国农业科学院植物保护研究所）

周永平（中国农业科学院植物保护研究所）

朱丽珊（中国农业科学院植物保护研究所）

序

　　生物入侵是影响全球生物安全的重要因素之一，全球经济一体化和气候变化正不断加大外来有害生物的入侵风险。外来入侵粉蚧是一类严重危害农林作物和破坏植物生态系统的害虫，其具有体形微小、隐蔽性强、形态识别难、寄主范围广、繁殖速度快和生境适应性强等特点，极易随国际贸易活动和旅客跨境旅游传播，常常在短期内完成多点大面积入侵过程。近年来，随着我国农产品和园艺产品贸易的快速增长，以及频繁举办大型园艺园林国际博览会等活动，粉蚧入侵事件此起彼伏，我国海关多次从进口水果中截获新菠萝灰粉蚧、南洋臀纹粉蚧、大洋臀纹粉蚧等入侵粉蚧。

　　入侵我国的粉蚧主要起源于美洲，也有一部分来自亚洲其他国家或地区。粉蚧入侵后，除了取食粮食作物、经济作物、果蔬及园林观赏植物造成直接损失，还常导致煤污病暴发流行而严重削弱植株长势，农作物产量损失可达 30%～40%。此外，粉蚧作为全球性的检疫害虫，是多个国家农产品进口的技术壁垒，由入侵粉蚧导致的贸易纠纷和贸易受阻事件时有发生。因此，提高社会公众和专业人员对入侵粉蚧的识别与防控能力，对于保障我国农林业生产安全、农产品贸易安全和生态环境安全意义重大。

　　中国农业科学院植物保护研究所周忠实研究员长期从事入侵粉蚧的科研工作，他组织国内多位一线科技工作者编撰了《入侵粉蚧生物学及其防控》。该书主要内容包括入侵粉蚧的分类地位与分布、种类鉴别、生物学特性、入侵机制与灾变过程、预防与治理等，并重点介绍了 15 种入侵粉蚧的形态鉴别特征、寄主范围、生活史、环境适应性、传播扩散风险预警、野外调查与监测方法等。

　　该书是一部全面系统总结我国入侵粉蚧风险分析、监测预警和防控技术最新成果的专著，内容丰富、信息量大、图片精美，学术思想新颖、生产实用性强。出版该书为我国植物检疫和植物保护科技工作者，以及高等院校相关专业师生提供了一部高水平的专业书，对于指导入侵粉蚧的防控工作和培养外来生物防控专业学生有重要价值。

中国工程院院士　吴孔明

2022 年 12 月 26 日

前　言

　　粉蚧是半翅目 Hemiptera 蚧总科 Coccoidea 粉蚧科 Pseudococcidae 昆虫的统称，体表被白色或乳黄色蜡质覆盖物，酷似白粉披身，全世界已知约 2000 种，其中大多数种类为热带和亚热带农作物或经济作物的重要害虫，也常在温带的温室栽培植物上发生。粉蚧具有体形微小、隐蔽性强、形态特征相似、寄主范围广、繁殖速度快、适应性强等显著入侵特征，可随果蔬贸易及交通工具广泛传播，易于入侵、定殖、扩张、暴发成灾，防控难度较大。随着经济全球化，国际旅游业、现代交通的飞速发展，农产品、园艺园林苗木贸易的快速增长及大型园艺园林世博会等的频繁举行，粉蚧入侵我国的概率和风险越来越高，海关截获粉蚧的种类、数量及频次逐年增加。入侵粉蚧随花卉苗木及观赏植物的调运迅速传播扩散，造成了严重的经济损失。

　　入侵粉蚧主要危害各种果树、蔬菜、花卉、园林观赏植物等农林经济作物，常群集于枝、叶、果上，以吸取植物汁液为生，严重时会造成植株死亡。入侵粉蚧由于隐蔽性强，早期不易被发现，常呈点面突发性暴发，防不胜防。雌成虫和若虫分泌的蜜露常诱发煤污病，严重削弱作物、果蔬等长势，受害植株逐渐凋亡、枯死，常造成 30%～40% 的产量损失，严重时可造成农作物、蔬菜绝收或失去经济价值，经济损失巨大。在入侵地，入侵粉蚧通常与本地蚂蚁或入侵蚂蚁形成亲密的互惠互利关系，蚂蚁既是它们的"保姆"，对其进行照料，又是它们的"保镖"，保护其免遭捕食性和寄生性天敌攻击，加上其繁殖力强，每头雌成虫可产数百粒卵，极易在短期内扩张种群和暴发成灾，对我国农林业生产、进出口贸易及生态环境构成巨大威胁。

　　粉蚧可适应各种生境，一旦传入，极易定殖和扩散蔓延。例如，1988 年湿地松粉蚧被人为携带传入我国广东，1999 年发生面积就达 23.16 万 hm^2；2008 年 8 月在广东广州市区街道朱槿上首次发现扶桑绵粉蚧，2009 年该粉蚧就已扩散至海南、广西、福建、江西、湖南、四川、云南、浙江等多个省区。此外，粉蚧也是口岸农产品检疫的重点关注对象，其导致的贸易纠纷和贸易受阻事件频繁发生。例如，2014 年和 2016 年深圳盐田出入境检验检疫局和上海浦东出入境检验检疫局从菲律宾进境香蕉中检出新菠萝灰粉蚧，分别致使 61t 和 60t 香蕉被销毁。近两年，由于携带大洋臀纹粉蚧和新菠萝灰粉蚧，台湾番荔枝和莲雾等水果多次被禁止输入大陆。

　　鉴于入侵粉蚧的经济重要性，针对当前入侵粉蚧危害严重的现状，结合入侵粉蚧研究的最新进展，由我国从事入侵粉蚧研究优势单位的众多科技工作者一起编写本书。本书的编写与发行，相信可为广大从事粉蚧或相关昆虫学研究的科技工作者和高校师生提供借鉴与参考。

本书的相关研究工作和出版得到了"十三五"国家重点研发计划项目"主要入侵生物的动态分布与资源库建设"（2016YFC1202100）、"十四五"国家重点研发计划项目"新发/重大外来入侵物种区域减灾联防联控技术研究"（2022YFC2601400）、广东省现代农业产业共性关键技术研发创新团队建设项目"外来入侵物种风险评估与监测预警"（2022KJ134）的资助。在撰写过程中，北京林业大学武三安教授和山西大学谢映平教授审阅了粉蚧分类鉴定部分，并提出了宝贵建议；印度国家农业昆虫资源局 Sunil Joshi 博士和 Ankita Gupta 博士、日本名古屋大学农业生物学院 Isabelle VEA 博士、印度喀拉拉农业大学 Sachin Pai 教授、中国农业科学院植物保护研究所张桂芬研究员、广州海关技术中心梁帆研究员、华中农业大学植物科学技术学院华红霞教授、广东省林业科学研究院赵丹阳高级工程师和邱华龙副研究员、广东省农业科学院植物保护研究所石庆型助理研究员、福建农林大学植物保护学院硕士研究生林凌鸿等国内外众多同行提供了很多相当珍贵的图片。在此，一并致谢。

限于作者水平，本书存在不足之处在所难免，敬请广大读者提出宝贵意见。

中国农业科学院植物保护研究所研究员　周忠实

2022 年 12 月于北京

目　录

第一章　分类地位与分布 ·· 1

　一、分类地位 ·· 1

　二、起源与分布 ··· 2

　　（一）起源地 ··· 2

　　（二）分布 ··· 2

第二章　种类鉴别 ··· 7

　一、形态鉴定 ·· 7

　　（一）粉蚧科模式图及术语 ··· 7

　　（二）主要入侵粉蚧的形态特征 ··· 9

　　（三）入侵/潜在入侵粉蚧重要种及近似种检索表 ························· 25

　二、DNA 条形码鉴定 ··· 27

　　（一）粉蚧 DNA 条形码鉴定基本要求 ···································· 27

　　（二）粉蚧 DNA 条形码鉴定方法 ······································· 28

　　（三）DNA 条形码鉴定应用 ·· 33

第三章　生物学特性 ··· 37

　一、扶桑绵粉蚧 ··· 37

　　（一）寄主范围与危害 ··· 37

　　（二）生活史 ··· 40

　　（三）环境适应性 ··· 40

　二、木瓜秀粉蚧 ··· 43

　　（一）寄主范围与危害 ··· 43

　　（二）生活史 ··· 47

　　（三）环境适应性 ··· 49

　三、新菠萝灰粉蚧 ··· 49

　　（一）寄主范围与危害 ··· 49

　　（二）生活史 ··· 51

　　（三）环境适应性 ··· 52

　四、湿地松粉蚧 ··· 53

　　（一）寄主范围与危害 ··· 53

　　（二）生活史 ··· 54

（三）环境适应性 ………………………………………………………… 54
五、大洋臀纹粉蚧 …………………………………………………………… 55
　（一）寄主范围与危害 ………………………………………………… 55
　（二）生活史 …………………………………………………………… 59
　（三）环境适应性 ……………………………………………………… 59
六、南洋臀纹粉蚧 …………………………………………………………… 60
　（一）寄主范围与危害 ………………………………………………… 60
　（二）生活史 …………………………………………………………… 61
　（三）环境适应性 ……………………………………………………… 62
七、石蒜绵粉蚧 ……………………………………………………………… 62
　（一）寄主范围与危害 ………………………………………………… 62
　（二）生活史 …………………………………………………………… 64
　（三）环境适应性 ……………………………………………………… 65
八、美地绵粉蚧 ……………………………………………………………… 65
　（一）寄主范围与危害 ………………………………………………… 65
　（二）生活史 …………………………………………………………… 67
　（三）环境适应性 ……………………………………………………… 68
九、杰克贝尔氏粉蚧 ………………………………………………………… 68
　（一）寄主范围与危害 ………………………………………………… 68
　（二）生活史 …………………………………………………………… 69
　（三）环境适应性 ……………………………………………………… 70
十、马缨丹绵粉蚧 …………………………………………………………… 71
　（一）寄主范围与危害 ………………………………………………… 71
　（二）生活史 …………………………………………………………… 71
　（三）环境适应性 ……………………………………………………… 72
十一、日本臀纹粉蚧 ………………………………………………………… 72
　（一）寄主范围与危害 ………………………………………………… 72
　（二）生活史 …………………………………………………………… 73
　（三）环境适应性 ……………………………………………………… 74
十二、榕树粉蚧 ……………………………………………………………… 74
　（一）寄主范围与危害 ………………………………………………… 74
　（二）生活史 …………………………………………………………… 75
　（三）环境适应性 ……………………………………………………… 76
十三、真葡萄粉蚧 …………………………………………………………… 76
　（一）寄主范围与危害 ………………………………………………… 76
　（二）生活史 …………………………………………………………… 76

（三）环境适应性···76

十四、拟葡萄粉蚧···77

　　（一）寄主范围与危害···77

　　（二）生活史···77

　　（三）环境适应性···78

十五、木薯绵粉蚧···78

　　（一）寄主范围与危害···78

　　（二）生活史···78

　　（三）环境适应性···79

第四章　入侵机制与灾变过程···80

一、传入与扩散···80

　　（一）扶桑绵粉蚧···80

　　（二）木瓜秀粉蚧···84

　　（三）新菠萝灰粉蚧···86

　　（四）湿地松粉蚧···88

　　（五）大洋臀纹粉蚧···89

　　（六）南洋臀纹粉蚧···90

　　（七）石蒜绵粉蚧···92

　　（八）美地绵粉蚧···93

　　（九）杰克贝尔氏粉蚧···96

　　（十）马缨丹绵粉蚧···98

　　（十一）日本臀纹粉蚧···99

　　（十二）榕树粉蚧··100

　　（十三）真葡萄粉蚧··101

　　（十四）拟葡萄粉蚧··102

　　（十五）木薯绵粉蚧··103

二、影响入侵扩张的环境因素··105

　　（一）非生物因子··105

　　（二）生物因子··107

第五章　预防与治理··112

一、风险评估与预警··112

　　（一）扶桑绵粉蚧··112

　　（二）木瓜秀粉蚧··113

　　（三）新菠萝灰粉蚧··114

　　（四）湿地松粉蚧··115

　　（五）大洋臀纹粉蚧··116

（六）南洋臀纹粉蚧 ·························· 117

（七）石蒜绵粉蚧 ·························· 118

（八）美地绵粉蚧 ·························· 119

（九）杰克贝尔氏粉蚧 ···················· 120

（十）马缨丹绵粉蚧 ······················ 121

（十一）日本臀纹粉蚧 ···················· 122

（十二）榕树粉蚧 ························ 123

（十三）真葡萄粉蚧 ······················ 124

（十四）拟葡萄粉蚧 ······················ 125

（十五）木薯绵粉蚧 ······················ 126

二、调查与监测 ···························· 127

（一）扶桑绵粉蚧种群监测方法 ············ 127

（二）新菠萝灰粉蚧种群监测方法 ·········· 129

（三）湿地松粉蚧种群监测方法 ············ 131

三、植物检疫 ······························ 133

四、农业防治 ······························ 135

五、生物防治 ······························ 135

（一）粉蚧天敌种类 ······················ 136

（二）粉蚧生物防治典型案例 ·············· 141

（三）粉蚧优势天敌繁育方法 ·············· 145

（四）不同生境入侵粉蚧的生物防治策略 ···· 149

六、物理防治 ······························ 150

七、化学防治 ······························ 150

参考文献 ···································· 152

附录一 中国口岸截获粉蚧名录 ················ 181

附录二 国内防治蚧虫登记药剂情况 ············ 183

附录三 防治蚧虫的主流化学药剂 ·············· 184

附录四 粉蚧化学防治注意事项 ················ 185

附录五 扶桑绵粉蚧化学药剂浸泡处理方法 ······ 186

附录六 溴甲烷对扶桑绵粉蚧的熏蒸处理方法 ···· 187

第一章　分类地位与分布

粉蚧体表被有白色或乳黄色蜡质覆盖物，酷似白粉披身，全世界已知 2000 余种，其中许多种类是热带和亚热带农林重要害虫，在温带也常危害温室栽培植物（Jansen，2003；Kozár and Konczné Benedicty，2007）。粉蚧具有体形微小、隐蔽性强、形态特征相似、寄主范围广、繁殖速度快、适应性强等显著入侵特征，可随果蔬贸易及交通工具广泛传播，易于入侵、定殖、扩张、暴发成灾，防控难度较大。粉蚧危害的寄主涉及多种果树、农作物及园林花卉等，雌成虫和若虫常群集于枝、叶、果上，以吸取植物汁液为生，其分泌的蜜露常诱发煤污病，严重削弱作物、果蔬等长势，受害植株逐渐凋亡、枯死，严重时可造成农作物、蔬菜绝收或失去经济价值（Kozár and Konczné Benedicty，2007）。

随着经济全球化、农业贸易自由化及国际旅游业飞速发展，外来粉蚧入侵事件频繁发生。例如，扶桑绵粉蚧 Phenacoccus solenopsis Tinsley（马骏等，2009）、木瓜秀粉蚧 Paracoccus marginatus Williams and Granara de Willink（张江涛和武三安，2015）、新菠萝灰粉蚧 Dysmicoccus neobrevipes Beardsley（吴建辉等，2008）、湿地松粉蚧 Oracella acuta (Lobdell)（庞雄飞和汤才，1994）、大洋臀纹粉蚧 Planococcus minor (Maskell)（袁晓丽等，2012）、南洋臀纹粉蚧 Planococcus lilacinus (Cockerell)（张桂芬等，2019）、石蒜绵粉蚧 Phenacoccus solani Ferris（王珊珊和武三安，2009）、美地绵粉蚧 Phenacoccus madeirensis Green（武三安等，2010）、杰克贝尔氏粉蚧 Pseudococcus jackbeardsleyi Gimpel and Miller（王玉生等，2018）、马缨丹绵粉蚧 Phenacoccus parvus Morrison（王戌勃和武三安，2014）、日本臀纹粉蚧 Planococcus kraunhiae (Kuwana)（张江涛，2018）、榕树粉蚧 Pseudococcus baliteus Lit（何衍彪等，2011）、真葡萄粉蚧 Pseudococcus maritimus (Ehrhorn)（温秀云，1984）和拟葡萄粉蚧 Pseudococcus viburni (Signoret)（武三安，2009）等已被报道入侵我国。这些外来粉蚧的入侵造成了巨大的经济损失。

一、分 类 地 位

粉蚧是半翅目 Hemiptera 蚧总科 Coccoidea 粉蚧科 Pseudococcidae 昆虫的统称。粉蚧为典型的雌雄二型昆虫，雌虫和雄虫的发育属于两个不同的类型，雌虫属渐变态型，雄虫属过渐变态型（汤祊德，1992）。粉蚧雌成虫的体形和大小，依种不同而千差万别，但一般呈椭圆形，体扁而柔软，体被有一层薄蜡粉，体周有放射状蜡丝。粉蚧最为典型的特征是无腹气门，背面有背孔和刺孔群，腹面有腹脐，螺旋形三格腺存在，管腺领管状。

不同学者对粉蚧科以下分类单元的划分有所不同，一些学者认为粉蚧科应该分为绵粉蚧亚科 Phenacoccinae、粉蚧亚科 Pseudococcinae、根粉蚧亚科 Rhizoecinae、团粉蚧亚科 Trabutininae 和球粉蚧亚科 Sphaerococcinae 5 个亚科；而目前被多数学者接受的是三亚科系统，即绵粉蚧亚科 Phenacoccinae、粉蚧亚科 Pseudococcinae 和垒粉蚧亚科 Rastrococcinae。在入侵我国的粉蚧中，扶桑绵粉蚧、石蒜绵粉蚧、美地绵粉蚧和马缨丹绵粉蚧均隶属于绵粉蚧亚科 Phenacoccinae，木瓜秀粉蚧、新菠萝灰粉蚧、大洋臀纹粉蚧、南洋臀纹粉蚧、日本臀纹粉蚧、榕树粉蚧、真葡萄粉蚧、拟葡萄粉蚧和湿地松粉蚧均隶属于粉蚧亚科 Pseudococcinae。

二、起源与分布

（一）起源地

粉蚧起源地遍布世界各地。入侵我国的几种粉蚧中，扶桑绵粉蚧、石蒜绵粉蚧、湿地松粉蚧、真葡萄粉蚧均起源于北美洲，木瓜秀粉蚧和新菠萝灰粉蚧均起源于中美洲，杰克贝尔氏粉蚧和美地绵粉蚧均起源于中南美洲，马缨丹绵粉蚧和拟葡萄粉蚧均起源于南美洲，南洋臀纹粉蚧和大洋臀纹粉蚧均起源于南亚，榕树粉蚧起源于东南亚，日本臀纹粉蚧起源于东亚（日本）。

（二）分布

粉蚧被认为是世界上最具入侵性的昆虫之一，具有较强的环境适应性，分布范围较广，多数种类广泛分布在各大洲的多个国家，如入侵我国的扶桑绵粉蚧、木瓜秀粉蚧、新菠萝灰粉蚧等粉蚧均为世界性入侵害虫，在许多国家和地区均可建立种群与造成危害，并不断传播扩散。

扶桑绵粉蚧最早于 1898 年在美国新墨西哥州发现（Tinsley，1898），目前已分布于全球 60 多个国家和地区。在非洲，分布在阿尔及利亚、贝宁、喀麦隆、埃及、埃塞俄比亚、加纳、肯尼亚、马里、毛里求斯、摩洛哥、尼日利亚、法属留尼汪岛、塞内加尔、塞舌尔、塞拉利昂、苏丹、斯威士兰；在亚洲，分布在孟加拉国、柬埔寨、中国、印度、印度尼西亚、伊朗、伊拉克、以色列、日本、老挝、马来西亚、巴基斯坦、沙特阿拉伯、斯里兰卡、泰国、土耳其、阿联酋、越南；在欧洲，分布在塞浦路斯、希腊、意大利、荷兰、西班牙、英国；在北美洲，分布在巴巴多斯、伯利兹、加拿大、英属开曼群岛、古巴、多米尼加、法属瓜德罗普岛、危地马拉、海地、牙买加、法属马提尼克岛、墨西哥、尼加拉瓜、巴拿马、法属圣巴泰勒米岛、圣马丁岛、美国；在大洋洲，分布在澳大利亚、夏威夷群岛、法属新喀里多尼亚；在南美洲，分布在阿根廷、巴西、哥伦比亚、智利、厄瓜多尔（CABI，2022）。2008 年，我国首次在广州发现扶桑绵粉蚧（马骏等，2009），目前已广泛分布于广东、海南、广西、福建、云南、四川、江西、湖南、浙江、湖北、安徽、江苏、新疆、河北、上海、重庆、天津、香港、台湾 19 个省份（王艳平等，2009；黄芳等，2011；任竞妹，2016；马玲，2019；王玉生，2019；覃武等，2021）。

木瓜秀粉蚧起源于中美洲（Williams and Granara，1992），随后不断传播扩散至全球 50 多个国家和地区。在非洲，分布在贝宁、喀麦隆、加纳、加蓬、肯尼亚、毛里求斯、莫桑比克、尼日利亚、法属留尼汪岛、南苏丹、坦桑尼亚、多哥、乌干达；在亚洲，分布在孟加拉国、柬埔寨、中国、印度、印度尼西亚、以色列、日本、老挝、马来西亚、马尔代夫、阿曼、巴基斯坦、菲律宾、斯里兰卡、泰国、越南；在北美洲，分布在安提瓜和巴布达、巴哈马、巴巴多斯、伯利兹、英属维尔京群岛、英属开曼群岛、哥斯达黎加、古巴、多米尼加、格林纳达、法属瓜德罗普岛、危地马拉、海地、法属马提尼克岛、墨西哥、英属蒙特塞拉特岛、荷属安的列斯群岛、圣卢西亚岛、波多黎各、法属圣巴泰勒米岛、圣基茨和尼维斯、圣马丁岛、美属维尔京群岛、美国；在大洋洲，分布在法属波利尼西亚、夏威夷群岛、关岛、密克罗尼西亚联邦、帕劳、美属北马里亚纳群岛；在南美洲，分布在法属圭亚那（CABI，2022）。在中国，主要分布在云南、广东、福建、海南、广西、江西、台湾（顾渝娟和齐国君，2015；张江涛和武三安，2015；廖嵩等，2021）。

新菠萝灰粉蚧原产于热带美洲（Beardsley，1959），已广泛分布于非洲、亚洲、欧洲、北美洲、大洋洲、南美洲的 50 多个国家和地区。在非洲，分布在科特迪瓦、肯尼亚、毛里求斯、莫桑比克、南非、坦桑尼亚、乌干达；在亚洲，分布在柬埔寨、中国、印度、印度尼西亚、日本、老挝、马来西亚、巴基斯坦、菲律宾、新加坡、斯里兰卡、泰国、越南；在欧洲，分布在意大利、立陶宛、荷兰；在北美洲，分布在安提瓜和巴布达、巴哈马、巴巴多斯、哥斯达黎加、多米尼加、萨尔瓦多、危地马拉、海地、洪都拉斯、牙买加、墨西哥、巴拿马、特立尼达和多巴哥、波多黎各、美属维尔京群岛、美国；在大洋洲，分布在澳大利亚、库克群岛、美属萨摩亚、关岛、夏威夷群岛、基里巴斯、马绍尔群岛、美属北马里亚纳群岛；在南美洲，分布在巴西、哥伦比亚、厄瓜多尔、秘鲁、苏里南（CABI，2022）。在中国，主要分布在海南、广东、云南、广西及台湾（覃振强等，2010）。

湿地松粉蚧原产于美国密西西比盆地（Lobdell，1930），目前主要分布于北美洲的美国和亚洲的中国。在美国，目前主要分布在佐治亚州、佛罗里达州、北卡罗来纳州、南卡罗来纳州、密西西比州、弗吉尼亚州、宾夕法尼亚州、肯塔基州、马里兰州、路易斯安那州、得克萨斯州、明尼苏达州、俄克拉何马州和阿肯色州（CABI，2022）。在中国，1988 年在广东台山市首次发现（徐家雄等，1992，2002；Sun et al.，1996），目前已分布于广东、广西、湖南、江西等地（徐家雄等，1992；庞雄飞和汤才，1994；吕送枝，2000；陈良昌等，2009；陈燕婷，2015；肖惠华等，2016）。

大洋臀纹粉蚧起源于南亚（Cox，1989），目前已遍布全球 60 多个国家和地区，分布区大多属于热带地区，少数属于亚热带地区。在非洲，分布在科摩罗群岛、马达加斯加、毛里求斯、塞舌尔、英属圣赫勒拿岛；在亚洲，分布在孟加拉国、文莱、柬埔寨、中国、印度、印度尼西亚、日本、老挝、马来西亚、马尔代夫、缅甸、菲律宾、新加坡、斯里兰卡、泰国、越南；在欧洲，分布在法国、葡萄牙；在北美洲，分布在安提瓜和巴布达、巴哈马、巴巴多斯、英属百慕大群岛、哥斯达黎加、古巴、多米尼加、格林纳达、法属瓜德罗普岛、危地马拉、海地、洪都拉斯、牙买加、墨西哥、特立尼达和多巴哥、圣卢西亚岛、波多黎各、美属维尔京群岛、美国；在大洋洲，分布在澳大利亚、库克群岛、美属萨摩亚、斐济、法属波利尼西亚、夏威夷群岛、基里巴斯、法属新喀里多尼亚、新西兰、纽埃、巴布亚新几内亚、所罗门群岛、托克劳、汤加、瓦努阿图、法属瓦利斯和富图纳群岛；在南美洲，分布在阿根廷、巴西、哥伦比亚、厄瓜多尔、圭亚那、苏里南、乌拉圭（Williams and Granara de Willink，1992；CABI，2022）。在中国，最先发现于台湾地区（邵炜冬和徐志宏，2014），随后在海南、广东、广西、云南、新疆、上海、北京等地发现（袁晓丽等，2012；王进强等，2013；邵冬炜，2015；张江涛，2018）。

南洋臀纹粉蚧可能起源于南亚，模式产地为菲律宾群岛（Cox，1989），随后向全球传播和扩散，目前已分布在全球 30 多个国家和地区。在非洲，分布在科摩罗群岛、肯尼亚、马达加斯加、毛里求斯、莫桑比克、法属留尼汪岛、塞舌尔；在亚洲，分布在孟加拉国、不丹、文莱、柬埔寨、中国、印度、印度尼西亚、日本、老挝、马来西亚、马尔代夫、缅甸、菲律宾、斯里兰卡、泰国、越南、也门；在北美洲，分布在多米尼加、萨尔瓦多、海地；在大洋洲，分布在澳属科科斯群岛、关岛、密克罗尼西亚联邦、巴布亚新几内亚、美属北马里亚纳群岛（Beardsley，1966；张桂芬等，2019；CABI，2022）。在中国，目前已分布于海南、广东、广西、云南、福建、浙江和台湾（马骏等，2019；张桂芬等，2019）。

石蒜绵粉蚧最早分布于北美洲（Ferris，1918），目前已分布于全球热带和亚热带地区的 40 多个国家与地区。在非洲，分布在佛得角、埃及、南非、英属圣赫勒拿岛、津巴布韦；在亚洲，分布在柬埔寨、中国、印度、伊朗、以色列、日本、韩国、老挝、新加坡、泰国、土耳其、越南；在欧洲，分布在法国、德国、意大利、西班牙、英国；在北美洲，分布在加拿大、法属瓜德罗普岛、危地马拉、墨西哥、荷属安的列斯群岛、特立尼达和多巴哥、波多黎各、美国；在大洋洲，分布在澳大利亚、美属萨摩亚、关岛、基里巴斯、马绍尔群岛；在南美洲，分布在巴西、哥伦比亚、厄瓜多尔、法属圭亚那、秘鲁、委内瑞拉（CABI，2022）。在中国，主要分布在北京、新疆、浙江、广东、广西、福建、海南、台湾等地（武三安和张润志，2009；陈哲等，2017；李思怡，2018）。

美地绵粉蚧起源于中南美洲（Williams，1987），目前已遍布全球 70 多个国家和地区。在非洲，分布在阿尔及利亚、安哥拉、贝宁、喀麦隆、佛得角、刚果、科特迪瓦、埃及、冈比亚、加纳、加蓬、肯尼亚、利比里亚、马拉维、毛里求斯、莫桑比克、尼日利亚、法属留尼汪岛、卢旺达、圣多美和普林西比、塞内加尔、塞舌尔、塞拉利昂、多哥、突尼斯、津巴布韦；在亚洲，分布在中国、印度、日本、约旦、菲律宾、泰国、土耳其、也门；在欧洲，分布于克罗地亚、塞浦路斯、法国、德国、希腊、意大利、葡萄牙、西班牙；在北美洲，分布在安提瓜和巴布达、巴哈马、巴巴多斯、英属百慕大群岛、英属维尔京群岛、英属开曼群岛、哥斯达黎加、古巴、多米尼加、格林纳达、法属瓜德罗普岛、危地马拉、海地、牙买加、墨西哥、英属蒙特塞拉特岛、巴拿马、特立尼达和多巴哥、圣卢西亚岛、波多黎各、圣基茨和尼维斯、美属维尔京群岛、美国；在大洋洲，分布在关岛、密克罗尼西亚联邦；在南美洲，分布在阿根廷、玻利维亚、巴西、哥伦比亚、厄瓜多尔、法属圭亚那、圭亚那、巴拉圭、秘鲁、乌拉圭、委内瑞拉（CABI，2022）。在中国，目前分布在海南、广东、广西、福建、香港和台湾（武三安等，2010；蒋明星等，2020）。

　　杰克贝尔氏粉蚧原产于中南美洲（Gimpel and Miller，1996），目前已遍布全球40多个国家和地区。在非洲，分布在科特迪瓦、肯尼亚、法属留尼汪岛、塞舌尔；在亚洲，分布在文莱、柬埔寨、中国、印度、印度尼西亚、老挝、马来西亚、马尔代夫、菲律宾、新加坡、斯里兰卡、泰国、越南；在北美洲，分布在荷属阿鲁巴岛、巴哈马、巴巴多斯、伯利兹、哥斯达黎加、古巴、多米尼加、萨尔瓦多、危地马拉、海地、洪都拉斯、牙买加、法属马提尼克岛、墨西哥、巴拿马、特立尼达和多巴哥、波多黎各、法属圣巴泰勒米岛、圣马丁岛、美属维尔京群岛、美国；在大洋洲，分布在澳大利亚、夏威夷群岛、基里巴斯、密克罗尼西亚联邦、巴布亚新几内亚、图瓦卢；在南美洲，分布在巴西、智利、哥伦比亚、厄瓜多尔、委内瑞拉（王玉生等，2018；CABI，2022）。在中国，目前分布在海南、广东、新疆和台湾（王玉生等，2018）。

　　马缨丹绵粉蚧最早发现于南美洲厄瓜多尔加拉帕戈斯群岛（Morrison，1924），目前广泛分布于全球40多个国家和地区。在非洲，分布在刚果（布）、埃及、加蓬、法属留尼汪岛、塞内加尔、塞舌尔；在亚洲，分布在中国、印度、印度尼西亚、以色列、日本、新加坡；在北美洲，分布在安提瓜和巴布达、巴巴多斯、伯利兹、英属百慕大群岛、英属维尔京群岛、英属开曼群岛、哥斯达黎加、古巴、多米尼加、法属瓜德罗普岛、法属马提尼克岛、墨西哥、尼加拉瓜、巴拿马、特立尼达和多巴哥、圣卢西亚岛、圣文森特和格林纳丁斯、波多黎各、圣基茨和尼维斯、美属维尔京群岛、美国；在大洋洲，分布在澳大利亚、库克群岛、美属萨摩亚、斐济、法属新喀里多尼亚、瓦努阿图；在南美洲，分布在阿根廷、智利、厄瓜多尔、圭亚那、巴拉圭、苏里南、乌拉圭（CABI，2022）。在中国，目前仅分布在云南、香港和台湾（王戌勃和武三安，2014）。

　　拟葡萄粉蚧可能起源于南美洲智利中部，目前已广泛分布在全球50多个国家和地区。在非洲，分布在摩洛哥、南非、英属圣赫勒拿岛、津巴布韦；在亚洲，分布在阿富汗、中国、格鲁吉亚、印度尼西亚、伊朗、以色列、韩国、菲律宾、斯里兰卡、土耳其；在欧洲，分布在奥地利、比利时、保加利亚、克罗地亚、塞浦路斯、捷克、丹麦、法国、德国、希腊、匈牙利、意大利、荷兰、葡萄牙、俄罗斯、斯洛文尼亚、西班牙、瑞典、瑞士、乌克兰、英国；在北美洲，分布在加拿大、哥斯达黎加、古巴、法属瓜德罗普岛、危地马拉、牙买加、墨西哥、巴拿马、美国；在大洋洲，分布在澳大利亚、新西兰；在南美洲，分布在阿根廷、玻利维亚、巴西、智利、法属圭亚那、秘鲁、乌拉圭、委内瑞拉（CABI，2022）。在中国，目前仅分布在宁夏、广东、贵州、云南（武三安，2009）。

真葡萄粉蚧起源于北美洲（Ben-Dov，1994），目前已分布在全球 10 多个国家和地区。在亚洲，分布在亚美尼亚、印度尼西亚、中国；在欧洲，仅在德国、荷兰室内发现；在大洋洲，分布在澳大利亚、新西兰；在北美洲，分布于波多黎各、法属瓜德罗普岛、危地马拉、加拿大、墨西哥、美国；在南美洲，分布在阿根廷、巴西、智利、哥伦比亚、法属圭亚那（CABI，2022）。在中国，仅在山东、广东、云南、新疆发现（温秀云，1984；武三安和贾彩娟，1996；陈卫民等，2015；任竞妹，2016）。

木薯绵粉蚧原产于南美洲（Correa et al.，2012），目前，已广泛分布于非洲、亚洲、北美洲、南美洲的 40 多个国家和地区。在非洲，分布在安哥拉、贝宁、布隆迪、喀麦隆、中非、刚果（金）、刚果（布）、科特迪瓦、赤道几内亚、冈比亚、加蓬、加纳、几内亚比绍、几内亚、肯尼亚、利比里亚、马达加斯加、马拉维、马里、莫桑比克、尼日尔、尼日利亚、卢旺达、塞内加尔、塞拉利昂、南非、苏丹、坦桑尼亚、多哥、乌干达、赞比亚、津巴布韦；在亚洲，分布在柬埔寨、印度、印度尼西亚、老挝、马来西亚、泰国、越南；在南美洲，分布在阿根廷、玻利维亚、巴西、哥伦比亚、法属圭亚那、圭亚那、巴拉圭（CABI，2022）。在中国，目前尚未有分布报道，但在越南、泰国等东南亚国家均有分布，该粉蚧入侵我国广西、广东、海南和云南的风险极高（曾宪儒等，2014；田兴山，2016；于永浩等，2016）。

日本臀纹粉蚧起源于日本（Ueno，1963），目前分布于印度、伊朗、日本、韩国、马来西亚、菲律宾等地，在中国分布在台湾、湖北、四川、浙江、云南等地（吴文哲等，1988；张江涛，2018；Moghaddam and Nematian，2020）。

榕树粉蚧起源于菲律宾（Williams，2004），目前分布于柬埔寨、印度、印度尼西亚、缅甸、菲律宾、新加坡、泰国、越南，在中国分布在广东、海南、福建等地（Lit and Calilung，1994a，1994b；Williams，2004；何衍彪等，2011；任竞妹，2016）。

第二章 种类鉴别

粉蚧主要依据雌成虫显微形态特征，包括虫体形态、体表附属物、足与透明孔和腺体类型、数量及分布等对种类进行分类鉴定。近年来，在粉蚧物种识别中引入了条形码等分子标记鉴定技术，不仅解决了虫态和虫体完整度限制的问题，还具有简便、快速、高通量等优点，备受关注，成为粉蚧形态学鉴定的重要补充。

一、形态鉴定

（一）粉蚧模式图及术语

粉蚧雌成虫的形态特征模式图采用"背腹半分图法"绘制，通常分为背（左）腹（右）两面，综合了形态描述中的触角、足、肛环及腺体等大部分特征，虫体分节编号与刺孔群编号从体前端开始（图 2-1）。

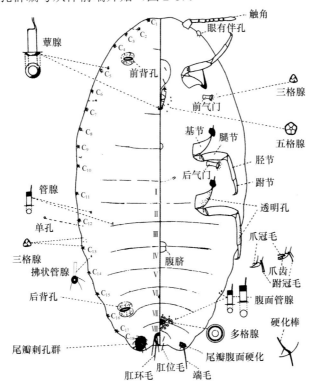

图 2-1　粉蚧模式图［仿 Williams（2004）］

左为背面，右为腹面；C_1、C_2、……、C_{18} 分别表示刺孔群序号；Ⅰ、Ⅱ、……、Ⅷ分别表示腹节序号

参考李惠萍（2021），粉蚧分类常用的形态特征术语列述如下。

1. 背孔

背孔（ostioles）又名背裂，一般 2 对，前背孔着生于前胸背板，后背孔着生于第 6 腹节背板。其形状如嘴唇，有 2 片孔瓣（或唇瓣），瓣上有三格腺和毛，瓣缘有时硬化。

2. 腹脐

腹脐（circulus）又名腹裂，位于虫体腹面，常分布于第 3、4 腹节间，多为圆形、卵圆形、长方形或沙漏形的表皮区，边缘硬化框明显。

3. 盘腺

盘腺（disk pores）又名孔腺，为粉蚧分泌蜡粉的一类孔状的圆形腺体结构，依据分格多少分为三格腺（trilocular pores）、五格腺（quinquelocular pores）和多格腺（multilocular pores）。三格腺呈三角形或近三角形，其内具 3 格；五格腺呈五边形或近五边形，中心具 1 格，周围围绕 5 格；多格腺圆形，中心具 1 格，周围围绕多格（5 格以上）。此外，还有单孔或筛状孔，单孔是一种微小、简单的圆形或椭圆形硬化区，若其上具有颗粒状结构则称为筛状孔。

4. 管腺

管腺（tubular ducts）是一类柱形或近柱形的腺体结构，分泌蜡丝形成虫体覆盖物或卵囊。领状管腺（oral collar tubular ducts）又称领状腺，管腺近开口处围有一圈窄的硬化环区（领区）。如管腺在开口处围有宽的环，并呈一圈蘑菇状突起则称蕈状管腺（oral rim tubular ducts），又称蕈。管腺开口处硬化环上或紧挨硬化环周围有数根刚毛如拂尘，则称拂状管腺（ferrisia like tubular ducts）。

5. 刺孔群

刺孔群（cerarii）是粉蚧的一种特殊泌蜡构造，分布在背缘，由锥状刺（或锥刺）、三格腺和附毛组成。通常体背缘有 17 对或 18 对刺孔群，从前向后标出 C_1、C_2、……、C_{18}，即代表头部 4 对［额对、触角对（又名眼前对）、眼对、眼后对］、胸部 6 对（每胸节各 2 对）、腹部 8 对（每腹节 1 对）。当为 17 对刺孔群时，通常 C_2（眼前对）缺失。

6. 肛环

肛环（anal ring）是肛门开口处的硬化环状结构，位于背末，由 2 个月牙形的环组成，常为椭圆形，其上具有成列环孔和肛环毛。

7. 尾瓣

尾瓣（anal lobes）又称尾叶，是肛环两侧的突出部分。尾瓣末端具 1 根长刚毛，称端毛。尾瓣腹面常有不同形状的硬化片、硬化棒或硬化条。

8. 阴门

阴门（vulva）是雌性生殖孔的开口，位于虫体第 7～8 腹节的腹板之间，周围常有多格腺分布。

（二）主要入侵粉蚧的形态特征

1. 扶桑绵粉蚧（图 2-2 和图 2-3）

【学　　名】*Phenacoccus solenopsis* Tinsley

【异　　名】*Phenacoccus cevalliae* Cockerell

【英文名称】solenopsis mealybug，cotton mealybug

【分类地位】半翅目 Hemiptera 粉蚧科 Pseudococcidae 绵粉蚧属 *Phenacoccus*

【形态特征】雌成虫体宽椭圆形，长可达 5mm，侧面观稍圆；体被白色薄蜡粉，沿体中线两侧胸部具 1 对、腹部具 3 对黑灰色裸露斑；足红色；腹脐黑色；体缘蜡丝均短粗，腹部末端 4～5 对稍长，蜡丝表面粗糙。**雌成虫显微特征：** 体宽椭圆形。触角 9 节。足粗壮，发达，爪下有小齿。后足腿节端部和胫节有透明孔。腹脐大，硬化程度低。尾瓣发达。刺孔群 18 对，每个均有 2 根锥刺和 1 群三格腺；末对刺

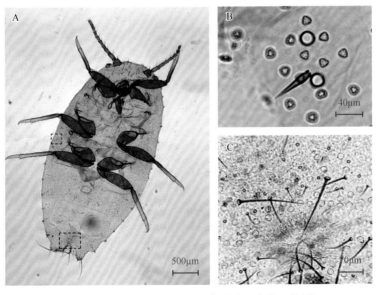

图 2-2　扶桑绵粉蚧雌成虫显微照片（黄俊　供图）

A. 雌成虫腹面观；B. 刺孔群、锥刺和三格腺；C. 阴门和多格腺

孔群中锥刺较大，其他对刺孔群中锥刺较小。背面刺小，矛尖形，散布。体背无多格腺和领状管腺。腹面多格腺分布在第4～9腹节腹面中区（少数个体在第5腹节有1～2个），在第7腹节从节前缘至后缘都有，亦常分布在腹部亚缘区。腹面领状管腺窄于三格腺，数量较多，分布在除头部及第7～8腹节中区外的其他体节，呈横列，亚缘区成群，胸部腹面数量较少。

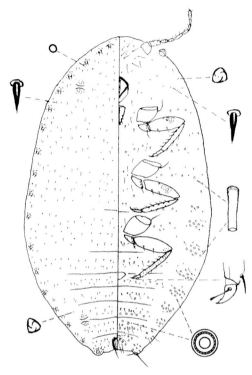

图2-3　扶桑绵粉蚧雌成虫形态特征［仿武三安和张润志（2009）］

2. 木瓜秀粉蚧（图2-4～图2-6）

【学　　名】*Paracoccus marginatus* Williams and Granara de Willink
【异　　名】无
【英文名称】papaya mealybug，marginal mealybug
【分类地位】半翅目 Hemiptera 粉蚧科 Pseudococcidae 秀粉蚧属 *Paracoccus*
【形态特征】雌成虫体长椭圆形；背腹扁平；虫体黄色；足浅黄色；蜡粉覆盖虫体，不厚，不能掩盖虫体颜色，体背无裸露区域；卵囊仅在腹面；体缘具15～17对蜡丝，末对蜡丝明显更长，末对蜡丝前的蜡丝较小，不明显，末对大约为体长的1/8。**雌成虫显微特征：**体椭圆形。触角8节。后足基节有成群透明孔。刺孔群16～18对，每个有锥刺2根，偶有1根，头胸部锥刺较细，除末对刺孔群外，每个刺孔群伴有4～8个三格腺，无附毛；末对刺孔群着生区硬化，每个有锥刺2

根、附毛1~3根和三格腺10~16个。腹脐1个,大,宽椭圆形。尾瓣腹面有硬化棒。背毛细短。蕈状管腺在体背分布于边缘和亚缘;在体腹面分布于胸部边缘。多格腺分布在体腹面第4~8腹节中区,呈1~2列横带,不达边缘。领状管腺在腹面腹节中区稀疏分布,在缘区成簇分布。

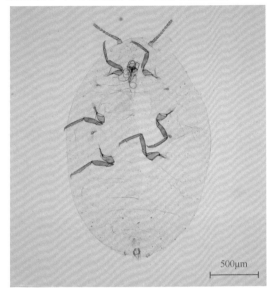

图2-4 木瓜秀粉蚧雌成虫显微照片
(梁帆 供图)

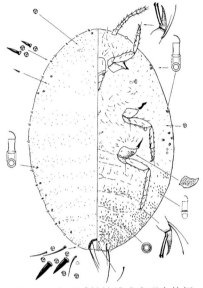

图2-5 木瓜秀粉蚧雌成虫形态特征
[仿 Williams(2004)]

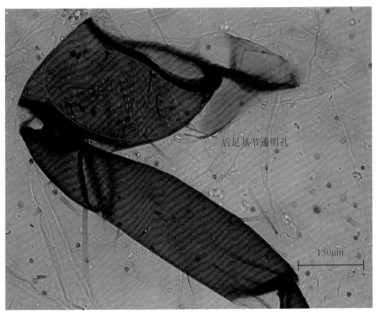

图2-6 木瓜秀粉蚧雌成虫后足基节透明孔(梁帆 供图)

3. 新菠萝灰粉蚧（图 2-7 和图 2-8）

【学　　　名】*Dysmicoccus neobrevipes* Beardsley

【异　　　名】无

【英文名称】annona mealybug，gray pineapple mealybug

【分类地位】半翅目 Hemiptera 粉蚧科 Pseudococcidae 灰粉蚧属 *Dysmicoccus*

【形态特征】雌成虫体卵形至阔卵形，侧面观圆突；体灰色或灰黄色，足黄褐色；体被蜡粉，体缘具蜡丝 17 对，末对最长，蜡丝略粗，末几对蜡丝常密集相连。**雌成虫显微特征**：体阔卵形，长可达 3.5mm。触角 8 节。单眼半球形，其周围常有 2～3 个筛状孔。足大而粗，后足腿节和胫节上有许多透明孔，跗冠毛 2 根且端部均膨大。腹脐 1 个，大，位于第 3、4 腹节腹板间，有侧凹和节间褶横过。肛环毛 6 根。尾瓣中度发达，腹面有 1 长方形硬化区，端毛长于肛环毛。刺孔群 17 对，末对刺孔群有 2 根锥刺、4～6 根附毛和 1 群三格腺，位于较肛环稍小的近圆形硬化片上；其余刺孔群有 2～4 根锥刺、1～2 根附毛和 1 小群三格腺。三格腺在背、腹两面均匀分布。多格腺仅分布在腹部腹面，在第 6～8 腹节中区呈横列。筛状孔有各种大小，在背面主要分布在背中线上，特别是腹部后面的背中线上；在腹面散布。管腺 2 种大小，大者仅在第 4～7 腹节腹面亚缘成小群，小者主要在第 5～7 腹节中区呈双列，其他腹节中区有少量。体毛短小。

 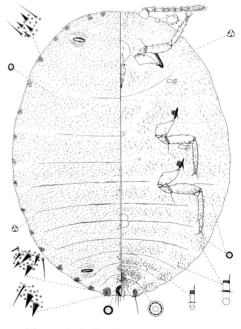

图 2-7　新菠萝灰粉蚧雌成虫显微照片　　　图 2-8　新菠萝灰粉蚧雌成虫形态特征
　　　　　（梁帆　供图）　　　　　　　　　　　［仿 Williams（2004）］

4.湿地松粉蚧（图2-9）

【学　　名】*Oracella acuta* (Lobdell)

【异　　名】*Pseudococcus acutus* Lobdell

【英文名称】acute mealybug，loblolly pine mealybug

【分类地位】半翅目 Hemiptera 粉蚧科 Pseudococcidae 松粉蚧属 *Oracella*

【形态特征】雌成虫体长1.52～1.90mm，浅红色，梨形，中后胸最宽。在蜡包中腹部向后尖削。**雌成虫显微特征：**单眼1对，明显，半球形。口针为体长之1.5倍。触角7节，各节上具细毛；端节较长，为基节2倍，并具数根感觉刺毛。胸气门2对。胸足3对，发育正常，爪下无齿。腹脐1个，较大，位于第3、4腹节间。第7、8腹节间具阴门。腹面分布有三格腺和多格腺。背面有背孔2对。刺孔群4～7对，分布于腹部后几节，越向前体节上刺孔群越不显，刺孔群由2根锥刺和附毛及三格腺组成。腹末具1对尾瓣，末端各具长刚毛1根。肛环在背末，具成列环孔，肛环毛6根。

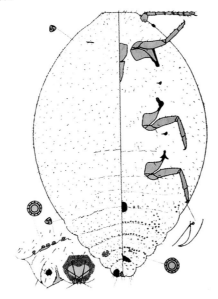

图2-9　湿地松粉蚧雌成虫形态特征［仿李孟楼等（2002）］

5.大洋臀纹粉蚧（图2-10和图2-11）

【学　　名】*Planococcus minor* (Maskell)

【异　　名】*Dactylopius calceolariae minor* Maskell

　　　　　　Pseudococcus calceolariae minor (Maskell) Fernald

　　　　　　Planococcus pacificus Cox

　　　　　　Planococcus psidii Cox

【英文名称】passionvine mealybug，pacific mealybug

【分类地位】半翅目 Hemiptera 粉蚧科 Pseudococcidae 臀纹粉蚧属 *Planococcus*

【形态特征】雌成虫体椭圆形，侧面观稍圆；体被白蜡粉，薄，可见体色，沿背中线裸露，形成一明显的中纵条纹；体缘具蜡丝 17～18 对，较短，略弯，末对稍长，约为体长的 1/8，且蜡丝细长。**雌成虫显微特征**：体椭圆形，触角 8 节，眼在其后，近头缘。后足基节和胫节有透明孔。背孔 2 对，发达，每瓣上有 1～4 根毛和 7～30 个三格腺。肛环在背末。尾瓣略突，其腹面有硬化棒，端毛为肛环毛的 2 倍长。刺孔群 18 对，每个有 2 根锥刺、7～10 个三格腺，有小块硬化片，仅末对有附毛，硬化片亦较大。三格腺均匀分布于背、腹面。单孔（与三格腺同大）分布于背中和腹面。多格腺仅分布于体腹面，偶在头区，常在胸区，前足基后和后气门后各有 0～12 个与 0～5 个，胸部其他部位少数，在腹部第 4～9 节后缘中区呈单或双列，在第 6～9 节前侧缘亦有。领状管腺亦分大、中、小三类；大者在体背，即第 5～8 节各刺孔群旁有 1 个；中者在腹面，即头部前 2 对刺孔群腹面的侧缘有 0～13 个，第 6 对刺孔群旁有 0～16 个，第 8 对旁有 0～6 个，其他胸区少数，腹节侧则成群；小者在腹面腹节上呈横列。

200μm

图 2-10　大洋臀纹粉蚧雌成虫显微照片
（李惠萍　供图）

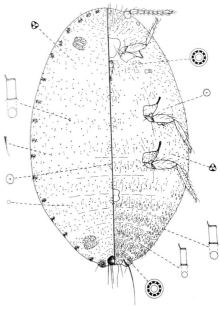

图 2-11　大洋臀纹粉蚧雌成虫形态特征
［仿 Williams（2004）］

6. 南洋臀纹粉蚧（图 2-12 和图 2-13）

【学　　名】*Planococcus lilacinus* (Cockerell)

【异　　名】*Pseudococcus lilacinus* Cockerell

Pseudococcus tayabanus Cockerell

Dactylopius coffeae Newstead

Pseudococcus coffeae (Newstead) Sanders

Dactylopius crotonis Green

Tylococcus mauritiensis Mamet

Planococcus indicus Avasthi and Shafee

【英文名称】coffee mealybug，oriental cacao mealybug

【分类地位】半翅目 Hemiptera 粉蚧科 Pseudococcidae 臀纹粉蚧属 *Planococcus*

【形态特征】雌成虫体宽圆形，褐红色或棕褐色；体被白色厚蜡粉，成熟虫体蜡粉依节成蜡块，体色在节间处可见，背中线的裸露区形成纵带；体缘具蜡丝 18 对，宽，基部逐渐靠拢连接，末几对蜡丝稍弯，约为体长的 1/8。**雌成虫显微特征**：体卵形，触角 8 节，眼在其后。足粗大，后足基节和胫节上有许多透明孔。腹脐大且有节间褶横过。背孔 2 对，内缘硬化，孔瓣上有三格腺 20～22 个、附毛 3～8 根。肛环在近背末，有成列环孔和 6 根长肛环毛。尾瓣略突，腹面有硬化棒，端毛长于肛环毛。肛位毛长，几乎等长于肛环毛。刺孔群 18 对，无附毛，每个有

200μm

图 2-12　南洋臀纹粉蚧雌成虫显微照片
（李惠萍　供图）

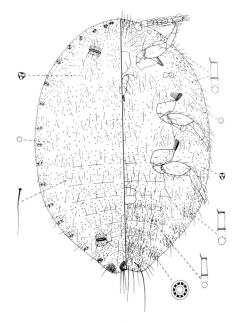

图 2-13　南洋臀纹粉蚧雌成虫形态特征
［仿 Williams（2004）］

2根锥刺、7~12个三格腺，末对约有20个三格腺和3根附毛，位于浅硬化片上。三格腺均匀分布于背、腹面。多格腺仅分布于腹面，即在第4~7腹节中区呈横列，两端延伸至体缘，在第8~9腹节呈带；前足基节后通常无多格腺。体背无管腺，腹面管腺在体缘成群，在第4~7腹节中区、亚中区呈单横列；通常在前、中足基节侧和触角间存在。体背毛细长，常长过体节。

7. 石蒜绵粉蚧（图2-14和图2-15）

【学　　名】*Phenacoccus solani* Ferris
【异　　名】*Phenacoccus defectus* Ferris
　　　　　　Phenacoccus herbarum Lindinger
【英文名称】imperfect mealybug，solanum mealybug
【分类地位】半翅目 Hemiptera 粉蚧科 Pseudococcidae 绵粉蚧属 *Phenacoccus*
【形态特征】雌成虫体椭圆形，侧面观略圆；颜色从淡黄色到褐色；足红色；体表覆盖蜡粉；中纵脊上堆有蜡块，而在腹部中纵脊两侧有裸露区域，形成2条纵线；体缘具18对短的蜡丝，前面蜡丝短，蜡粉薄，末对蜡丝宽且最长，约为体长的1/8，蜡丝表面蜡粉粗糙。**雌成虫显微特征：**体椭圆形，长2.3~2.7mm，宽1.3~1.6mm。触角8~9节。眼发达，突出。足发达，爪有小齿，后足胫节上有许多透明孔。肛环毛6根。腹脐小，椭圆形或圆形。刺孔群18对，末对刺孔群每个有2根锥刺、10~13个三格腺，其他刺孔群每个有2根锥刺、6个三格腺。五格腺缺；体背无多格腺和管腺；腹面多格腺通常出现在第4~8腹节。

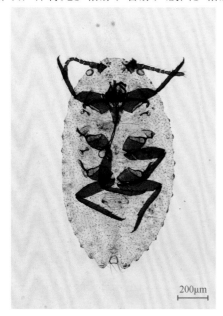

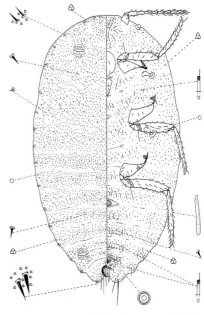

图2-14　石蒜绵粉蚧雌成虫显微照片
（李惠萍　供图）

图2-15　石蒜绵粉蚧雌成虫形态特征
［仿 Williams（2004）］

8. 美地绵粉蚧（图 2-16 和图 2-17）

【学　　名】*Phenacoccus madeirensis* Green
【异　　名】*Phenacoccus grenadensis* Green and Laing
　　　　　　Phenacoccus harbisoni Peterson
【英文名称】madeira mealybug
【分类地位】半翅目 Hemiptera 粉蚧科 Pseudococcidae 绵粉蚧属 *Phenacoccus*
【形态特征】雌成虫活虫体常绿色。**雌成虫显微特征**：体椭圆形，长约 3.0mm，宽 1.8mm 左右。触角 9 节。足发达，爪有齿。后足胫节有少量透明孔。腹脐横椭圆形，通常两侧细长延伸。刺孔群 18 对，除末对每个有 3 根锥刺、眼对（C_3）具有 3～4 根锥刺外，其他对每个均具有 2 根锥刺。多格腺在腹部第 4～7 节背面呈行或带，在缘区或亚缘区多格腺可向前延伸至第 1 腹节；有时胸部缘区有个别，但胸部中区和亚中区通常无。多格腺在腹面分布在腹部体节上，呈行或带。五格腺仅分布在腹面。管腺有 3 种大小：大管腺直径大于三格腺，在腹部背面各节呈稀疏行，以及分布于腹部腹面缘区；小管腺在腹部腹面呈行或带；中管腺分布在胸部中区。背刚毛短、锥状，许多刺基附近有 1～2 个三格腺；头、胸部背中区和亚中区的一些刚毛成对，基部有少量三格腺，形成背刺孔群。

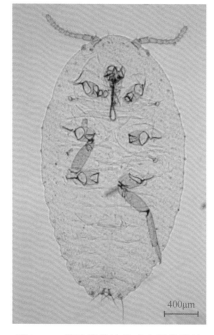

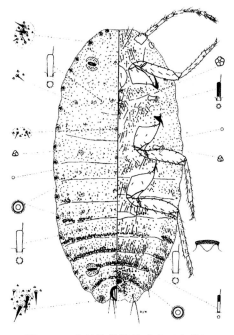

图 2-16　美地绵粉蚧雌成虫显微照片　　　　图 2-17　美地绵粉蚧雌成虫形态特征
　　　　　（梁帆　供图）　　　　　　　　　　　　　［仿 Williams（2004）］

9. 杰克贝尔氏粉蚧（图 2-18 和图 2-19）

【学　　名】*Pseudococcus jackbeardsleyi* Gimpel and Miller

【异　　名】无

【英文名称】Jack Beardsley mealybug

【分类地位】半翅目 Hemiptera 粉蚧科 Pseudococcidae 粉蚧属 *Pseudococcus*

【形态特征】雌成虫体宽卵形，背面不是很突；体被薄蜡粉，灰白色；背面亚中区有两纵列深凹点；体缘具蜡丝 17 对，细，头缘蜡丝较短，胸缘向后渐增长，末前对明显长于其他，末对最长，为体长的 1/3～1/2。**雌成虫显微特征**：体宽卵形，触角 8 节。足长，后足胫节长于跗节，后足腿节和胫节上有透明孔。眼边缘有骨化圈，其上着生大约 6 个伴孔。刺孔群 17 对，头部刺孔群具 3～5 根锥刺；臀瓣刺孔群具 2 根钝圆的锥刺和大量三格腺，锥刺和三格腺着生于硬化区；其余刺孔群具 2 根小于尾瓣刺孔群的锥刺（C_7 通常为 3 根）、2～3 根附毛和 1 群三格腺，锥刺、附毛和三格腺均着生于膜质区。三格腺分布均匀。蕈状管腺在背面着生于额对刺孔群后部，许多刺孔群旁都会有 1 个，其他的分布在胸部亚缘和亚中区、腹部亚中区及腹部中线附近，仅腹部背面就有 14～27 个。在尾瓣和末前对刺孔群之间体缘还常有数个口径与三格腺相近或稍宽的管腺。多格腺分布于腹面阴门后方，在第 5～7 腹节后缘中区呈单或双横列，第 4 腹节及第 5～7 腹节前缘也有少量分布。腹面蕈状管腺与背部相似，在胸部和腹部前节每侧大约 6 个。管腺分布在腹面体缘，管口附近常有单孔存在。

200μm

图 2-18　杰克贝尔氏粉蚧雌成虫显微照片
（李惠萍　供图）

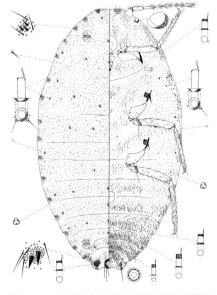

图 2-19　杰克贝尔氏粉蚧雌成虫形态特征
［仿 Williams（2004）］

10. 马缨丹绵粉蚧（图 2-20）

【**学　　名**】*Phenacoccus parvus* Morrison

【**异　　名**】*Phenacoccus surinamensis* Green

【**英文名称**】lantana mealybug

【**分类地位**】半翅目 Hemiptera 粉蚧科 Pseudococcidae 绵粉蚧属 *Phenacoccus*

【**形态特征**】雌成虫体椭圆形，背腹多少扁平；体浅黄色；足黄色；体被白色薄蜡粉，无裸区；体缘有 18 对蜡丝，长度约为体长的 1/8；产卵期雌成虫身后有长形的卵囊。**雌成虫显微特征**：体椭圆形，长 2.15～2.70mm（平均 2.39mm），宽 1.20～1.75mm（平均 1.49mm）。触角 9 节，长约 0.3mm。口器发达，唇基盾长为下唇长的 1.21 倍。尾瓣稍突，端毛长于肛环毛。肛环在背末，肛环毛 6 根。足发达，爪有齿，爪冠毛细长，端部膨大。后足胫节有少量透明孔，后足转节+腿节长是胫节+跗节长的 0.87 倍，胫节长是跗节长的 2.56 倍。刺孔群 18 对，除头部和胸部个别刺孔群有 1 根或 3 根矛尖形刺外，每个刺孔群有 2 根矛尖形刺和 1 小群三格腺，末对刺孔群周围略微硬化。腹脐小，横椭圆形，位于腹部第 3、4 节腹板间。背孔 2 对，发达。背面：小刺散布，许多刺基周围有三格腺 1～3 个。三格腺散布。管腺 1 种大小，长 7μm，宽 3μm，粗于三格腺，仅见于缘区，在第 7 对刺群前有 1 小群。腹面：体毛主要分布在中区，小刺在缘区。三格腺在缘区和腹部较多，胸部中区稀少。多格腺直径 6.8μm，分布在第 4～8 腹节中区。五格腺直径 3.75μm，散布于腹面中区。管腺 2 种大小，大管腺大小同背管，分布于缘区和亚缘区，小管腺长 6.4μm、宽 2.0μm，分布于各腹节中区。

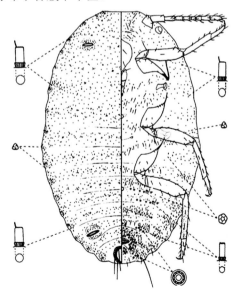

图 2-20　马缨丹绵粉蚧雌成虫形态特征［仿 Williams（2004）］

11. 日本臀纹粉蚧（图 2-21）

【学　　名】*Planococcus kraunhiae* (Kuwana)

【异　　名】*Dactylopius kraunhiae* Kuwana

　　　　　　Pseudococcus kraunhiae (Kuwana) Ferris

　　　　　　Planococcus siakwanensis Borchsenius

【英文名称】Japanese mealybug

【分类地位】半翅目 Hemiptera 粉蚧科 Pseudococcidae 臀纹粉蚧属 *Planococcus*

【形态特征】雌成虫体椭圆形，体被白色蜡粉状分泌物，周围有短蜡丝。**雌成虫显微特征**：长 2.0～2.7mm，宽 1.0～1.7mm。触角 8 节，眼锥形，在触角之后，近头缘。足粗大，后足基节和胫节有一些透明孔。腹脐大，1 个，有节间褶横过。背孔 2 对，内缘硬化，孔瓣上有毛 1～4 根，三格腺 11～20 个。肛环在背末，有成列环孔及 6 根长肛环毛。尾瓣突出，腹面有硬化棒，端毛长于肛环毛。刺孔群 18 对，各有 2 根锥刺，锥刺基部膨大，末对刺孔群有附毛，其他对无附毛。领状管腺在背腹面均有分布，背面的较大，常 2～5 个成群分布在腹部刺孔群旁；腹面的领状管腺有两种类型，较大的沿腹部第 2～6 节呈横列分布，在头胸部边缘有小群分布；较小的主要分布于腹部中区。多格腺只分布在腹面，在阴门后面成群分布；在腹部第 2～7 节腹板后缘呈 1～2 管宽之横列，两端常延伸至体缘；在腹部第 3～7 节腹板前缘呈不规则横列分布，且中部常缺；在胸部中区有少量散布。

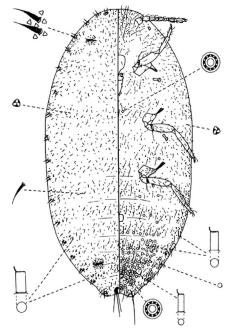

图 2-21　日本臀纹粉蚧雌成虫形态特征［仿 Williams（2004）］

12. 榕树粉蚧（图 2-22 和图 2-23）

【学　　名】*Pseudococcus baliteus* Lit

【异　　名】无

【英文名称】aerial root mealybug

【分类地位】半翅目 Hemiptera 粉蚧科 Pseudococcidae 粉蚧属 *Pseudococcus*

【形态特征】雌成虫体椭圆形，较平不突；体背覆盖较薄的白色蜡粉，很少成块，体节处不裸露；体缘具蜡丝 17 对，末对最长，约为体长的 1/2，末前对短，但略长于其他蜡丝，其他蜡丝几乎等长，约为虫体体宽的 1/3，蜡丝粗，基部宽，端部渐窄，相邻蜡丝基部靠近甚至连接在一起。**雌成虫显微特征：** 眼周无伴孔。背毛长，通常和腹面毛一样长。后足基节、腿节和胫节上有透明孔。腹面领状管腺成簇分布在触角和前足及中足基节之间体侧区域。背面：蕈状管腺稀疏分布，在虫体边缘多，第 1 对刺孔群后有 1 对，胸部刺孔群旁有，亚中区的蕈状管腺有时分布在前胸，通常在中、后胸或后胸和第 1 腹节；在第 2、3 或 4 到第 5 腹节侧缘因种内差异有不同分布。领状管腺有时单个分布在第 5～6 腹节的背中线上，在胸部和腹部前节的刺孔群间单个存在，在末对刺孔群与末前对刺孔群间有 1 个。腹面：蕈状管腺小，以单个分布在每个气门侧后方。领状管腺多，分布在体缘、腹部中区。

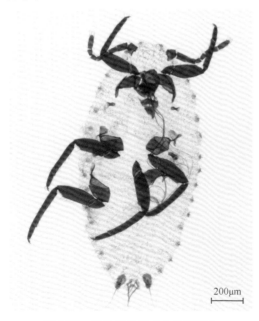

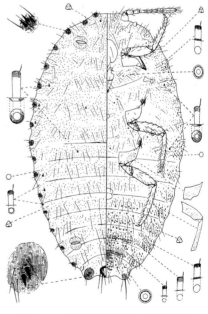

图 2-22　榕树粉蚧雌成虫显微照片
　　　　（李惠萍　供图）

图 2-23　榕树粉蚧雌成虫形态特征
　　　　［仿 Williams（2004）］

13. 真葡萄粉蚧（图 2-24和图 2-25）

【学　　名】*Pseudococcus maritimus* (Ehrhorn)

【异　　名】*Dactylopius maritimus* Ehrhorn

　　　　　　Pseudococcus bakeri Essig

　　　　　　Pseudococcus omniverae Hollinger

【英文名称】grape mealybug

【分类地位】半翅目 Hemiptera 粉蚧科 Pseudococcidae 粉蚧属 *Pseudococcus*

【形态特征】雌成虫体椭圆形，长 2.0～4.9mm，宽 1.4～2.6mm；体被薄白蜡粉；体缘具 17 对细蜡丝；产卵在枝杈处，分泌蜡质成堆，雌虫藏于其中产卵。**雌成虫显微特征**：触角 8 节，眼在其后，近头缘，眼旁有 2～3 个伴孔，且不着生在硬化框上。足粗大，后足基节无透明孔，腿节和胫节上透明孔少。腹脐大，在第 3、4 腹节腹板间，有侧凹和节间褶横过。背孔 2 对，发达。肛环在背末，有成列环孔和 6 根长肛环毛，肛环毛长为环径之 2 倍。尾瓣略突，其腹面有浅硬化片，端毛长于肛环毛。刺孔群 17 对，C_9 常不发达，常无附毛，三格腺较少，末对各有 2 根大锥刺、少数细长附毛，刺基密集 1 群三格腺，略凹下；末前对各有 2 根小锥刺、3～4 根附毛、1 群三格腺，无硬化片；其他刺孔群也有 2 根锥刺，头区者有时 3～4 根，但较小，有 1 根或多根附毛、小群三格腺，无硬化片。单孔无。三格腺分布于背、腹面。多格腺在腹部腹面多，第 4 腹节以后在每节的前、后缘呈横列，胸部腹面也有少数，头部腹面则无。蕈状管腺常有 1 个伴孔，分布在体背，大部

图 2-24　真葡萄粉蚧雌成虫显微照片
（梁帆　供图）

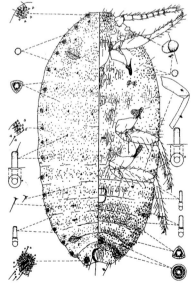

图 2-25　真葡萄粉蚧雌成虫形态特征
［仿 Williams 和 Granara（1992）］

分刺孔群内侧各有 1 个，大多腹节背中各有 1 个，在亚中部大多腹节有少数，许多散布在头胸区，胸部腹面边缘也有少数。管腺分大小两种：大者分布在第 4～8 腹节背缘；小者分布在腹部腹面及后胸腹面中区与全腹面缘区。背毛细短，腹面者较细长，但均不到节长。

14. 拟葡萄粉蚧（暗色粉蚧）（图 2-26 和图 2-27）

【学　　名】*Pseudococcus viburni* (Signoret)

【异　　名】*Dactylopius viburni* Signoret

　　　　　　Dactylopius affinis Maskell

　　　　　　Pseudococcus affinis (Maskell)

【英文名称】obscure mealybug

【分类地位】半翅目 Hemiptera 粉蚧科 Pseudococcidae 粉蚧属 *Pseudococcus*

【形态特征】雌成虫体椭圆形，长 1.3～5.0mm，宽 0.6～3.1mm；体灰红色，被白蜡粉，周围有 17 对短蜡丝，前对较短，约为体宽的 1/8，末前对为前对的 2 倍长，末对最长，为体长的 1/2～2/3；卵黄色，产于疏松卵囊内。**雌成虫显微特征：** 触角 8 节，眼在其后，近头缘，眼旁常有伴孔 1～4 个。足粗大，后足基节无透明孔，腿、胫节有大量透明孔。腹脐大，位于第 3、4 腹节腹板间，有侧凹及节间褶横过。背孔 2 对，发达。肛环在背末，有成列环孔和 6 根长肛环毛，肛环毛长为环径的 2 倍左右。尾瓣略突，腹面略硬化，端毛长于肛环毛。刺孔群 17 对，C$_9$ 常不发达，仅 1 根锥刺，三格腺少，无附毛；末对各有 2 根大锥刺，有一些细长附毛，刺基三格腺密集成圆群，略硬化；其余腹部刺孔群各有 2～3 根较小锥刺，头胸部者则各有刺 3～4 根，均有细小附毛、成群三格腺，不硬化。三格腺分布于背、腹面。多格腺在腹部腹面特别丰富，第 4～7 节前缘、后缘呈横列，第 8 节成群，第 3 节后缘呈横列，胸部腹面零星分布，头部腹面则无。蕈状管腺分布在体背，大部分刺孔群内侧各有 1 个，大部分腹节背中及亚中区各 1 个，胸部亚中区常有 1 纵列约 4 个，胸、腹部腹面亚缘区有少数。管腺有大小 2 种，大者零星分布在体背

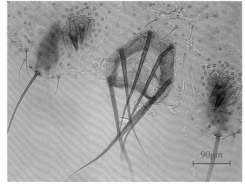

图 2-26　拟葡萄粉蚧雌成虫触角、腹末显微照片（梁帆　供图）

（胸、腹）缘，小者分布在体腹面，腹节中区呈横带，大部分体节缘区成群，在胸部中区亦有。背毛短小，腹面者较长，但均短于体节长。

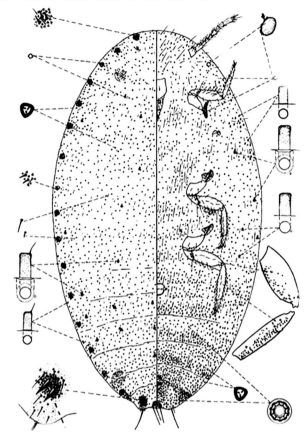

图 2-27 拟葡萄粉蚧雌成虫形态特征［仿 Williams（2004）］

15. 木薯绵粉蚧（图 2-28）

【学　　名】*Phenacoccus manihoti* Matile-Ferrero
【异　　名】无
【英文名称】cassava mealybug
【分类地位】半翅目 Hemiptera 粉蚧科 Pseudococcidae 绵粉蚧属 *Phenacoccus*
【形态特征】雌成虫活体粉红色，体被白色蜡粉，体缘有短蜡突。**雌成虫显微特征**：体椭圆形。触角 9 节。刺孔群 18 对，每个有 2 根大锥刺。足正常，发达，有爪齿，后足基节无透明孔。多格腺主要分布在腹部腹面腹脐后各腹节，背面缘区和亚缘区有少量分布；五格腺分布在整个腹面，在唇基盾前头部腹面有 32～68 个。管腺有 2 种，大管腺在背、腹面边缘成群；小管腺分布在腹面中区。三格腺散布。腹脐盘形。背刺小，刺基部附近无三格腺。

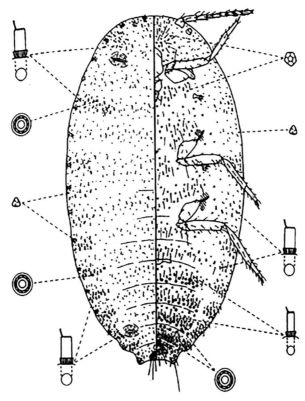

图 2-28　木薯绵粉蚧雌成虫形态特征［仿 Williams 和 Granara（1992）］

（三）入侵/潜在入侵粉蚧重要种及近似种检索表

1 体背有拂状管腺 ·· 2

　体背无拂状管腺 ·· 3

2 背面拂状管管口边缘上着生有刚毛 ···························双条拂粉蚧 *Ferrisia virgata*

　背面拂状管管口边缘外着生有刚毛 ·······················热带拂粉蚧 *Ferrisia malvastra*

3 体有蕈状管腺 ··· 4

　体无蕈状管腺 ·· 12

4 尾瓣（臀瓣）腹面有硬化棒；刺孔群 9～18 对 ·· 5

　尾瓣（臀瓣）腹面有三角形或方形硬化区；刺孔群 12～17 对 ······························ 6

5 后足胫节有透明孔；腹面无蕈状管腺；腹部腹面多格腺可延伸至体缘 ·······················

　··截获秀粉蚧 *Paracoccus interceptus*

　后足胫节无透明孔；腹面有蕈状管腺；腹部腹面多格腺仅分布在中区 ·······················

　··木瓜秀粉蚧 *Paracoccus marginatus*

6 眼有伴孔 ·· 7

　眼无伴孔 ··· 10

7 眼伴孔着生在硬化框上 ··· 8

　眼伴孔不着生在硬化框上 ··· 9

8 腹部背面蕈状管腺 14～27 个 ·················杰克贝尔氏粉蚧 Pseudococcus jackbeardsleyi

　腹部背面蕈状管腺 1～13 个 ···················· 香蕉粉蚧 Pseudococcus elisae

9 后足腿节、胫节上透明孔少 ···················· 真葡萄粉蚧 Pseudococcus maritimus

　后足腿节、胫节上有大量透明孔 ················ 拟葡萄粉蚧 Pseudococcus viburni

10 腹部第 6 节腹面前缘无多格腺分布 ············ 菲律宾粉蚧 Pseudococcus philippinicus

　腹部第 6 节腹面前缘有多格腺分布 ··· 11

11 腹部背面无蕈状管腺 ····························· 黄皮粉蚧 Pseudococcus aurantiacus

　腹部背面有蕈状管腺 ····························· 榕树粉蚧 Pseudococcus baliteus

12 尾瓣（臀瓣）腹面有硬化棒 ··· 13

　尾瓣（臀瓣）腹面无硬化棒 ··· 16

13 刺孔群分布于体缘和体背；大多数背毛呈锥刺状，与刺孔群锥刺同大 ················

　··································· 荔枝臀纹粉蚧 Planococcus litchi

　刺孔群仅分布于体缘；大多数背毛不呈锥刺状 ····································· 14

14 体背有管腺；腹部腹面多格腺只分布于中区 ··· 15

　体背无管腺；腹部腹面多格腺可延伸至体缘 ·········· 南洋臀纹粉蚧 Planococcus lilacinus

15 腹部每刺孔群旁有管腺群存在 ·················· 日本臀纹粉蚧 Planococcus kraunhiae

　腹部每刺孔群旁有管腺 0～1 个 ················· 大洋臀纹粉蚧 Planococcus minor

16 刺孔群 4～7 对，分布于腹部后几节 ··············湿地松粉蚧 Oracella acuta

　刺孔群 17～18 对，分布于体缘 ··· 17

17 有爪齿；刺孔群 18 对 ·· 18

　无爪齿；刺孔群 17 对 ·· 22

18 体无五格腺分布 ··· 19

　体有五格腺分布 ··· 20

19 触角 9 节；后足腿节端部和胫节有透明孔 ············ 扶桑绵粉蚧 Phenacoccus solenopsis

　触角 8～9 节；仅后足胫节有透明孔 ················· 石蒜绵粉蚧 Phenacoccus solani

20 体背无多格腺分布 ······························ 马缨丹绵粉蚧 Phenacoccus parvus

　体背有多格腺分布 ··· 21

21 体背多格腺数多，呈行 ·························· 美地绵粉蚧 Phenacoccus madeirensis

　体背多格腺数少，仅在缘区分布 ·················· 木薯绵粉蚧 Phenacoccus manihoti

22 眼无伴孔 ··· 23

　眼有伴孔 ··· 24

23 体背侧缘有一列大的领状管腺，管口直径约为三格腺的 2 倍宽 ·······················

　·································· 李比利氏灰粉蚧 Dysmicoccus lepelleyi

　体背侧缘无一列大的管腺 ························· 香蕉灰粉蚧 Dysmicoccus grassii

24 体背腹末肛环前侧面有一簇长的鞭状毛；趾冠毛一根端部膨大，一根短，为鞭状毛………
………………………………………………… 菠萝灰粉蚧 *Dysmicoccus brevipes*

　　体背腹末肛环前侧面无此长鞭毛；趾冠毛两根端部均膨大…………………………………
………………………………………………… 新菠萝灰粉蚧 *Dysmicoccus neobrevipes*

二、DNA 条形码鉴定

　　DNA 条形码（DNA barcoding）是一段标准化 DNA 短序列，用于对物种进行高效准确的识别鉴定，类似于超市商品的条形码，其概念于 2003 年由加拿大科学家 Paul Hebert 首次提出（Hebert *et al.*，2003a），希望利用其在种内的特异性与在种间的多样性建立起其与生物实体之间一一对应的关系，从而建立一种新的生物身份识别系统。

　　与传统分类学方法相比，DNA 条形码技术的优势体现在以下几个方面：①检测范围广，不会受到生物性别、发育阶段及样本残缺的限制和影响（Hebert *et al.*，2003a，2003b）；②准确度高，不会因物种性状相似性和表型可塑性而产生误差，鉴定结果更为客观，并有助于发现、鉴定新种与隐存种；③操作简便，对鉴定人员的专业分类知识要求不高，非专业人员也可快速进行鉴定；④鉴别效率高，生物 DNA 条形码数据库的建立使样本的鉴定过程逐步显现标准化、自动化，可批量且高效地鉴定生物样本。因此，DNA 条形码对于粉蚧、蓟马、粉虱等体形微小的昆虫，是一种比较实用、快速、准确的种类鉴定技术。

（一）粉蚧 DNA 条形码鉴定基本要求

　　DNA 条形码鉴定的先决条件是必须有可供条形码序列比对用的、形态鉴定结果可靠的条形码数据库。目前，常用的公共数据平台主要有生命条形码数据系统（Barcode of Life Data System，BOLD）、美国国家生物技术信息中心（National Center for Biotechnology Information，NCBI）、中国外来入侵物种数据库（Database of Invasive Alien Species in China，DIASC）系统等。此外，可以自行构建粉蚧 DNA 条形码鉴定数据库。为保证粉蚧 DNA 条形码数据库构建有效，样本的采集和条形码序列的质量均要满足一定的要求。

1. 凭证标本取样要求

　　物种的准确鉴定是建立一个可靠的物种鉴定参考数据库的基础和核心，因此，必须采集完整、具有重要鉴别特征的凭证标本（voucher specimen），凭证标本是 DNA 条形码序列所依据的溯源载体，对于研发 DNA 条形码技术至关重要。国际生命条形码计划（iBOL）要求每个物种要有 10 个标本（样品），每种有害生物至少选取 5 个地理种群，每个种群取样 2 个个体。一般而言，每种有害生物至少选取 5 个近缘种类与待鉴定物种进行比对。

粉蚧凭证标本的操作使用应遵循以下要求。

1）所有粉蚧凭证标本应具有唯一识别编码，同时具有正式颁布的种名或临时标识名称。

2）粉蚧样品 DNA 提取应以不损伤主要鉴别形态特征为原则，尽可能保留完整的体壁，用于制作玻片，形态鉴定备用。

3）如果使用整头粉蚧个体研磨提取核酸，必须指定同一批来源的其他标本作为凭证标本。

4）凡需 DNA 采样的粉蚧凭证标本，在提取 DNA 前，活体样本或浸泡在无水乙醇中的样本保存在−20℃以下。

5）凡需浸泡保存或 DNA 采样的凭证标本，应先采集高质量的图像，以留存粉蚧固有的形态特征。

6）入侵粉蚧凭证标本的使用需登记备案。

2. DNA 条形码的必备条件

理想的 DNA 条形码必须满足以下要求：①具有适当的变异性以区分不同的物种，同时种内变异较小；②包含的系统进化信息足以在物种分类系统中准确定位；③变异区域两端序列高度保守，以便于设计通用引物；④目标 DNA 足够短，便于扩增和测序（程佳月等，2009；吕国庆等，2010；Hausmann *et al.*，2011）。线粒体细胞色素 c 氧化酶亚基 I（mitochondrial cytochrome c oxidase subunit I，*COI*）基因因序列中没有内含子，很少存在插入和缺失，且不会像核基因那样发生基因重组，既具有相对的种内保守性，又有足够的种间变异性，可以提供丰富的系统发育信息（田虎，2013），在动物条形码研究中被公认为理想的 DNA 条形码，其 5′ 端约 650bp 的一段序列在一些昆虫、鱼类和鸟类等动物物种鉴定中应用取得了较好的效果（Hebert *et al.*，2003b；Yoo *et al.*，2006）。

（二）粉蚧 DNA 条形码鉴定方法

DNA 条形码技术的操作流程：采集样品并提取 DNA、设计合成通用引物、PCR 扩增、测序、序列拼接与剪切、序列分析、结果提交至 DNA 条形码数据库（Hajibabaei *et al.*，2007）。即把来自不同生物个体的同源 DNA 序列进行 PCR 扩增和测序，随后对序列进行多重比对和聚类分析，从而将某个体精确定位到已确定的分类群中，实现物种识别鉴定及探索物种间的近缘与进化关系（马英和鲁亮，2010）。

1. 样品采集

样品应为新鲜、未被病菌感染和寄生蜂寄生的粉蚧个体，用毛笔或镊子挑取粉蚧成若虫放入无水乙醇中保存，或连同寄主一并采集放入样品袋带回实验室，避免挤压破坏虫体。注意现场拍照，选择高清形态照和寄主照等留存，并记录寄主植物和经纬度等信息。

采回实验室的粉蚧新鲜样品应及时提取 DNA，若不能及时提取 DNA 和制作玻片则需要保存在 75% 乙醇（待用于制作玻片）或无水乙醇（待提取 DNA）中，再置于−20℃冰箱中保存。采用无水乙醇和低温保存的目的是防止 DNA 降解，同时在保存过程中要避免其接触酸性防腐剂和固定液。

2. 基因组 DNA 提取

粉蚧基因组 DNA 一般采用试剂盒提取，由于粉蚧个体小，可尽量选择适用于微量样品提取的试剂盒（如 QIAGEN 公司的 DNeasy Blood and Tissue Kit 等），提取方法参照使用说明。取样一般以单头虫体为宜。若同一样品需要保留提取 DNA 后的凭证标本，则可以在粉蚧背面中央用针刺一小孔后，将整个虫体直接温浴裂解，无需研磨，裂解后保留的体壁用镊子挑出后，可以按照常规的制片方法进行后续脱水、染色等制成玻片。

应注意的是，经分离柱纯化的 DNA 在洗脱前要尽量去除乙醇等有机溶剂，洗脱后的溶液要检测 DNA 浓度和质量。若 DNA 浓度高于 100ng/μL，则稀释至 100ng/μL。

3. 条形码序列扩增与检测

用于粉蚧 DNA 条形码鉴定的片段为通用的线粒体 *COI* 基因 5′ 端片段，扩增所采用的通用引物为 Park 等（2011）提供的 PcoF1（5′-CCTTCAACTAATCATAAAAATATYAG-3′），LepR1（5′-TAAACTTCTGGATGTCCAAAAAATCA-3′）。PCR 扩增体系配制为 20～50μL，以 30μL 为例的体系及用量见表 2-1，若 DNA 模板浓度低于 10ng/μL，则应适当增加模板用量。

表 2-1　*COI* 序列的 PCR 反应体系及用量

所用试剂	用量/μL
ddH$_2$O	21.4
10×LA *Taq* 酶缓冲液	3.0
dNTP（2.5mmol/L）	2.4
上游引物（20mmol/L）	0.5
下游引物（20mmol/L）	0.5
DNA 模板	2.0
Taq DNA 聚合酶	0.2

注：以广州瑞真生物技术有限公司的 LA *Taq* 酶为例

PCR 反应条件：循环前 94℃预变性 1min；94℃变性 1min，45℃退火 1.5min，72℃延伸 1.5min，5 个循环；94℃变性 1min，51℃退火 1.5min，72℃延伸 1min，36 个循环；最后 72℃延伸 5min，体系温度降至 4℃，结束 PCR 扩增。

PCR 产物用 1.5% 的琼脂糖凝胶电泳进行检测，每个样品取 5μL，使用长度为 100bp 的 DNA 标记，电泳缓冲液采用 1×TAE 缓冲液（由三羟甲基氨基甲烷、乙酸和乙二胺四乙酸配制的缓冲液），120V 电压电泳 20min 左右，在凝胶成像系统上观察、成像。标准 DNA 标记（DL 100）作为参照进行比较，若条带大小符合要求，即可将 PCR 产物送测序公司进行双向测序。

4. 序列处理及分析

DNA 条形码数据除提供原始数据（*.abi 文件）外，还需要提供拼接好的单条序列和所有序列的矩阵文件（*.fas 格式）。

1）所获得的基因片段序列用 Codoncode Aligner 6.0 等软件核查、拼接，并查找两端引物序列进行剪切。

2）编辑后的序列采用 BLAST 在 GenBank 数据库中进行同源性分析，以排除不相关序列干扰。

3）采用 MEGA6.0（Tamura *et al.*，2013）进行多重序列比对，计算分析粉蚧 *COI* 基因 5′ 端与 3′ 端序列的碱基组成、密码子转换/颠换比、变异位点、保守位点等。

4）选取 Kimura-2 Parameter（K-2P）模型（Kimura，1980）计算粉蚧 *COI* 基因 5′ 端和 3′ 端种间与种内遗传距离，并进行 barcoding gap 分析。

5. DNA 条形码鉴定结果判定流程

对多个样本的 DNA 条形码序列进行种间和种内遗传距离分析（如采用 Kimura-2 Parameter 模型计算）是界定样本种类的基本要求。由于不同粉蚧种属间的遗传分化程度不同，对种进行判定的指标值可能存在一定的差异性。除此之外，无论是单样本还是多样本条形码序列，都需要借助已有的数据库进行比对后方可作出判定。常用的数据库系统有 NCBI（https://www.ncbi.nlm.nih.gov/）和 BOLD（http://v4.boldsystems.org/）。

（1）NCBI 数据库的 BLAST 方法

在 NCBI 数据库中，将获得的序列应用 BLAST（basic local alignment search tool）方法进行结果判定。BLAST 法是目前应用最广泛的序列相似性搜索工具之一，其将测序序列与数据库中的序列两两局部比对并进行快速搜索，特点是仅搜索序列之间高度相似的区域，可以兼顾搜索的速度和精确性。BLAST 结果中相似性最高的序列所对应的物种为查询序列对应的物种。一般待鉴定样品序列与比对结果所对应物种序列的 E 值接近 0 或者为 0，其最大相似性不低于 99% 即判定为该物种。需要注意的是，目前 NCBI 公共数据库的序列由世界各地的研究者独立提交，缺乏相互验证，数据质量参差不齐，粉蚧条形码序列数据的系统性和代表性尚显不足，使用者对比对结果应当慎重甄别。

以下两种方法可以防止对 BLAST 分析结果的误判：①可以借助系统树分析纠错，即收集查询序列同物种其他样品序列和同属其他物种序列，利用邻接法（neighbor-joining，NJ）构建这些序列的系统发育树，查询序列应与同物种序列聚为一支；②利用 barcoding gap 检验防错，即收集与查询序列同物种其他样品和同属其他物种的序列，分别计算查询序列与其他序列的 K-2P 遗传距离，查询序列与同物种其他样品序列的最大遗传距离应不大于该序列与同属其他物种样品序列之间的遗传距离。

（2）BOLD 数据系统的鉴定方法

BOLD 数据系统是挂靠在加拿大圭尔夫大学的国际生命条形码公共数据库系统，具有条形码数据项目构建、鉴定和分类等功能（图 2-29）。研究者可以利用该系统将所研究的特定生物类群条形码序列建成一个专属数据库，系统对专属数据库只做读取使用，不能下载。

图 2-29　BOLD 系统工作界面（BOLD system V4，http://v4.boldsystems.org/）

在 BOLD 系统界面上有"IDENTIFICATION"鉴定工具栏，点击鉴定工具栏则打开鉴定对话框（图 2-29），依据查询的生物类群，将 fasta 格式的正向序列粘贴到序列框中（图 2-30），现以木槿曼粉蚧 *Maconellicoccus hirsutus* (Green) 的序列为例，当将序列粘贴到序列框后，点击右下角的递交按钮"submit"，系统会自动列出鉴定结果，如图 2-31 所示。在 BOLD 系统中，合格的条形码序列长度应大于 507bp，碱基缺失小于 1%，无终止子和污染。该系统所指定的条形码物种以条形码索引号（BIN）来表示。系统鉴定结果包括鉴定分析结果的统计参数、种类分类信息（图 2-31）、指定种的条形码索引号（BIN）及其分析参数（图 2-32）、鉴定到的目标物种样品的采集来源（图 2-33）等详细信息。

BOLD SYSTEMS

DATABASES　　IDENTIFICATION　　TAXONOMY　　WORKBENCH　　RESOURCES　　LOGIN　　Q

ANIMAL IDENTIFICATION [COI]　　　FUNGAL IDENTIFICATION [ITS]　　　PLANT IDENTIFICATION [RBCL & MATK]

The BOLD Identification System (IDS) for COI accepts sequences from the 5' region of the mitochondrial Cytochrome c oxidase subunit I gene and returns a species-level identification when one is possible. Further validation with independent genetic markers will be desirable in some forensic applications.

Historical Databases: Current Jul-2019 Jul-2018 Jul-2017 Jul-2016 Jul-2015 Jul-2014 Jul-2013 Jul-2012 Jul-2011 Jul-2010 Jul-2009

Search Databases:

○ **All Barcode Records on BOLD (6,682,158 Sequences)**
Every COI barcode record on BOLD with a minimum sequence length of 500bp (warning: unvalidated library and includes records without species level identification). This includes many species represented by only one or two specimens as well as all species with interim taxonomy. This search only returns a list of the nearest matches and does not provide a probability of placement to a taxon.

◉ **Species Level Barcode Records (3,540,734 Sequences/210,139 Species/90,942 Interim Species)**
Every COI barcode record with a species level identification and a minimum sequence length of 500bp. This includes many species represented by only one or two specimens as well as all species with interim taxonomy.

○ **Public Record Barcode Database (1,790,433 Sequences/126,003 Species/41,754 Interim Species)**
All published COI records from BOLD and GenBank with a minimum sequence length of 500bp. This library is a collection of records from the published projects section of BOLD.

○ **Full Length Record Barcode Database (2,263,567 Sequences/188,391 Species/74,058 Interim Species)**
Subset of the Species library with a minimum sequence length of 640bp and containing both public and private records. This library is intended for short sequence identification as it provides maximum overlap with short reads from the barcode region of COI.

Enter fasta formatted sequences in the forward orientation:

```
TTTTGCTTTGGATTTTGATCAGGTTTAATAGGATTATCAATAAGTATAATTATTCGAATTGAATTAATAAATTTAAATAATAATTTTAATAATAATATAATTTATTATATAATAATTACTTTACAT
GCCTTTTAATTATTTTTAACTATACCTATTATTATTGGAAGATTAAGATTAATTACCTTTAATATTAATATCCTCAGATTTAATATTTCCACGTTTAAATAATTTTAGATTTTGATT
ATTAATTCCTTCTTTAATATTATTAATATTAAATATATTTATTAATAATAATATTAATACTGGATGAACTTTATATCCACCCCTAATTAATCAAAATTATATTACACTAAATTTTATTATTTTTTCTCT
TCATCTAAATGGAATCTCATCAATTTTTAGATCAATTAATTTTATTTCCTCAATTTTTATTATTAATAATAATAATTTTTTTTTTAAATAATTTAACTCTATTTATTTGATCAATTATTATTACTACTATT
TTATTAATTATTTCTATTCCTATTTTATCTAGAGCTATTACAATAATTATCTTAGATAATAATTTAAACATAAATTTTTTTAATCCTTTGGGAAATGGAAATCCAATTTTATATCAACATTTATTTTG
```

图 2-30　BOLD 系统鉴定工具栏对话框

Query ID	Best ID	Search DB	Tree	Top %	Graph	Low %
unlabeled_sequence	*Maconellicoccus hirsutus*	COI SPECIES DATABASE	🖿	100.00		91.90

Query: unlabeled_sequence
Top Hit: Arthropoda Insecta - Hemiptera - *Maconellicoccus hirsutus* (100%)

Search Result:

The submitted sequence has been matched to *Maconellicoccus hirsutus*. This identification is solid unless there is a very closely allied congeneric species that has not yet been analyzed. Such cases are rare.

A species page is available for this taxon:　　　SPECIES PAGE

Closest matching BIN (within 3%):　　　BIN PAGE

For a hierarchical placement - a neighbor-joining tree is provided:　　　TREE BASED IDENTIFICATION

Identification Summary

Taxonomic Level	Taxon Assignment	Probability of Placement (%)
Phylum	Arthropoda	100
Class	Insecta	100
Order	Hemiptera	100
Family	Pseudococcidae	100

Similarity Scores of Top 99 Matches

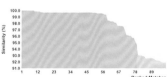

图 2-31　BOLD 系统鉴定结果种类信息

BIN URI:	BOLD:ADD2152	Average Distance:	0.21% (p-dist)
DOI:	REQUEST DOI	Maximum Distance:	1.93% (p-dist)
Member Count:	59 [59 Public]	Distance to Nearest Neighbor:	1.63% (p-dist)
Barcode Compliant Members:	2		
Founding Record:			

NEAREST NEIGHBOR (NN) DETAILS

Nearest BIN URI:	BOLD:AAE8615	Average Distance:	1.04% (p-dist)
Member Count:	10	Maximum Distance:	2.46% (p-dist)
Nearest Member:	GBMHH24884-19	Distance Variance:	0.38% (p-dist)
Nearest Member Taxonomy:	Arthropoda, Insecta, Hemiptera, Pseudococcidae. Maconellicoccus, Maconellicoccus hirsutus		

DSPKJ224-09 {Maconellicoccus hirsutus}

License: CreativeCommons Attribution NonCommercial ShareAlike (2010) BY-NC-SA

License Holder: CBG Photography Group, Centre for Biodiversity Genomics

图 2-32　BOLD 系统基于条形码索引号（BIN）的鉴定分析结果

Sampling Sites For Top Hits (>98% Match)

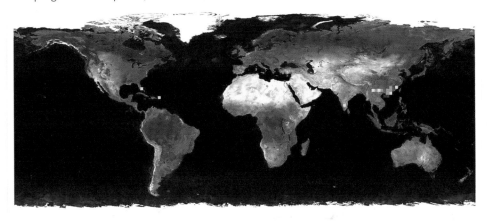

图 2-33　BOLD 系统鉴定结果样品来源的分布

（三）DNA 条形码鉴定应用

　　粉蚧个体小，需经过软化、清洗、脱水、染色和封片等工序才能进行形态鉴定，因此，检疫鉴定所需时间较长，尤其是若虫的形态特征难以鉴别，是口岸检疫鉴定长期以来面临的瓶颈问题。随着果蔬、苗木等国际贸易的飞速发展，外来粉蚧的传入风险逐年加大，建立粉蚧 DNA 条形码鉴定方法对于口岸检疫鉴定和国内本底调查鉴定具有重要的现实意义。

1. 条形码的可靠性及其在粉蚧种类鉴定中的应用

国际上采用 *COI* 作为粉蚧的条形码分子标记已得到普遍认同。Park 等（2011）采用对粉蚧科和盾蚧科均能有效扩增的条形码通用引物（PcoF1/LepR1），测试了 31 属 75 种共 373 个粉蚧和盾蚧样本，结果发现粉蚧的鉴定成功率达 90% 以上，盾蚧的鉴定成功率超过 80%；基于 K-2P 的同源种间平均遗传距离为 10.7%，种内平均遗传距离为 0.97%。Wang 等（2016）采用 *COI* 和核糖体 28S RNA 两种分子标记，分析了我国 23 属 54 种共 246 个粉蚧样本，发现采用 *COI* 可有效区分 47 个种的 206 个样本，而采用 28S RNA 可以区分 53 个种的 242 个样本，证实了 *COI* 和 28S RNA 基因在粉蚧快速鉴定中的作用。

在田间采样鉴定应用中，Abd-Rabou 等（2012）采用 28S-D2、*COI* 和 ITS2 三种分子标记并结合形态学有效鉴定了采自埃及与法国的 17 种粉蚧，其中埃及有柑橘臀纹粉蚧 *Planococcus citri* (Risso)、无花果粉蚧 *Planococcus ficus* (Signoret)、木槿曼粉蚧、双条拂粉蚧 *Ferrisia virgata* (Cockerell)、扶桑绵粉蚧、马缨丹绵粉蚧和东亚蔗粉蚧 *Pseudococcus saccharicola* Takahashi 7 种，法国有柑橘臀纹粉蚧、拟葡萄粉蚧、长尾粉蚧 *Pseudococcus longispinus* (Targioni Tozzetti)、康氏粉蚧 *Pseudococcus comstocki* (Kuwana)、*Rhizoecus amorphophalli* Betremand、刺竹轮粉蚧 *Trionymus bambusae* (Green)、*Balanococcus diminutus* (Leonardi)、美地绵粉蚧、桧柏臀纹粉蚧 *Planococcus vovae* (Nasonov)、菠萝灰粉蚧 *Dysmicoccus brevipes* (Cockerell) 和槭树绵粉蚧 *Phenacoccus aceris* (Signoret) 11 种。Beltrà 等（2011）利用 DNA 条形码及形态学技术鉴定了西班牙 33 个粉蚧种群，结果证实了基于线粒体 *COI* 基因的 DNA 条形码方法适用于粉蚧的快速、准确鉴定。

目前，条形码方法已广泛应用于口岸检疫性粉蚧的鉴定工作，大大提高了检疫鉴定效率（表 2-2）（顾渝娟等，2015a，2015b），而且有助于发现新的外来入侵粉蚧。例如，广州海关技术中心检疫工作人员利用条形码鉴定方法先后在国内首次发现扶桑绵粉蚧（马骏等，2009）、木瓜秀粉蚧（顾渝娟和齐国君，2015）和南洋臀纹粉蚧（Muhammad *et al.*，2015；马骏等，2019），为入侵粉蚧的检疫防控提供了参考依据。

表 2-2　2013～2015 年广东口岸基于 DNA 条形码检出的粉蚧种类

序号	中文学名	拉丁学名
1	大洋臀纹粉蚧	*Planococcus minor* (Maskell)
2	东亚蔗粉蚧	*Pseudococcus saccharicola* Takahashi
3	多孔曼粉蚧	*Maconellicoccus multipori* (Takahashi)

续表

序号	中文学名	拉丁学名
4	菲律宾粉蚧	*Pseudococcus philippinicus* Williams
5	扶桑绵粉蚧	*Phenacoccus solenopsis* Tinsley
6	甘蔗簇粉蚧	*Exallomochlus hispidus* (Morrison)
7	柑橘堆粉蚧	*Nipaecoccus viridis* (Newstead)
8	柑橘臀纹粉蚧	*Planococcus citri* (Risso)
9	红毛丹眼粉蚧	*Hordeolicoccus nephelii* (Takahashi)
10	黄皮粉蚧	*Pseudococcus aurantiacus* Williams
11	杰克贝尔氏粉蚧	*Pseudococcus jackbeardsleyi* Gimpel and Miller
12	李比利氏灰粉蚧	*Dysmicoccus lepelleyi* (Betrem)
13	荔枝臀纹粉蚧	*Planococcus litchi* Cox
14	木瓜秀粉蚧	*Paracoccus marginatus* Williams and Granara de Willink
15	木槿曼粉蚧	*Maconellicoccus hirsutus* (Green)
16	南洋臀纹粉蚧	*Planococcus lilacinus* (Cockerell)
17	拟葡萄粉蚧	*Pseudococcus viburni* (Maskell)
18	真葡萄粉蚧	*Pseudococcus maritimus* (Ehrhorn)
19	榕树粉蚧	*Pseudococcus baliteus* Lit
20	山竹簇粉蚧	*Paraputo odontomachi* (Takahashi)
21	石蒜绵粉蚧	*Phenacoccus solani* Ferris
22	双条拂粉蚧	*Ferrisia virgata* (Cockerell)
23	无花果臀纹粉蚧	*Planococcus ficus* (Signoret)
24	新菠萝灰粉蚧	*Dysmicoccus neobrevipes* Beardsley
25	长尾粉蚧	*Pseudococcus longispinus* (Targioni Tozzetti)
26	日本臀纹粉蚧	*Planococcus kraunhiae* (Kuwana)

2. 条形码索引号在粉蚧鉴定中的应用

DNA 条形码鉴定是将待查询的序列通过数据分析匹配到某一目标种的过程。在 BOLD 系统中，条形码索引号（BIN）是指示推定物种的、满足长度和质量要求的条形码序列的索引号（Ashfaq *et al.*，2010），通常用于鉴定隐存复合种和分析地理种群结构。Ren 等（2018）在对 24 个国家 506 个粉蚧样本进行形态鉴定的基础上，采用 DNA 条形码方法将其中 453 个样本鉴定到 44 个定名种，22 个样本鉴定到属，31 个样本仅能鉴定到科。上述 506 个样本的条形码数据通过递交到 BOLD 系统，总共产生 84 个指定种类条形码索引号，其中 44 个已鉴定的种具有 56 个条形码索引号（BIN），8 种粉蚧样本出现条形码索引号分化，具有多个条形码索引号，长尾粉蚧和南洋臀纹粉蚧样本存在形态上难以区分的近似种或隐存种。所有粉蚧样本的条形码数据无论采用邻接法还是贝叶斯分析均归为单系群，其科内 K-2P 最大遗传距离达到 27.0%，所有鉴定到定名种的种内遗传距离为 0.0%～8.5%，仅有 17 个种的种内遗传距离大于 2%（图 2-34）。而柑橘臀纹粉蚧和大洋臀纹粉蚧两者在种间与种内最大遗传距离之间出现重叠的现象，但依然分配了不同的条形码索引号，并在 99% 的支持度下分为两个独立的系统发育支。总之，该研究结果表明采用条形码索引号能有效解决粉蚧的种类鉴定问题，并发现潜在的隐存复合种，其鉴定效率随着有效定名样本的补充和完善而不断提高。

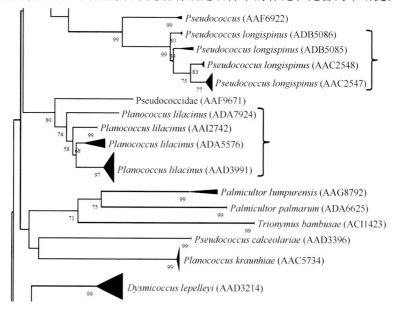

图 2-34　利用邻接法对长尾粉蚧和南洋臀纹粉蚧样品进行系统发育分析出现的条形码索引号分化现象（Ren *et al.*，2018）

3. DNA 条形码在粉蚧种群遗传分化研究中的应用

以扶桑绵粉蚧为例，Muhammad 等（2015）采用 *COI* 的 3′ 端条形码序列比较分析了中国和巴基斯坦粉蚧样本与亚洲其他国家及北美样本序列的种群遗传差异性，结果表明扶桑绵粉蚧在世界范围内可分为两个组群，一个组群仅分布于美国，另一个组群包含 9 个单倍型，分布于亚洲的中国、巴基斯坦、印度和越南，分化时间在 4～6 年。

第三章　生物学特性

一、扶桑绵粉蚧

（一）寄主范围与危害

扶桑绵粉蚧寄主植物广泛，文献有记录的多达 55 科 149 属 207 种，包括大田作物、蔬菜、观赏植物、果树及杂草，这些寄主植物分别为爵床科 **Acanthaceae** 的单药花 *Aphelandra squarrosa* Nees、小驳骨 *Justicia gendarussa* N.L. Burman、朱莉草 *Ruellia squarrosa* (Fenzl) Schaffnit；番杏科 **Aizoaceae** 的假海马齿 *Trianthema portulacastrum* L.；苋科 **Amaranthaceae** 的土牛膝 *Achyranthes aspera* L.、皱果苋 *Amaranthus viridis* L.、长芒苋 *A. palmeri* S. Watson、反枝苋 *A. retroflexus* L.；漆树科 **Anacardiaceae** 的杧果 *Mangifera indica* L.；伞形科 **Apiaceae** 的野胡萝卜 *Daucus carota* L.；夹竹桃科 **Apocynaceae** 的夹竹桃 *Nerium oleander* L.、鸡蛋花 *Plumeria rubra* L.、狗牙花 *Tabernaemontana divaricata* (L.) R. Brown ex Roemer & Schultes.；棕榈科 **Arecaceae** 的海枣 *Phoenir dactylifera* L.、圆角牛角瓜 *Calotropis procera* (Aiton) W.T. Aiton；天门冬科 **Asparagaceae** 的天门冬 *Asparagus cochinchinensis* (Lour.) Merr.、文竹 *A. setaceus* (Kunth) Jessop；菊科 **Asteraceae** 的藿香蓟 *Ageratum conyzoides* L.、豚草 *Ambrosia artemisiifolia* L.、三裂叶豚草 *A. trifida* L.、鬼针草 *Bidens pilosa* L.、金盏花 *Calendula officinalis* L.、矢车菊 *Centaurea cyanus* L.、菊苣 *Cichorium intybus* L.、香丝草 *Erigeron bonariensis* L.、向日葵 *Helianthus annuus* L.、南美蟛蜞菊 *Sphagneticola trilobata* (L.) Pruski、万寿菊 *Tagetes erecta* L.、药用蒲公英 *Taraxacum officinale* F.H. Wigg.、苍耳 *Xanthium strumarium* L.；紫草科 **Boraginaceae** 的细叶天剑菜 *Euploca strigosa* (Willd.) Diane & Hilger、天芥菜 *Heliotropium europaeum* L.；藜科 **Chenopodiaceae** 的藜 *Chenopodium album* L.；白花菜科 **Capparidaceae** 的黄花草 *Arivela viscosa* (L.) Rafinesque；使君子科 **Combretaceae** 的使君子 *Combretum indicum* (L.) Jongkind；旋花科 **Convolvulaceae** 的田旋花 *Convolvulus arvensis* L.、五爪金龙 *Ipomoea cairica* L.；十字花科 **Cruciferae** 的白菜 *Brassica rapa* var. *glabra* Regel、甘蓝 *B. oleracea* var. *capitata* L.、臭荠 *Lepidium didymum* L.；葫芦科 **Cucurbitaceae** 的臭瓜 *Cucurbita foetidissima* Kunth、药西瓜 *Citrullus colocynthis* (L.) Schrad.、西瓜 *C. lanatus* (Thunb.) Matsum. et Nakai、葫芦 *Lagenaria siceraria* (Molina) Standl.、丝瓜 *Lufa aegyptiaca* Miller、苦瓜 *Momordica charantia* L.；莎草科 **Cyperaceae** 的香附子 *Cyperus rotundus* L.；大戟科 **Euphorbiaceae** 的红桑 *Acalypha wilkesiana* Muell. Arg.、飞扬草 *Euphorbia hirta* L.、紫锦木 *E. cotini folia* L.、匍匐大戟 *E. prostrata*

Ait.、变叶珊瑚花 *Jatropha integerrima* Jacq.、蓖麻 *Ricinus communis* L.；**豆科 Fabaceae** 的羊蹄甲 *Bauhinia purpurea* L.、腊肠树 *Cassia fistula* L.、瓜儿豆 *Cyamopsis tetragonoloba* (L.) Taub.、印度黄檀 *Dalbergia sissoo* Roxb. ex DC.、南苜蓿 *Medicago polymorpha* L.、印度田菁 *Sesbania sesban* L. Merr.、蜜牧豆树 *Prosopis glandulosa* Torr.、长豇豆 *Vigna unguiculata* subsp. *sesquipedalis* (L.) Verdc.；**禾本科 Gramineae** 的狗牙根 *Cynodon dactylon* (L.) Pres.、光头稗 *Echinochloa colonum* (L.) Link.、牛筋草 *Eleusine indica* (L.) Gaertn.、小画眉草 *Eragrostis minor* Host.、玉蜀黍 *Zea mays* L.；**胡桃科 Juglandaceae** 的美国山核桃 *Carya illinoinensis* (Wangenheim) K. Koch；**唇形科 Lamiaceae** 的彩叶草 *Coleus hybridus* Hort. ex Cobeau、欧薄荷 *Mentha longifolia* (L.) Hudson、薄荷 *M. canadensis* L.、罗勒 *Ocimum basilicum* L.、撒尔维亚 *Salvia officinalis* L.；**千屈菜科 Lythraceae** 的紫薇 *Lagerstroemia indica* L.、散沫花 *Lawsonia inermis* L.；**锦葵科 Malvaceae** 的海岛棉 *Gossypium barbadense* L.、陆地棉 *G. hirsutum* L.、赛葵 *Malvastrum coromandelianum* (L.) Gurcke、咖啡黄葵 *Abelmoschus esculentus* (L.) Moench、磨盘草 *Abutilon indicum* (L.) Sweet、树锦 *Gossypium arboreum* L.、木芙蓉 *Hibiscus mutabilis* L.、朱槿 *H. rosa-sinensis* L.、悬铃花 *Malvaviscus arboreus* Cav.；**楝科 Meliaceae** 的楝 *Melia azedarach* L.；**桑科 Moraceae** 的构树 *Broussonetia papyrifera* (L.) L'Heritier ex Ventenat、孟加拉榕 *Ficus bengalensis* L.、无花果 *F. carica* L.、桑 *Morus alba* L.；**桃金娘科 Myrtaceae** 的赤桉 *Eucalyptus camadulensis* Dehnh.、白千层 *Melaleuca cajuputi* subsp. *cumingiana* (Turczaninow) Barlow；**紫茉莉科 Nyctaginaceae** 的光叶子花 *Bougainuillea glabra* Choisy；**木樨科 Oleaceae** 的茉莉花 *Jasminum sambac* (L.) Aiton；**胡麻科 Pedaliaceae** 的芝麻 *Sesamum indicum* L.；**叶下珠科 Phyllanthaceae** 的珠子草 *Phyllanthus niruri* L.；**胡椒科 Piperaceae** 的蒌叶 *Piper betle* L.；**蓼科 Polygonaceae** 的毛蓼 *Persicaria barbata* (L.) H. Hara、光蓼 *P. glabra* (Willd.) M. Gomez、齿果酸模 *Rumer dentatus* L.；**蔷薇科 Rosaceae** 的草莓 *Fragaria ananassa* Duch.；**芸香科 Rutaceae** 的酸橙 *Citrus aurantium* L.、甜橙 *C. sinensis* (L.) Osbeck；**茄科 Solanaceae** 的辣椒 *Capsicum annuum* L.、日香木 *Cestrum diurnum* L.、夜香树 *C. nocturnum* L.、白花曼陀罗 *Datura candida* Pers.、烟草 *Nicotiana tabacum* L.、番茄 *Solanum lycopersicum* L.、茄 *S. melongena* L.、马铃薯 *S. tuberosum* L.、银叶茄 *S. eleagnifolium* Cav.；**椴树科 Tiliaceae** 的蒙桑 *Morus mongolica* (Bur.) Schneid.；**马鞭草科 Verbenaceae** 的马缨丹 *Lantana camara* L.；**姜科 Zingiberaceae** 的绿豆蔻 *Elettaria cardamomum* (L.) Maton；**蒺藜科 Zygophyllaceae** 的美洲蒺藜 *Kallstroemia hirsutissima* Vail 等（Jhala *et al.*，2008；Arif *et al.*，2009；周湾等，2010；Abbas *et al.*，2010；曹婧等，2013；黄芳等，2014）（图 3-1～图 3-8），且被危害的寄主植物种类还在逐渐增加。

图 3-1　扶桑绵粉蚧危害玉蜀黍
（黄俊　拍摄）

图 3-2　扶桑绵粉蚧危害茄
（黄俊　拍摄）

图 3-3　扶桑绵粉蚧危害朱槿
（齐国君　拍摄）

图 3-4　扶桑绵粉蚧危害小驳骨
（齐国君　拍摄）

图 3-5　扶桑绵粉蚧危害南美蟛蜞菊
（齐国君　拍摄）

图 3-6　扶桑绵粉蚧危害陆地棉
（齐国君　拍摄）

图 3-7　扶桑绵粉蚧危害番茄　　　　　图 3-8　扶桑绵粉蚧危害豚草
（齐国君　供图）　　　　　　　　　　（齐国君　拍摄）

扶桑绵粉蚧主要通过雌成虫和若虫危害寄主植物的幼嫩部位，包括嫩枝、叶片、花芽和叶柄，量大时也可寄生在老枝和主茎上，以雌成虫和若虫吸食汁液而造成危害。受害植株长势衰弱，生长缓慢或停止，失水干枯；其分泌蜜露诱发的煤污病会阻碍植物的光合作用，从而导致叶片脱落，严重时可造成植株成片死亡（武三安和张润志，2009；朱艺勇等，2011；Huang et al.，2013）。有研究学者指出，该害虫已成为继棉铃虫 Helicoverpa armigera Hübner 后威胁世界棉花安全生产的又一重大害虫，对我国棉区造成巨大威胁（王艳平等，2009）。以巴基斯坦 Punjab 地区为例，2006 年由于该虫的危害，棉花减产 12%，2007 年更为严重，减产达 40%，仅在该地区两个月内使用的农药费用就超过了 1.2 亿美元。2008 年在我国广东省广州市的朱槿上首次发现该虫入侵，截至 2022 年 6 月 20 日，其已在 14 个省份的 125 个县（市、区）均有发生，而已报道的寄主植物范围也在不断扩大，涉及大田作物、园林观赏植物、果树和蔬菜等。

（二）生活史

扶桑绵粉蚧雌虫生活史包括卵、1 龄若虫、2 龄若虫、3 龄若虫和雌成虫，雄虫生活史则包括卵、1 龄若虫、2 龄若虫、预蛹、蛹和雄成虫（图 3-9 ～图 3-12），且雄成虫具翅能飞行，与雌成虫在形态上区别非常大。卵期很短，雌虫若虫期 15 ～ 20 天，总历期为 47 ～ 59 天；雄虫若虫和蛹期共 17 ～ 22 天，总历期为 20 ～ 26 天；雌虫寿命明显长于雄虫。该虫繁殖力强，雌成虫产卵量 200 ～ 862 粒/头，平均产卵 458 粒/头。

（三）环境适应性

扶桑绵粉蚧适温范围广泛，特别是在变温条件下的适应性非常强。例如，在恒温 17 ～ 32℃，扶桑绵粉蚧各虫态的发育历期随温度升高而逐渐缩短，当温度达到 27℃时发育速率增幅最大，其中在恒温 22 ～ 32℃，该虫具有较高的发育速率和存活率，且繁殖力较强，而在恒温 37℃条件下，该虫不能完成整个生活史而

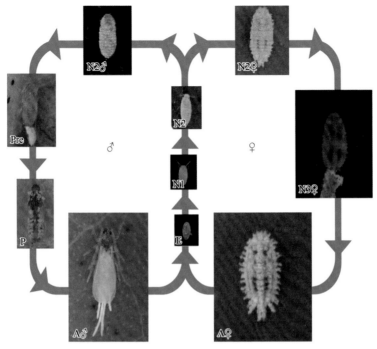

图 3-9 扶桑绵粉蚧生活史（黄俊 供图）

E. 卵；N1. 1 龄若虫；N2. 性别未分化的 2 龄若虫；N2♂. 2 龄雄若虫；N2♀. 2 龄雌若虫；
N3♀. 3 龄雌若虫；Pre. 预蛹；P. 蛹；A♂. 雄成虫；A♀. 雌成虫

图 3-10 扶桑绵粉蚧卵期和 1 龄若虫期（黄俊 供图）

A. 成虫产卵；B. 卵；C. 1 龄若虫；D. 卵囊中的 1 龄若虫

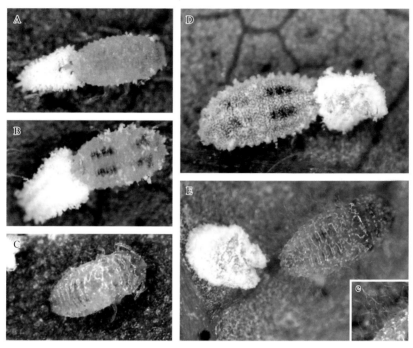

图 3-11　扶桑绵粉蚧 2、3 龄期虫态（黄俊　供图）

A. 2 龄若虫；B. 3 龄雌若虫初期；C. 预蛹初期；D. 3 龄雌若虫末期；E. 预蛹末期，e. 丝状分泌物

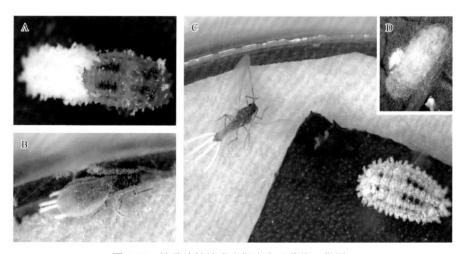

图 3-12　扶桑绵粉蚧成虫期虫态（黄俊　供图）

A. 雌成虫初期；B. 雄成虫；C. 雌雄成虫（左雄右雌）；D. 蛹期的茧

死亡。在循环变温条件（25～40℃）下，该虫表现出更好的适应性：发育历期更短，发育速率更快，存活率更高，繁殖力也达到了恒温条件下的平均水平。雌、雄虫的发育起点温度分别为9.0℃、8.1℃，而发育为成虫时所需有效积温分别为322.6℃·d、344.8℃·d（王飞飞等，2014）。长光照有利于该粉蚧生长发育和繁殖，随光照延长，世代历期缩短、种群增长加快；其耐寒性较强，在广东、广西等华南地区冬季可在寄主植株上危害过冬，新入侵的野外自然种群存活曲线为凹型，最小入侵种群规模仅需36～40头，田间种群发展受降雨影响，尤其低龄若虫受影响更为显著（关鑫等，2011）。

扶桑绵粉蚧具备较强的寄主适应性是决定其能在新入侵地成功定殖的重要因素。研究发现其在寄主及非寄主植物韧皮部取食效率高，取食行为存在高度可塑性，有利于其发生寄主转移及寄主谱扩张（Huang et al.，2012）。韧皮部和非韧皮部因素也促进了扶桑绵粉蚧在寄主转移过程中对寄主的适应，子一代在刺探及试探性取食行为方面可快速恢复到其母代在转移寄主前所达到的效率。同时，扶桑绵粉蚧在不同寄主上的取食效率不同，这与植物韧皮部所含成分密切相关，并非仅仅由其取食行为决定。扶桑绵粉蚧能够尝试并快速找到一个有效的刺探路径以到达韧皮部位置，这一行为特性有利于其适应不同的寄主植物，从而进一步扩大其寄主范围。

扶桑绵粉蚧还能够通过调控寄主植物体内的茉莉酸-水杨酸信号互作，抑制抗虫物质的产生，最终瓦解寄主防御反应（Zhang et al.，2011，2015）；通过降低寄主植物叶绿素含量和光合利用效率，从而加重其危害（Huang et al.，2013）。扶桑绵粉蚧对入侵杂草豚草的种群发育适合度极高，是其种群扩散和扩张最好的中间寄主，目前豚草已广泛分布于我国23个省份，为该粉蚧的种群扩散及暴发危害提供了必要条件（王前进等，2013）。

二、木瓜秀粉蚧

（一）寄主范围与危害

木瓜秀粉蚧是一种广食性昆虫，寄主范围非常广泛，已记载危害68科264种，包括**爵床科**的穿心莲 *Andrographis paniculata* (Burm. f.) Nees、假杜鹃 *Barleria cristata* L.、十字爵床 *Crossandra infundibuliformis* Nees、鸭嘴花 *Justicia adhatoda* L.、金苞花 *Pachystachys lutea* Nees；**铁线蕨科 Adiantaceae** 的 *Adiantum incisum* Forssk.；**番杏科**的假海马齿；**苋科**的土牛膝、*Aerva lanata* (L.) Juss. ex Schult.、*A. tomentosa* Forsk.、巴西莲子草 *Alternanthera brasiliana* (L.) Kuntze、莲子草 *A. sessilis* (L.) DC.、老鸦谷 *Amaranthus cruentus* L.、假刺苋 *A. dubius* Mart. ex Thell.、刺苋 *A. spinosus* L.、皱果苋、青葙 *Celosia argentea* L.、长序苋 *Digera muricata* (L.) Mart；**石蒜科 Amaryllidaceae** 的晚香玉 *Polianthes tuberosa* L.；**漆树科**的腰果 *Anacardium* *occidentale* L.、杧果、槟榔青 *Spondias pinnata* (L. f.) Kurz.；**番荔枝科 Annonaceae** 的刺果番荔枝 *Annona muricata* L.、番荔枝 *A. squamosa* L.、鹰爪花 *Artabotrys hexapetalus* (L. f.) Bhandari；**伞形科**的积雪草 *Centella asiatica* (L.) Urban；**夹竹桃科**的软枝黄蝉 *Allamanda cathartica* L.、紫蝉花 *A. blanchetii* A. DC.、大叶糖胶树 *Alstonia macrophylla* Wall. ex G. Don、糖胶树 *A. scholaris* (L.) R. Br.、长春花 *Catharanthus roseus* (L.) G. Don、狗牙花、夹竹桃、鸡蛋花、白花鸡蛋花 *Plumeria alba* L.、钝叶鸡蛋花 *P. obtusa* L.、蛇根木 *Rauvolfia serpentina* (L.) Benth. ex Kurz、叙利亚马利筋 *Asclepias syriaca* L.、牛角瓜 *Calotropis gigantea* (L.) W.T. Aiton、圆果牛角瓜 *C. procera* (Aiton) W.T. Aiton、匙羹藤 *Gymnema sylvestre* (Retz.) Schult.；**天南星科 Araceae** 的疣柄魔芋 *Amorphophallus paeoniifolius* (Dennstedt) Nicolson、花烛 *Anthurium andraeanum* Linden、芋 *Colocasia esculenta* (L.) Schott.、绿萝 *Epipremnum aureum* (Linden et Andre) Bunting；**菊科**的蛇根泽兰 *Ageratina altissima* (L.) R.M. King & H. Rob.、藿香蓟、鬼针草、飞机草 *Chromolaena odorata* (L.) R.M. King & H. Rob.、鳢肠 *Eclipta prostrata* L.、大麻叶泽兰 *Eupatorium cannabinum* L.、向日葵、*Launaea taraxacifolia* (Willd.) Amin ex C. Jeffrey、蜂巢草 *Leucas aspera* (Willd.) Link、银胶菊 *Parthenium hysterophorus* L.、金腰箭 *Synedrella nodiflora* (L.) Gaertn.、万寿菊、羽芒菊 *Tridax procumbens* L.、夜香牛 *Vernonia cinerea* (L.) H. Rob.、蟛蜞菊 *Sphagneticola calendulacea* (L.) Pruski、百日菊 *Zinnia elegans* Jacq.、多花百日菊 *Z. peruviana* (L.) L.；**蹄盖蕨科 Athyriaceae** 的蹄盖蕨 *Athyrium filix-femina* (L.) Roth；**紫葳科 Bignoniaceae** 的黄钟花 *Tecoma stans* (L.) Juss. ex Kunth；**紫草科**的长叶肺草 *Pulmonaria longifolia* (Bastard) Boreau；**橄榄科 Burseraceae** 的 *Commiphora caudate* (Wight & Arn.) Engl.；**仙人掌科 Cactaceae** 的匍地仙人掌 *Opuntia humifusa* Raf.；**番木瓜科 Caricaceae** 的番木瓜 *Carica papaya* L.；**白花菜科**的白花菜 *Gynandropsis gynandra* (L.) Briquet、黄花草、**使君子科**的榄仁 *Terminalia catappa* L.；**鸭跖草科 Commelinaceae** 的饭包草 *Commelina benghalensis* L.；**旋花科**的田旋花、蕹菜 *Ipomoea aquatica* Forsskal、番薯 *I. batatas* (L.) Lamarck、树牵牛 *I. carnea* subsp. *fistulosa* (Martius ex Choisy) D.F. Austin、虎掌藤 *I. pes-tigridis* L.、腺叶藤 *Stictocardia tiliifolia* (Desr.) Hall. F.；**闭鞘姜科 Costaceae** 的闭鞘姜 *Costus speciosus* (J. Koenig) S.R. Dutta；**葫芦科**的冬瓜 *Benincasa hispida* (Thunb.) Cogn.、红瓜 *Coccinia grandis* (L.) Voigt、黄瓜 *Cucumis sativus* L.、广东丝瓜 *Luffa acutangula* (L.) Roxb.、苦瓜、帽儿瓜 *Mukia maderaspatana* (L.) M.J. Roem.、瓜叶栝楼 *Trichosanthes cucumerina* L.；**莎草科**的香附子、多枝扁莎 *Cyperus polystachyos* Rottboll；**大戟科**的热带铁苋菜 *Acalypha indica* L.、红桑、波氏巴豆 *Croton bonplandianus* Baill.、*Codiaeum peltatum* (Labill.) P.S. Green、变叶木 *C. variegatum* (L.) A. Juss.、余甘子 *Phyllanthus emblica* L.、白苞猩猩草 *Euphorbia heterophylla* L.、飞扬草、金刚纂 *E. neriifolia* L.、橡胶树 *Hevea brasiliensis* (Willd. ex A. Juss.) Muell. Arg.、响盒子 *Hura crepitans* L.、

麻风树 *Jatropha curcas* L.、*J. glandulifera* Roxb.、棉叶珊瑚花 *J. gossypiifolia* L.、变叶珊瑚花、红珊瑚 *J. multifida* L.、佛肚树 *J. podagrica* Hook.、*J. tanjorensis* J.L. Ellis et Saroja、木薯 *Manihot esculenta* Crantz、蓖麻、山乌桕 *Triadica cochinchinensis* Loureiro；**豆科**的落花生 *Arachis hypogaea* L.、羊蹄甲、宫粉羊蹄甲 *Buhinia variegata* L.、番泻叶 *Senna alexandrina* Mill.、腊肠树、酸豆 *Tamarindus indica* L.、洋金凤 *Caesalpinia pulcherrima* (L.) Sw.、木豆 *Cajanus cajan* (L.) Millsp.、望江南 *Senna occidentalis* (L.) Link、蝶豆 *Clitoria ternatea* L.、菽麻 *Crotalaria juncea* L.、吊裙草 *C. retusa* L.、瓜儿豆、合欢草 *Desmanthus pernambucanus* (L.) Thellung、东非刺桐 *Erythrina abyssinica* Lam.、刺桐 *E. variegata* L.、毒鼠豆 *Gliricidia sepium* (Jacq.) Kunth ex Walp.、大豆 *Glycine max* (L.) Merr.、木蓝 *Indigofera tinctoria* L.、扁豆 *Lablab purpureus* (L.) Sweet、银合欢 *Leucaena leucocephala* (Lam.) de Wit、大含羞草 *Mimosa pigra* L.、含羞草 *M. pudica* L.、紫花大翼豆 *Macroptilium atropurpureum* (DC.) Urban、菜豆 *Phaseolus vulgaris* L.、牧豆树 *Prosopis juliflora* (Swartz) DC.、小鹿藿 *Rhynchosia minima* (L.) DC.、雨树 *Samanea saman* (Jacq.) Merr.、大花田菁 *Sesbania grandiflora* (L.) Pers.、榴红田菁 *S. punicea* (Cav.) Benth.、灰毛豆 *Tephrosia purpurea* (L.) Pers.、长序灰毛豆 *T. noctiflora* Boj. ex Baker、软荚豆 *Teramnus labialis* (L. f.) Spreng.、绿豆 *Vigna radiata* (L.) Wilczek、豇豆 *V. unguiculata* (L.) Walp.；**禾本科**的狗牙根、单序草 *Polytrias indica* (Houttuyn) Veldkamp、*Uniola paniculata* L.、玉蜀黍；**唇形科**的印度广防风 *Anisomeles malabarica* (L.) R. Br.、毛喉鞘蕊花 *Coleus forskohlii* (Willd.) Briq.、田野薄荷 *Mentha arvensis* L.、灰罗勒 *Ocimum americanum* L.、圣罗勒 *O. tenuiflorum* Burm. f.、甘牛至 *Origanum majorana* L.、粘毛大青 *Clerodendrum infortunatum* Dennst.、圆锥大青 *C. paniculatum* L.、柚木 *Tectona grandis* L. f.；**樟科 Lauraceae** 的鳄梨 *Persea americana* Mill.；**千屈菜科**的散沫花；**玉蕊科 Lecythidaceae** 的炮弹树 *Couroupita guianensis* Aubl.；**木兰科 Magnoliaceae** 的黄缅桂 *Michelia champaca* L.；**金虎尾科 Malpighiaceae** 的红叶金虎尾 *Malpighia pusillifolia* (Ekman & Nied.) F.K. Mey.、光叶金虎尾 *M. glabra* L.；**锦葵科**的咖啡黄葵、黄葵 *Abelmoschus moschatus* Medicus、恶味苘麻 *Abutilon hirtum* (Lamk.) Sweet、磨盘草、陆地棉、大麻槿 *Hibiscus cannabinus* L.、木芙蓉、朱槿、玫瑰茄 *H. sabdariffa* L.、木槿 *H. syriacus* L.、悬铃花、黄花棯 *Sida acuta* Burm. f.、白背黄花棯 *S. rhombifolia* L.、吉贝 *Ceiba pentandra* (L.) Gaertn.、瓜栗 *Pachira aquatica* Aublet、可可 *Theobroma cacao* L.；**楝科**的印楝 *Azadirachta indica* A. Juss.、岭南楝树 *Melia dubia* Cav.；**桑科**的波罗蜜 *Artocarpus heterophyllus* Lam.、面包树 *A. altilis* (Parkinson) Fosberg、桑、*Ficus exasperata* Vahl；**辣木科 Moringaceae** 的辣木 *Moringa oleifera* Lam.；**芭蕉科 Musaceae** 的大蕉 *Musa paradisiaca* L.；**肉豆蔻科 Myristicaceae** 的肉豆蔻 *Myristica fragrans* Houtt.；**桃金娘科**的赤桉、番石榴 *Psidium guajava* L.；**紫茉莉科**的黄细心 *Boerhavia diffusa* L.、直立黄细心 *B. erecta* L.；

木樨科的素馨花 *Jasminum grandiflorum* L.、毛茉莉 *J. multiflorum* (N.L. Burman) Andrews；**棕榈科**的椰子 *Cocos nucifera* L.、海枣、大王椰 *Roystonea regia* (Kunth.) O.F. Cook；**胡麻科**的天竺麻 *Pedalium murex* L.、芝麻；**叶下珠科**的 *Phyllanthus fraternus* G.L. Webster、苦味叶下珠 *P. amarus* Schumacher et Thonning、麻德拉斯叶下珠 *P. maderaspatensis* L.；**胡椒科**的蒌叶、荜拔 *Piper longum* L.、胡椒 *P. nigrum* L.；**蓼科**的珊瑚藤 *Antigonon leptopus* Hook. et Arn.、扛板归 *Persicaria perfoliata* (L.) H. Gross；**山龙眼科 Proteaceae** 的银桦 *Grevillea robusta* A. Cunn. ex R. Br.；**石榴科 Punicaceae** 的石榴 *Punica granatum* L.；**鼠李科 Rhamnaceae** 的滇刺枣 *Ziziphus mauritiana* Lam.；**蔷薇科**的厚叶石斑木 *Rhaphiolepis umbellata* (Thunberg) Makino；**茜草科 Rubiaceae** 的团花树 *Neonauclea purpurea* (Roxb.) Merr.、糙叶丰花草 *Spermacoce hispida* L.、*Canthium inerme* (L. f.) Kuntze、海岸桐 *Guettarda speciosa* L.、红花龙船花 *Ixora coccinea* L.、海滨木巴戟 *Morinda citrifolia* L.、红纸扇 *Mussaenda erythrophylla* Schumach. et Thom.、洋玉叶金花 *M. frondosa* L.；**芸香科**的酸橙、调料九里香 *Murraya koenigii* (L.) Spreng.；**檀香科 Santalaceae** 的檀香 *Santalum album* L.；**无患子科 Sapindaceae** 的红毛丹 *Nephelium lappaceum* L.；**山榄科 Sapotaceae** 的人心果 *Manilkara zapota* (L.) van Royen；**玄参科 Scrophulariaceae** 的蓝猪耳 *Torenia fournieri* Linden. ex Fourn.；**苦木科 Simaroubaceae** 的 *Ailanthus excelsa* Roxb.；**茄科**的辣椒、夜香树、变色茉莉 *Brunfelsia uniflora* (Pohl.) D. Don、曼陀罗 *Datura stramonium* L.、洋金花 *D. metel* L.、番茄、烟草、小酸浆 *Physalis minima* L.、喀西茄 *Solanum aculeatissimum* Jacquin、茄、龙葵 *S. nigrum* L.、水茄 *S. torvum* Swartz、三浅裂茄 *S. trilobatum* L.、马铃薯、黄果茄 *S. virginianum* L.、睡茄 *Withania somnifera* (L.) Dunal；**椴树科**的黄麻 *Corchorus capsularis* L.；**马鞭草科**的假连翘 *Duranta erecta* L.、马缨丹、过江藤 *Phyla nodiflora* (L.) E.L. Greene；**葡萄科 Vitaceae** 的仙素莲 *Cissus quadrangularis* L.；**姜科**的姜黄 *Curcuma longa* L.；**蒺藜科**的蒺藜 *Tribulus terrestris* L. 等（张江涛和武三安，2015；徐海根和强胜，2018）（图 3-13～图 3-15）。

图3-13　木瓜秀粉蚧危害番木瓜（齐国君　拍摄）

图 3-14 木瓜秀粉蚧危害朱槿（齐国君 拍摄）

图 3-15 木瓜秀粉蚧在变叶珊瑚花叶片、花蕾和枝芽上的危害状（马骏 供图）

木瓜秀粉蚧以若虫和雌成虫刺吸叶片、嫩枝与果实汁液而造成危害，导致叶片枯萎、黄化和皱缩、落叶落果及植株死亡，同时分泌蜜露引发煤污病，最终引起植株死亡（顾渝娟和齐国君，2015）。虫口密度大时形成厚的白色蜡质层，导致番木瓜果实弱小、畸形，影响可食用性及品质，造成巨大的经济损失（图 3-13～图 3-15）。

（二）生活史

木瓜秀粉蚧营两性生殖，雌雄二型。雌虫和雄虫的发育属两个不同的类型，雌虫属渐变态型，若虫分为 3 个龄期，雄虫属过渐变态型，若虫分为 4 个龄期，还有预蛹期和蛹期（图 3-16）。

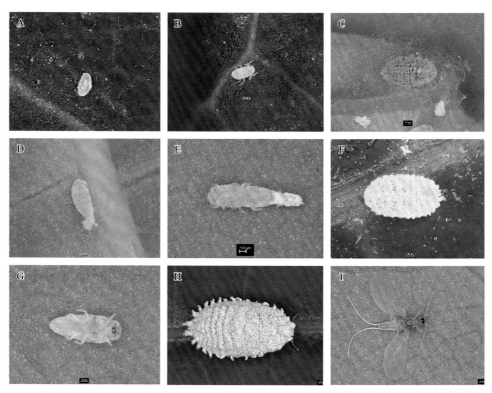

图 3-16　木瓜秀粉蚧各发育阶段形态（林凌鸿　拍摄）

A. 卵；B. 1 龄若虫；C. 2 龄雄若虫；D. 2 龄雌若虫；E. 3 龄雄若虫（腹面观）；F. 3 龄雌若虫（腹面观）；
G. 4 龄雄若虫（腹面观）；H. 雌成虫（背面观）；I. 雄成虫（侧面观）

在适宜的环境下，木瓜秀粉蚧世代重叠严重，发育繁殖的最适宜温度为 24～28℃，春秋季发生数量最大，在温室条件下，一年四季均可以大量繁殖。在温度 25℃左右、相对湿度 65% 的条件下，木瓜秀粉蚧在红桑、朱槿、银胶菊、鸡蛋花上均可完成生活史，雄成虫发育一代需要经过 27～30 天，雌成虫发育一代需要经过 24～26 天（Amarasekare *et al.*，2014）（表 3-1）。

表 3-1　木瓜秀粉蚧卵、若虫在不同寄主上的发育历期（Amarasekare *et al.*，2014）

| 寄主 | 卵/天 | 1 龄若虫/天 | 2 龄若虫/天 | | 3 龄若虫/天 | | 4 龄若虫/天 | 卵至雌成虫累计期/天 | 卵至雄成虫累计期/天 |
			雌	雄	雌	雄	雄		
红桑	8.6±0.1	5.9±0.1	3.8±0.1	6.5±0.1	6.3±0.1	2.8±0.1	4.5±0.1	24.5±0.1	28.4±0.1
朱槿	8.4±0.1	6.2±0.1	5.0±0.1	6.8±0.1	5.9±0.1	2.3±0.1	3.9±0.1	25.5±0.1	27.6±0.1
银胶菊	8.8±0.1	5.8±0.1	5.2±0.1	5.6±0.1	4.7±0.1	3.4±0.1	4.1±0.1	24.4±0.1	27.7±0.1
鸡蛋花	8.5±0.1	6.6±0.1	5.3±0.1	9.6±0.1	5.1±0.1	2.7±0.1	2.6±0.1	25.5±0.1	30.0±0.1

（三）环境适应性

木瓜秀粉蚧喜温暖、干燥的气候，在自然条件下的温度适应性非常强，能快速建立种群进行繁育，适温范围较为广泛，具有大规模暴发成灾的风险。该粉蚧在 18～30℃均可完成生活史，在适宜的温湿度条件下繁殖力很强，存活率高（Amarasekare et al.，2008）。低温和高温可以诱导木瓜秀粉蚧保护酶活性显著提高，研究表明，与 28℃相比，12℃、16℃、36℃和 40℃下其体内过氧化物酶（POD）、多酚氧化酶（PPO）、过氧化氢酶（CAT）和超氧化物歧化酶（SOD）的活性显著增加，可能会对其生长发育产生不利影响（陈青等，2020a）。

木瓜秀粉蚧对不同植物寄主的取食适应性不同，在番木瓜、茄、朱槿、鬼针草 4 种寄主植物上的研究表明，木瓜秀粉蚧雄虫累计发育时间均较雌虫长，其中在朱槿上的累计发育时间最短（雄虫 22.4 天，雌虫 19.0 天），茄上则最长（雄虫 27.3 天，雌虫 24.8 天）；而产卵期、成虫寿命及存活率与寄主种类无关，两性生命表分析表明木瓜为木瓜秀粉蚧的最适宜寄主（陈敏敏等，2014）。该粉蚧对不同木薯品种的适应性差异较大，用我国 6 种木薯品种（BRA900、SC205、ZM9066、C1115、Swiss F21 和 Myanmar）叶片饲喂木瓜秀粉蚧，结果表明，木瓜秀粉蚧取食不同木薯品种后，其发育与繁殖相关生理指标差异显著，BRA900、SC205 和 ZM9066 适宜木瓜秀粉蚧发育与繁殖，而 C1115、Swiss F21 和 Myanmar 不是木瓜秀粉蚧的适宜寄主（陈青等，2020b）。

三、新菠萝灰粉蚧

（一）寄主范围与危害

新菠萝灰粉蚧的寄主植物较多，可危害多种重要农林经济作物，已记载危害 39 科 76 种寄主植物，包括**石蒜科**的晚香玉；**漆树科**的杧果；**番荔枝科**的刺果番荔枝、牛心番荔枝 Annona reticulata L.、番荔枝；**天南星科**的芋；**棕榈科**的椰子、散尾葵 Dypsis lutescens (H. Wendl.) Beentje et J. Dransf.；**天门冬科**的剑麻 Agave sisalana Perr. ex Engelm.、金边龙舌兰 A. americana var. marginata Trel.、细叶丝兰 Yucca flaccida Haw.；**菊科**的向日葵；**紫葳科**的葫芦树 Crescentia cujete L.；**十字花科**的甘蓝；**凤梨科 Bromeliaceae** 的凤梨 Ananas comosus (L.) Merr.；**仙人掌科**的仙人掌 Opuntia dillenii (Ker Gawl.) Haw.；**藤黄科 Clusiaceae** 的莽吉柿 Garcinia mangostana L.；**葫芦科**的笋瓜 Cucurbita maxima Duch. ex Lam.、南瓜 C. moschata (Duch. ex Lam.) Duch. ex Poiret；**大戟科**的变叶木；**豆科**的酸豆、金合欢 Vachellia farnesiana (L.) Wight & Arnott、落花生、木豆、凤凰木 Delonix regia (Boj.) Raf.；**蝎尾蕉科 Heliconiaceae** 的蝎尾蕉 Heliconia metallica Planch. et Lind. ex Hook. f.；

唇形科的柚木；**百合科 Liliaceae** 的洋葱 *Allium cepa* L.；**锦葵科**的可可、陆地棉；**桑科**的波罗蜜；**芭蕉科**的香蕉 *Musa nana* Lour.、芭蕉 *M. basjoo* Sieb. et Zucc.、红蕉 *M. coccinea* Andr.；**茜草科**的中粒咖啡 *Coffea canephora* Pierre ex Froehn.、海岸桐；**芸香科**的柠檬 *Citrus limon* (L.) Osbeck、柑橘 *Citrus reticulata* Blanco、甜橙；**无患子科**的红毛丹；**茄科**的番茄、茄；**山榄科**的人心果；**蔷薇科**的苹果 *Malus pumila* Mill.；**石榴科**的石榴等（李惠萍，2021）。

新菠萝灰粉蚧危害剑麻叶片，常在茎部和心叶内隐蔽危害，也可危害根部（图 3-17），造成的主要危害如下：①粉蚧成、若虫群集直接刺吸植物汁液，其分泌的白色蜡质可覆盖植株，影响植株生长；②粉蚧分泌蜜露诱发煤污病，严重影响植株的生长及麻加工产品的质量；③剑麻被危害后，次年往往会暴发紫色尖端卷叶病，导致剑麻枯萎，严重时植株死亡；④剑麻出现心轴腐烂，植株坏死（图 3-17）（万方浩等，2011）。

危害剑麻叶片	危害剑麻新叶	危害剑麻根部
剑麻煤污病	剑麻紫色尖端卷叶病	剑麻心腐病

图 3-17　新菠萝灰粉蚧在剑麻上的发生部位与引起的病害（覃振强　供图）

新菠萝灰粉蚧危害常会引发剑麻紫色尖端卷叶病流行，其主要症状为：①叶尖缘黑色，并向下蔓延成淡紫色斑驳或淡绿色的褪绿黄斑；②叶尖向内卷曲，干缩失水；③根系基本枯死；④部分植株心轴枯死腐烂。紫色尖端卷叶病于 2001 年 11 月首先在海南昌江麻区发现，2003 年在广东湛江麻区零星发生，2007 年再次在湛江麻区局部发生，2008 年大面积暴发。目前在湛江麻区约有 3 万亩（1 亩≈666.67m^2，后同）剑麻发病，平均发病率 7%，其中东方红农场发病率最高可达70%，严重时麻株枯死。新菠萝灰粉蚧的危害可造成麻区产量损失达 30% 以上（吴建辉等，2008；覃振强等，2010）。据调查，中幼龄剑麻发生粉蚧危害后更易诱发紫色尖端卷叶病，中幼龄剑麻紫色尖端卷叶病发病率为 2.91%，比中老龄剑麻发病率 0.35%（陈士伟等，2008）。70% 以上的紫色尖端卷叶病植株会并发心腐病，病组织初期灰黑色，叶肉汁液被消耗，仅余表皮和纤维；后期变白色，在病健交界处断落（赵艳龙等，2007）。

（二）生活史

新菠萝灰粉蚧雌雄二型，雌虫属渐变态型，雄虫属过渐变态型，在 2 龄若虫末期可区分雌、雄性（Lim，1973）。雌虫生活史包括卵、1 龄若虫、2 龄若虫、3 龄若虫和雌成虫；雄虫生活史包括卵、1 龄若虫、2 龄若虫、预蛹、蛹和雄成虫，且雄成虫具翅能飞行（图 3-18）。新菠萝灰粉蚧在剑麻植物上卵期很短，雌虫若虫期和成虫期分别平均为 22.7 天、49.6 天，雌虫总历期平均为 72.3 天；雄虫若虫期、预蛹期、蛹期和成虫期分别平均为 16.5 天、3.6 天、3.8 天、2.3 天，总历期平均为 26.2 天；雌虫寿命明显长于雄虫；该粉蚧繁殖力强，雌成虫产卵量平均为 417.7 粒/头。新菠萝灰粉蚧的生活史见图 3-19。

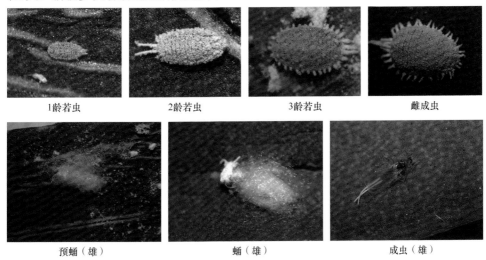

1龄若虫　　　　2龄若虫　　　　3龄若虫　　　　雌成虫

预蛹（雄）　　　　蛹（雄）　　　　成虫（雄）

图 3-18　新菠萝灰粉蚧各虫态形态特征（覃振强　供图）

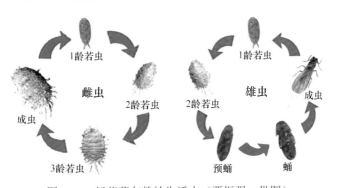

图 3-19　新菠萝灰粉蚧生活史（覃振强　供图）

（三）环境适应性

温度对新菠萝灰粉蚧的生物学特性有显著的影响。例如，在恒温 17～32℃，新菠萝灰粉蚧 1 龄若虫到雌成虫历期从 17℃的 55.4 天缩短至 29℃的 16.9 天，1 龄若虫到雄成虫历期则从 17℃的 54.0 天缩短至 32℃的 15.8 天；从若虫至成虫的存活率，雌、雄性粉蚧均以在 29℃时最高，分别为 88.8%和 89.2%；雌成虫寿命在 17℃时最长，为 95.0 天，但在 26℃时降至 30.0 天，而温度对雄成虫寿命也有显著影响，在 17℃和 32℃时雄成虫寿命分别为 5.6 天和 2.3 天；雌成虫平均产若虫量随着温度上升而增加，到 23℃时达最大值，为 409.4 头/雌；23～29℃是该粉蚧种群增长的适宜温度。新菠萝灰粉蚧雌、雄虫的发育起点温度分别为 8.7℃、10.3℃，而发育为成虫时所需有效积温分别为 370.4℃·d、312.5℃·d（Qin et al.，2013）。田间调查表明，高温、低温及暴雨对新菠萝灰粉蚧种群增长不利；该粉蚧在栽培管理粗放的麻田发生数量较高，而在栽培管理良好的麻田发生数量较低（覃振强，2010）。

寄主植物是入侵害虫在新危害区繁殖定居的重要影响因素。研究发现，新菠萝灰粉蚧可在剑麻、金边龙舌兰、巴厘菠萝和卡因菠萝 4 种植物上完成生长发育，从若虫到成虫，新菠萝灰粉蚧雌、雄虫的发育历期在卡因菠萝上最短，而在巴厘菠萝上最长；该粉蚧存活率以在巴厘菠萝上最高，最低为金边龙舌兰；雌、雄成虫寿命在剑麻上最短，分别为 49.6 天、2.3 天，但该粉蚧在剑麻上雌雄性比最高，产若虫前期最短，产若虫量最高，为 417.8 头/雌；该粉蚧在剑麻上的内禀增长率高于其他 3 种植物，表明在这 4 种寄主植物中，剑麻是新菠萝灰粉蚧生长发育、存活和繁殖的最适宜植物，其种群增长速度较快（Qin et al.，2011）。研究表明，新菠萝灰粉蚧偏好剑麻，且与寄主的单宁酸含量和可溶性蛋白质含量分别存在负相关和正相关（张妮等，2013）。此外，香蕉也被认为是新菠萝灰粉蚧的适宜寄主之一（张妮等，2011）。据报道，品种与新菠萝灰粉蚧危害关系密切，引 5、引 8、引 9、引 10、灰叶剑麻、无刺剑麻等抗虫性强或较强，可探讨作为育种亲本；而引 1、引 2、引 3、东 26、南亚 2 号、东 27、东 109、广西 76416、H#11648 麻等抗虫能力差（黄标等，2015）。

新菠萝灰粉蚧在原产地南美洲和中美洲主要危害凤梨作物（Collins，1960；Beardsley，1993；Hernandez et al.，1999）。在我国，新菠萝灰粉蚧主要在海南、广东、广西麻区危害剑麻，1998 年在海南昌江青坎农场麻区危害面积为 1.2 万多亩，2007 年底在广东湛江麻区危害面积达 10 万多亩（覃振强，2010），2008 年后在广西、云南也发现该粉蚧危害剑麻，2015 年在广西钦州麻区危害面积为 1 万多亩，2018 年发现该粉蚧在云南景洪街道绿化带的金边龙舌兰，西双版纳热带花卉园的剑麻、金边龙舌兰、丝兰上危害严重，当地科技人员曾在凤凰木根下采集到该粉蚧。

四、湿地松粉蚧

（一）寄主范围与危害

　　湿地松粉蚧主要危害松属 *Pinus* 植物，包括加勒比松 *P. caribaea* Morelet、沙松 *P. clausa* (Chapm. ex Engelm.) Vasey ex Sarg.、萌芽松 *P. echinata* Mill.、湿地松 *P. elliottii* Engelmann、马尾松 *P. massoniana* Lamb.、长叶松 *P. palustris* Mill.、火炬松 *P. taeda* L.、矮松 *P. virginiana* Mill. 等（Johnson and Lyon，1976；Clarke *et al.*，1990；金明霞等，2013）。

　　湿地松粉蚧主要以若虫危害湿地松的嫩枝及球果，尤其喜欢集中危害枝梢端部幼嫩组织，导致新梢抽出困难、针叶延伸受阻，危害严重时，可造成70%～80% 老针叶提前枯黄脱落，粉蚧分泌的蜜露导致煤污病暴发，严重削弱松树长势，破坏林相，影响材积和木材质量（徐家雄等，1992；张心结等，1997；金明霞等，2013）（图 3-20 和图 3-21）。目前，湿地松粉蚧主要集中在南方几个省份发生危害，其中以华南地区发生严重，尤其在广东。据文献记载，在重灾区松树主梢和侧梢生长速度分别下降 23.7% 和 25.8%，树高年增长量受抑制率高达26.8%，材积损失率达 33.5%，松树产脂能力下降 19.9%（张心结等，1997；任辉等，2000）。1990 年该粉蚧首次在广东台山发生（徐家雄等，1992），随后迅速扩散蔓延（庞雄飞和汤才，1994；徐家雄等，2002），受害面积不断扩大，至 1999 年该粉蚧危害面积达 35.24 万 hm²（任辉等，2000）。2000 年湿地松粉蚧向西扩散到广西的玉林和梧州，危害面积达 0.49 万 hm²（吕送枝，2000）。2003 年向北扩散至湖南郴州宜章黄沙堡，并在湖南境内迅速蔓延成灾，至 2008 年湖南发生面积达 3.33万 hm²（陈良昌等，2009）。随后，2010 年该粉蚧进一步扩散至湖南醴陵，2011 年在醴陵发生严重危害，部分区域平均虫口密度达 29.3 头/梢（肖惠华等，2016）。可以预知，如若湿地松粉蚧进一步向北扩散，必定对马尾松、湿地松和火炬松等松属植物种植区造成极大威胁。

图 3-20　湿地松粉蚧危害症状　　　　　图 3-21　松枝上的湿地松粉蚧
　　　　（赵丹阳　拍摄）　　　　　　　　　　　（邱华龙　供图）

（二）生活史

　　湿地松粉蚧分为卵、1 龄若虫、2 龄若虫、有翅型预蛹、有翅型蛹、有翅型雄成虫、无翅型雄成虫和雌成虫 8 种虫态（徐家雄等，2002；金明霞等，2013）（图 3-22）。早期的生物学观察发现，湿地松粉蚧卵的发育历期为 5～12 天，平均为 7.6 天；非越冬代若虫发育历期为 50～60 天，越冬代若虫发育历期为 150～210天；雄蛹（包括预蛹期）历期为 4～6 天；雄成虫寿命为 1 天；非越冬代雌成虫寿命为 30～40 天，其中产卵前历期 6～8 天、产卵历期 20～30 天、产卵后历期 4～6 天，繁殖力为 60～80 粒/头；越冬代雌成虫寿命为 40～50 天，其中产卵前历期 7～10 天、产卵历期 30～40 天、产卵后历期 5～7 天，繁殖力为 108～372粒/头；卵的孵化率为 80.7%（徐家雄等，1992）。野外盆栽试验结果表明，赣南地区湿地松粉蚧卵发育历期为 9～19 天，大部分在 12 天孵化，若虫期 22～34 天，80% 的 1 龄若虫在 13 天后蜕皮，大部分 2 龄若虫在 14 天后开始化蛹，越冬代若虫发育历期为 136～176 天，雄成虫寿命为 24～37 天（金明霞等，2013）。

图 3-22　湿地松粉蚧成、若虫（邱华龙　供图）

（三）环境适应性

　　湿地松粉蚧具有较强的环境适应性，虽然高温对湿地松粉蚧成虫产卵、若虫生长发育有一定的抑制作用，但其对温度波动具有较强的适应性。研究表明，成虫生长发育的最适温度为 21～27℃，卵孵化和发育的最适变温组合是 23～29℃；23～29℃以上的温度波动对卵的发育速率有增速作用，而 23～29℃以下的温度波动可减缓卵的发育速率（汤才等，2001）。湿地松粉蚧适应的生境较广，但其种群密度与林木郁闭度、海拔、坡向和林分结构等关系密切（金明霞等，2011）。湿地松粉蚧喜欢湿度较大的松林，林间郁闭度降低，降低了林间湿度，改善了营养条件和环境条件，其种群密度相对较高；海拔较低的林地粉蚧种群密度较高，从下到上分布不规则，呈跳跃式变化；湿地松粉蚧种群密度南坡高于北坡，东坡与西坡间基本相似；此外，纯林中的粉蚧密度高于混交林（顾茂彬和陈佩珍，1996；金明霞等，2011）。

在林间，气温可影响湿地松粉蚧种群数量消长，在6月中旬至9月中旬，南方地区气温过高，一般白天最高气温在36℃以上，造成了夏季林间种群数量剧减（金明霞等，2013）。湿地松粉蚧属梢部害虫，其林间种群数量消长亦严重受湿地松新梢数量的影响，广东、江西等南方各地湿地松春梢期为3～6月，秋梢期为7～8月。湿地松粉蚧种群数量随抽梢期延长而上升，湿地松春梢是一年的主梢，抽梢长度约为秋梢的3倍，可提供比秋梢更丰富的营养和充足的栖息空间，春季湿地松的大量抽梢是上半年粉蚧种群数量暴涨的因素，因此，5月虫口大发生（余海滨等，1998；金明霞等，2013）。然而，新梢受高密度的粉蚧危害后，生长严重受阻，加上严重的煤污病，林木长势弱，几乎不能连续抽新梢，营养条件恶化，粉蚧种群数量大幅度下降或转移到边缘的新扩散区。在边缘的新扩散区有充足的新梢，粉蚧种群数量在短期快速增长，形成新的种群高密度区（余海滨等，1998；金明霞等，2013）。

五、大洋臀纹粉蚧

（一）寄主范围与危害

大洋臀纹粉蚧可危害多种重要的农作物和苗木花卉，已发现该虫危害或转主危害的自然寄主有73科250余种，包括**爵床科**的珊瑚花 *Justicia carnea* Lindl.、绯红珊瑚花 *Pachystachys coccinea* (AuBlume) Nees；**石蒜科**的亚洲文殊兰 *Crinum asiaticum* L.；**漆树科**的腰果、杧果、食用槟榔青 *Spondias dulcis* G. Forst.；**番荔枝科**的刺果番荔枝、牛心番荔枝、番荔枝、依兰 *Cananga odorata* (Lam. k.) Hook. f. et Thoms；**伞形科**的旱芹 *Apium graveolens* L.；**夹竹桃科**的沙漠玫瑰 *Adenium obesum* (Forssk.) Roem.、白蛾藤 *Araujia sericifera* Brot.、鸡蛋花；**天南星科**的热亚海芋 *Alocasia macrorrhizos* (L.) G. Don.、芋、*Cyrtosperma merkusii* (Hassk.) Schott、麒麟叶 *Epipremnum pinnatum* (L.) Engl.、三裂喜林芋 *Philodendron tripartitum* (Jacq.) Schott、大薸 *Pistia stratiotes* L.、箭叶兰芋 *Xanthosoma sagittifolium* Liebm.；**五加科 Araliaceae** 的洋常春藤 *Hedera helix* L.、银边南洋参 *Polyscias guilfoylei* (Cogn. et March.) Bailey、辐叶鹅掌柴 *Schefflera actinophylla* (Endl.) Harms；**棕榈科**的槟榔 *Areca catechu* L.、泽曼矛椰 *Balaka seemannii* (H. Wendl.) Becc.、椰子、平

叶棕 *Howea forsteriana* (F. Muell. et H. Wendl.) Becc.；天门冬科的文竹；**阿福花科 Asphodelaceae** 的草百合 *Caesia parviflora* R. Br.；菊科的鬼针草、栽培菊苣 *Cichorium endivia* L.、一点红 *Emilia sonchifolia* (L.) DC.、李花菊 *Melanthera biflora* (L.) Candolle、假泽兰 *Mikania cordata* (Burm. f.) B.L. Robinson、*Pluchea odorata* (L.) Cass.、金腰箭、万寿菊、百日菊；**凤仙花科 Balsaminaceae** 的凤仙花 *Impatiens balsamina* L.、苏丹凤仙花 *Impatiens walleriana* J.D. Hooker；紫草科的蒜味破布木 *Cordia alliodora* (Ruiz & Pav.) Oken、*Heliotropium foertherianum* Diane & Hilger、大尾摇 *Heliotropium indicum* L.；**十字花科**的野甘蓝 *Brassica oleracea* L.、芜青 *B. rapa* L.、萝卜 *Raphanus sativus* L.；**凤梨科**的凤梨；**橄榄科**的 *Canarium harveyi* Seem.、爪哇橄榄 *C. indicum* L.；**仙人掌科**的 *Harrisia portoricensis* Britton、量天尺 *Selenicereus undatus* (Haw.) D.R. Hunt；**红厚壳科 Calophyllaceae** 的红厚壳 *Calophyllum inophyllum* L.；**木麻黄科 Casuarinaceae** 的木麻黄 *Casuarina equisetifolia* L.；**使君子科**的红榄李 *Lumnitzera littorea* (Jack) Voigt、榄仁；**鸭跖草科**的鸭跖草 *Commelina communis* L.；**旋花科**的番薯、厚藤 *Ipomoea pes-caprae* (L.) R. Brown；**葫芦科**的西瓜、甜瓜 *Cucumis melo* L.、黄瓜、笋瓜、南瓜、西葫芦 *Cucurbita pepo* L.、佛手瓜 *Sechium edule* (Jacq.) Swartz；**莎草科**的香附子；**薯蓣科 Dioscoreaceae** 的参薯 *Dioscorea alata* L.；**柿科 Ebenaceae** 的柿 *Diospyros kaki* Thunb.；**大戟科**的红穗铁苋菜 *Acalypha hispida* Burm. f.、热带铁苋菜、红桑、石栗 *Aleurites moluccanus* (L.) Willd.、变叶木、*Endospermum macrophyllum* (Müll. Arg.) Pax & K. Hoffm.、海滨大戟 *Euphorbia atoto* Forst. f.、白苞猩猩草、飞扬草、一品红 *Euphorbia pulcherrima* Willd. ex Klotzsch、海漆 *Excoecaria agallocha* L.、橡胶树、麻风树、*Macaranga aleuritoides* F. Muell.、*M. harveyana* (Müll. Arg.) Müll. Arg.、光血桐 *M. tanarius* (L.) Muell. Arg.、野梧桐 *Mallotus japonicus* (Thunb.) Muell. Arg.、木薯、蓖麻；**豆科**的台湾相思 *Acacia confusa* Merr.、金合欢、绢毛相思 *A. holosericea* A. Cunn. ex G. Dun、*A. spirorbis* Labill.、光海红豆 *Adenanthera pavonina* L.、落花生、单蕊羊蹄甲 *Bauhinia monandra* Kurz、木豆、长蕊朱缨花 *Calliandra houstoniana* (Mill.) StandL.、腊肠树、距瓣豆 *Centrosema pubescens* Benth.、*Gliricidia maculata* (Kunth) Steud.、毒鼠豆、大豆、*Inocarpus fagifer* (Parkinson ex F. A. Zorn) Fosberg、银合欢、紫花大翼豆、大含羞草、含羞草、刺毛黧豆 *Mucuna pruriens* (L.) DC、棉豆 *Phaseolus lunatus* L.、菜豆、翅荚决明 *Senna alata* (L.) Roxburgh；**龙胆科 Gentianaceae** 的 *Fagraea racemosa* Jack ex Wall.；**牻牛儿苗科 Geraniaceae** 的天竺葵 *Pelargonium hortorum* Bailey；**禾本科**的甘蔗 *Saccharum officinarum* L.、玉蜀黍、**唇形科**的广防风 *Anisomeles indica* (L.) Kuntze、*Clerodendrum disparifolium* Blume、圆锥大青、美丽赪桐 *Clerodendrum speciosissimum* Drapiez、*Hyptis pectinata* (L.) Poit.、罗勒、五彩苏 *Coleus scutellarioides* (L.) Benth.、伞序臭黄荆 *Premna serratifolia* L.、撒尔维亚、柚木、蔓荆 *Vitex trifolia* L.；**樟科**的鳄梨；**玉蕊科**的滨玉蕊 *Barringtonia* *asiatica* (L.) Kurz；**千屈菜科**的紫薇、水芫花 *Pemphis acidula* J.R. et G. Forst；**木兰科**的含笑花 *Michelia figo* (Lour.) Spreng；**锦葵科**的黄蜀葵 *Abelmoschus manihot* (L.) Medicus、陆地棉、毛可可 *Guazuma ulmifolia* Lam.、朱槿、玫瑰茄、黄槿 *Talipariti tiliaceum* (L.) Fryxel L.、鹧鸪麻 *Kleinhovia hospita* L.、黄花稔、可可、刺蒴麻 *Triumfetta rhomboidea* Jacq.；**野牡丹科 Melastomataceae** 的 *Miconia robinsoniana* Cogn.；**楝科**的 *Dysoxylum macrocarpum* Blume；**桑科**的面包树、波罗蜜、构树、垂叶榕 *Ficus benjamina* L.、无花果、冠毛榕 *F. gasparriniana* Miq.、印度榕 *F. elastica* Roxb. ex Hornem、*F. opposita* Miq.、桑；**芭蕉科**的芭蕉、朝天蕉 *Musa velutina* H. Wendl. et Drude；**肉豆蔻科**的 *Myristica macrantha* A. C. Sm.；**桃金娘科**的剥桉 *Eucalyptus deglupta* Blume、番石榴、水莲雾 *Syzygium aqueum* (Burm. f.) Alston、乌墨 *S. cumini* (L.) Skeels、马六甲蒲桃 *S. malaccense* (L.) Merr. et Perry；**柳叶菜科 Onagraceae** 的毛草龙 *Ludwigia octovalvis* (Jacq.) Raven；**兰科 Orchidaceae** 的兔耳石斛 *Dendrobium lineale* Rolfe、鹤顶兰 *Phaius tancarvilleae* (L'Heritier) Blume；**酢浆草科 Oxalidaceae** 的阳桃 *Averrhoa carambola* L.；**露兜树科 Pandanaceae** 的 *Pandanus edulis* Thouars、香甜露兜树 *P. odorifer* (Forssk.) Kuntze；**西番莲科 Passifloraceae** 的鸡蛋果 *Passiflora edulis* Sims；**叶下珠科**的秋枫 *Bischofia javanica* Blume、土蜜树 *Bridelia tomentosa* BL.、茎花算盘子 *Glochidion ramiflorum* J.R. et G. Forst、珠子草；**胡椒科**的树胡椒 *Piper aduncum* L.、毛蒟 *P. hongkongense* C. de Candolle、卡瓦胡椒 *P. methysticum* G. Forst；**车前科 Plantaginaceae** 的爆仗竹 *Russelia equisetiformis* Schlecht. et Cham；**山龙眼科**的四叶澳洲坚果 *Macadamia tetraphylla* Johnson；**鼠李科**的 *Alphitonia zizyphoides* (Biehler) A. Gray、滇刺枣；**蔷薇科**的沙梨 *Pyrus pyrifolia* (Burm. f.) Nakai、月季花 *Rosa chinensis* Jacq.；**茜草科**的小粒咖啡 *Coffea arabica* L.、中粒咖啡、大粒咖啡 *C. liberica* Bull ex Hiern、栀子 *Gardenia jasminoides* Ellis、海岸桐、红花龙船花、海滨木巴戟；**芸香科**的来檬 *Citrus aurantiifolia* (Christmann) Swingle、酸橙、柠檬、柚 *C. maxima* (Burm.) Merr.、酸橙、柑橘、甜橙、辛辣木 *Euodia hortensis* J.R. Forst. & G. Forst；**无患子科**的番龙眼 *Pometia pinnata* J.R. et G. Frost、红毛丹；**山榄科**的人心果；**茄科**的大花木曼陀罗 *Brugmansia suaveolens* (Humb. et Bonpl. ex Willd.) Bercht. et C. Pres L.、辣椒、洋金花、刺天茄 *Solanum violaceum* Ortega、番茄、茄、锥花茄 *S. paniculatum* L.、水茄、阳芋 *S. tuberosum* L.；**山茶科 Theaceae** 的茶 *Camellia sinensis* (L.) O. Ktze；**荨麻科 Urticaceae** 的银背落尾木 *Pipturus argenteus* (G. Forst.) Wedd、长柄藤麻 *Procris pedunculata* (J.R. Forst. & G. Forst.) Wedd.；**葡萄科**的葡萄 *Vitis vinifera* L.；**姜科**的垂叶山姜 *Alpinia nutans* (L.) Roscoe、红山姜 *A. purpurata* (Vieill.) K. Schum、小豆蔻 *Elettaria cardamomum* (L.) Maton、火炬姜 *Etlingera elatior* (Jack) R.M. Sm.、姜花 *Hedychium coronarium* Koen、姜 *Zingiber officinale* Roscoe（李惠萍，2021）（图 3-23）。

图 3-23　大洋臀纹粉蚧危害番石榴（张桂芬　供图）

　　大洋臀纹粉蚧若虫和雌成虫喜栖居于寄主作物的嫩枝芽、叶片背部、果实果柄及果皮缝隙等部位（图 3-24），直接危害主要是以刺吸方式吸食植株营养汁液，导致枝条枯萎、叶片卷曲萎蔫坏死、花序凋落、果实畸形，轻者会致使树势早衰，影响果实品质和产量，严重发生会导致部分枝条死亡，更为甚者致整株萎蔫死亡。间接影响表现为：大量粉蚧聚集，分泌大量蜜露，引起腐生真菌大量增殖繁殖，引起煤污病，影响作物光合作用，导致寄主营养不良，果品变酸，质量变差。此外，其分泌的蜜露还会招引蚂蚁共生，蚂蚁影响并驱逐其天敌，对粉蚧起到保护和"放牧"的作用。

图 3-24　大洋臀纹粉蚧雌成虫和若虫（张桂芬　供图）

（二）生活史

大洋臀纹粉蚧在台湾地区全年均可危害，其中春、秋两季虫口密度相对较大。年发生代数为 8～9 代，其中世代发育历期为：冬季约需 55 天，夏季仅约需 26 天。在野外环境下，每年 11 月至翌年 4 月由于低温干燥易猖獗发生，7～9 月由于高温多雨其种群数量降低，其危害程度与温度呈负相关（陈乃中，2009）。雌成虫成熟后（图 3-25），自尾端分泌棉絮状的白色蜡质卵囊，并产卵于其中，每雌产卵234～257 粒，卵期 12～13 天。

图 3-25　大洋臀纹粉蚧雌成虫形态特征（李惠萍　供图）

（三）环境适应性

大洋臀纹粉蚧雌虫世代的发育起点温度为 10.74℃，有效积温为 610.15℃·d；雄虫世代的发育起点温度为 8.52℃，有效积温为 655.48℃·d。29℃时各虫态发育历期最短，雌成虫平均产卵量最大（248.7 粒/头），成虫存活率（77.33%）和种群趋势指数（I）均最高（134.31）。在 20～32℃，各虫态随着温度的升高，世代发育历期、存活率、雌成虫产卵量等均先升后降。32℃时，雌成虫平均产卵量最低（161.6 粒/头），且 3 龄若虫和成虫的存活率低于 23℃条件下的存活率。因此，高温和低温均会对大洋臀纹粉蚧产生影响，且高温对其影响更为显著（邵炜冬，2015）。

大洋臀纹粉蚧的危害程度与温度和湿度关系密切，常在 11 月至翌年 5 月的低温干燥环境中危害严重，7～9 月高温湿润期种群发生密度低。在巴西北方棉田危害时发现，干旱季节会引发大洋臀纹粉蚧高虫口密度发生，造成部分寄主植株死亡。在繁殖发育方面，大洋臀纹粉蚧在马铃薯、南瓜、薯蓣和芋等不同寄主上的产卵量与雌雄性比存在明显差异，可直接影响其种群结构类型。在虫态发育历期方面，该粉蚧雌、雄若虫在龙船花上分别为 16.17 天、21.42 天，在大豆上分别为 17.49 天、16.73 天，而在铁苋菜上分别为 21.80 天、21.30 天。此外，温度也是影响其发育历期的重要影响因素之一，Francis 等（2011）以马铃薯幼苗为寄主材料，从卵到羽化设置不同的发育温度梯度，发现该虫在 15℃和 35℃条件下，卵无法孵化，而在 20℃、25℃和 29℃的室内环境下，雌虫完成世代时间分别为 49 天、31 天和 27 天。此外，58%～71%的卵能发育至成虫，在 3 个处理组中，雌成虫占成虫总数的 60%～73%，每头雌成虫可产卵 206～270 粒。

六、南洋臀纹粉蚧

（一）寄主范围与危害

南洋臀纹粉蚧寄主植物广泛，有 39 科 62 属 70 余种，包括**苋科**的白苋 *Amaranthus albus* L.；**漆树科**的杧果；**番荔枝科**的刺果番荔枝、圆滑番荔枝 *Annona glabra* L.、牛心番荔枝、番荔枝、依兰；**伞形科**的旱芹；**棕榈科**的槟榔、椰子、海枣；**菊科**的金纽扣 *Acmella paniculata* (Wallich ex Candolle) R.K. Jansen、苦荬菜 *Ixeris polycephala* Cass.；**紫草科**的毛叶破布木 *Cordia myxa* L.；**十字花科**的花椰菜 *Brassica oleracea* var. *botrytis* L.；**使君子科**的榄仁；**大戟科**的五月茶 *Antidesma bunius* (L.) Spreng.、土蜜藤 *Bridelia stipularis* (L.) Bl.、变叶木、滑桃树 *Trewia nudiflora* L.；**豆科**的台湾相思、阔荚合欢 *Albizia lebbeck* (L.) Benth.、落花生、木豆、酸豆、**禾本科**的龙头竹 *Bambusa vulgaris* Schrader ex Wendland；**鸢尾科 Iridaceae** 的唐菖蒲 *Gladiolus gandavensis* Van Houtte；**樟科**的鳄梨；**千屈菜科**的大花紫薇 *Lagerstroemia speciosa* (L.) Pers.；**锦葵科**的吉贝、可可；**桑科**的面包树、榕树 *Ficus microcarpa* L. f.；**辣木科**的辣木；**桃金娘科**的番石榴、洋蒲桃 *Syzygium samarangense* (Blume) Merr. et Perry；**紫茉莉科**的紫茉莉 *Mirabilis jalapa* L.；**柳叶菜科**的丁香蓼 *Ludwigia prostrata* Roxb.；**酢浆草科**的阳桃；**茜草科**的小粒咖啡、中粒咖啡；**芸香科**的酸橙、柠檬、香橙 *Citrus junos* Siebold ex Tanaka、柑橘；**山榄科**的人心果；**茄科**的烟草、茄、龙葵、马铃薯；**葡萄科**的葡萄等（马骏等，2019；张桂芬等，2019；李惠萍，2021）。

南洋臀纹粉蚧主要以雌成虫和若虫进行危害，既危害叶片、嫩茎、嫩梢，也危害花、果实及主干、分枝和根（图 3-26 和图 3-27）。主要有两种危害方式：一是直接危害，以刺吸式口器吸食植物汁液，导致顶梢枯死、花序凋落、嫩茎枯萎、叶片萎蔫坏死、果实畸形或幼果脱落、分枝死亡，并最终导致整株凋萎乃至凋亡；二是间接危害，雌成虫和若虫分泌的蜜露常招致霉菌寄生，诱发叶片、嫩茎和果实发生煤污病，严重影响果树、蔬菜和饮料作物产品的品质及园林植物的景观价值（张桂芬等，2019）。

图 3-26 南洋臀纹粉蚧危害宫粉紫荆（马骏 供图）

图 3-27 南洋臀纹粉蚧危害榕树气生根（齐国君 拍摄）

（二）生活史

在印度尼西亚的爪哇岛，南洋臀纹粉蚧完成一个生活周期大约需要 40 天，雄成虫少见。在花椰菜上，雌成虫一生产卵 55～152 粒，卵产在卵囊内，卵囊白色，棉絮样，常附着在嫩茎或叶柄上。若虫为卵胎生，卵期不足 1 天，若虫期 20～25 天，其中雌若虫分为 1 龄、2 龄和 3 龄，共计 3 个龄期，1 龄若虫酱紫色或褐红色，体侧蜡丝表面粗糙；雄若虫分为 1 龄、2 龄、前蛹和蛹，共计 4 个发育阶段，在叶片背面化蛹（张桂芬等，2019）（图 3-28 和图 3-29）。

图 3-28 南洋臀纹粉蚧雌成虫（老熟）形态特征（李惠萍 供图）

图 3-29　南洋臀纹粉蚧雌成虫形态特征（李惠萍　供图）

（三）环境适应性

南洋臀纹粉蚧体形微小，危害较隐蔽，可藏在寄主的叶背、果蒂、心叶、果壳缝隙等部位，近距离可通过果皮、果壳等的丢弃主动扩散，或被动物或风携带，远距离主要通过带虫的水果或植物材料的调运传播。入侵到新的地理区域后，由于缺乏自然天敌控制，常会暴发成灾；而不恰当的化学农药施用方法，降低了自然天敌的种群数量，导致了南洋臀纹粉蚧种群数量的快速增长（徐梅等，2008）。南洋臀纹粉蚧常与多种蚂蚁共生，如在爪哇岛与双疣琉璃蚁 *Dolichoderus bituberculatus* (Mayr) 共存，在斯里兰卡与长结织叶蚁 *Oecophylla loginoda* (Latreille)、白足蚁 *Technomyrmex detorquens* Walker 和血色大齿猛蚁 *Odontomachus haematodus* L. 共生，在菲律宾与细足捷蚁 *Anoplolepis gracilipes* (Fr. Smith) 形成了互利共生关系（张桂芬等，2019）。

南洋臀纹粉蚧广泛分布于热带和亚热带地区，包括非洲、亚洲、大洋洲、中美洲和加勒比海地区（齐国君等，2015）。在东南亚，南洋臀纹粉蚧主要危害可可，常发生于果实、树干、树叶上，主要危害树枝顶部而对幼树产生严重危害。有报道在咖啡的根部也发现此虫，其危害可引起幼果脱落，花和枝条顶部枯死，还可以分泌蜜露，吸附灰尘，使叶片和果实发黑，难以清除。该粉蚧在广东地区的主要活动期为 4～12 月，1～3 月为其越冬期，成虫和若虫均可越冬，越冬虫态主要在树皮下或与之共生的蚂蚁蚁巢等隐蔽场所越冬（马骏等，2019）。

七、石蒜绵粉蚧

（一）寄主范围与危害

石蒜绵粉蚧是一种多食性昆虫，其寄主广泛，尤其喜食多肉植物，目前已知的寄主种类有 30 多科 50 余种，包括**爵床科**的灵枝草 *Rhinacanthus nasutus* (L.) Kurz；**石蒜科**的石蒜 *Lycoris radiata* (L'Hér.) Herb.、朱顶红 *Hippeastrum rutilum* (Ker-Gawl.) Herb.、血百合 *Haemanthus multiflorus* L.、南美水仙 *Eucharis amazonica* Linden、孤挺花 *Amaryllis vittata* L'Hér.、水鬼蕉 *Hymenocallis littoralis* (Jacq.) Salisb.、忽地笑 *Lycoris aurea* (L'Her.) Herb.、水仙 *Narcissus tazetta* subsp. *chinensis* (M. Roem.) Masam. & Yanagih.、韭莲 *Zephyranthes carinata* Herbert；**伞形科**的刺芹 *Eryngium foetidum* L.；**夹竹桃科**的球兰 *Hoya carnosa* (L. f.) R. Br.；**五加科**的鹅掌柴 *Heptapleurum heptaphyllum* (L.) Y.F. Deng；**菊科**的鬼针草、苦苣菜 *Sonchus oleraceus* L.、豚草、五月艾 *Artemisia indica* Willd.、蒌蒿 *A. selengensis* Turcz. ex Bess.、铺散矢车菊 *Centaurea diffusa* Lam.、银胶菊、白酒草 *Eschenbachia japonica* (Thunb.) J. Kost.、夏菊 *Dendranthema morifolium* (Ramat.) Tzvel.、紫背草 *Emilia sonchifolia* var. *javanica* (N.L. Burman) Mattfeld、向日葵、肿柄菊 *Tithonia diversifolia* A. Gray.、金冠须马鞭菊 *Verbesina encelioides* (Cav.) Benth. & Hook. f. ex A. Gray、李花菊；**紫草科**的银毛树 *Tournefortia argentea* L. f.、砂引草 *T. sibirica* L.；**十字花科**的甘蓝、萝卜、播娘蒿 *Descurainia sophia* (L.) Webb ex Prantl；**仙人掌科**的量天尺；**藜科**的滨藜 *Atriplex patens* (Litv.) Iljin；**白花菜科**的黄花草；**景天科 Crassulaceae** 的石莲花 *Echeveria secunda* Booth ex Lindl.；**苏铁科 Cycadaceae** 的细脉非洲铁 *Encephalartos transvenosus* Spausberg；**茄科**的辣椒、番茄、烟草、马铃薯；**莎草科** 的黄香附 *Cyperus esculentus* L.；**大戟科**的大戟 *Euphorbia pekinensis* Rupr.、麒麟掌 *E. neriifolia* var. *cristata* L.；**豆科**的蒙古黄芪 *Astragalus membranaceus* var. *mongholicus* (Bunge) P.K. Hsiao、豇豆；**禾本科**的格兰马草 *Bouteloua gracilis* (H.B.K.) Lag. ex Steud.；**草海桐科 Goodeniaceae** 的草海桐 *Scaevola taccada* (Gaertner) Roxburgh；**鸢尾科**的鸢尾 *Iris tectorum* Maxim.；**唇形科**的黄花稔；**百合科**的百合 *Lilium brownii* var. *viridulum* Baker.；**锦葵科**的陆地棉、菟葵 *Eranthis stellata* Maxim.、野葵 *Malva verticillata* L.、圆叶锦葵 *M. pusilla* Smith；**列当科 Orobanchaceae** 的列当 *Orobanche coerulescens* Steph.；**蓼科**的萹蓄 *Polygonum aviculare* L.；**马齿苋科 Portulacaceae** 的马齿苋 *Portulaca oleracea* L.；**芸香科**的来檬；**玄参科**的玄参 *Scrophularia ningpoensis* Hemsl.、火焰草 *Castilleja pallida* (L.) Kunth；**马鞭草科**的马缨丹；**堇菜科 Violaceae** 的如意草 *Viola arcuata* Blume；**姜科**的姜黄等（王珊珊和武三安，2009；李惠萍，2021）（图 3-30）。

石蒜绵粉蚧取食寄主植物幼嫩部位，包括花芽、叶片、叶柄和嫩枝，也可聚集在根部危害（图 3-31），若虫和雌成虫均可吸食汁液，受害植株出现长势衰弱、生长缓慢甚至停止等症状，更严重者会失水干枯。石蒜绵粉蚧还可分泌大量蜜露，并引起植株发生煤污病，影响其光合作用，使被害植株枝叶无法正常生长，提前落叶、落果，产量下降。

图 3-30　石蒜绵粉蚧危害白花鬼针草　　　　图 3-31　石蒜绵粉蚧聚集在植株根部
　　　　（齐国君　拍摄）　　　　　　　　　　　　　（齐国君　拍摄）

（二）生活史

　　石蒜绵粉蚧只能营孤雌生殖，其生活史包括卵、1~3 龄若虫和雌成虫（图 3-32~图 3-34）；卵单个散产且在母体外孵化，孵化时间约 24min，雌成虫还能产下一部分不能孵化的卵。若虫期 14~22 天，1 龄若虫的平均发育历期为 6~13 天，2 龄和 3 龄若虫的总发育历期为 3~7 天，成虫发育历期为 16~45 天，雌成虫繁殖力强，单头产卵量为 135~337 粒，平均约 244 粒。

图 3-32　石蒜绵粉蚧雌成虫形态特征　　　　图 3-33　石蒜绵粉蚧雌成虫形态特征
　　　　（李惠萍　供图）　　　　　　　　　　　　　（齐国君　拍摄）

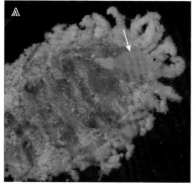 

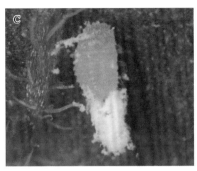

图 3-34　石蒜绵粉蚧的 1 龄（A）、2 龄（B）、3 龄若虫（C）和雌成虫（D）（黄俊　供图）

图 A 中箭头所指是 1 龄若虫

（三）环境适应性

　　昆虫孤雌生殖的方式是其造成农林灾害的一个重要因素，入侵个体成功建立种群的概率高。石蒜绵粉蚧营孤雌生殖，单虫产卵量高，繁殖力极强，种群增长速度极快，种群世代重叠严重。Nakahira 和 Arakawa（2006）研究了以辣椒为寄主在 20℃、25℃、30℃三个温度下石蒜绵粉蚧的生长发育情况，通过观察计算得出了存活率、世代周期、自然增长率、每雌产卵量等，结果显示在 20℃下成虫存活时间和世代周期最长，在 25℃下每雌产卵量最多、种群增长率最高，在 3 个温度下，该虫存活率均较高，在 90% 以上。Gautam 等（2007）在实验室饲养条件下对石蒜绵粉蚧进行研究，得出其完成生命周期需要 30～35 天；并研究了其雌成虫在不同寄主上的平均产卵量（头/雌），结果显示：向日葵（313.6）＞木槿（284.2）＞黄秋葵（250.8）＞陆地棉（232.0）＞马缨丹（219.6）＞番茄（216.4）＞辣椒（198.2）＞银胶菊（191.0）＞黄麻（170.4）＞苋（159.2）＞地毯草（154.2）＞藜（125.6）。

八、美地绵粉蚧

（一）寄主范围与危害

　　美地绵粉蚧寄主范围广泛，可危害多种观赏植物、果树、蔬菜、粮食、经济作物及杂草，已记载的寄主植物有 52 科 160 余种，包括**爵床科**的虾蟆花 *Acanthus mollis* L.、十字爵床、齿叶半插花 *Hemigraphis repanda* Hallier f.、爵床 *Justicia procumbens* L.、红珊瑚；**天门冬科**的龙舌兰 *Agave americana* L.；**苋科**的苋 *Amaranthus tricolor* L.；**伞形科**的欧芹 *Petroselinum crispum* (Mill.) Hill；**夹竹桃科**的夹竹桃、飘香藤 *Mandevilla laxa* (Ruiz et Pavon) Woodson、球兰、夜来香 *Telosma cordata* (Burm. f.) Merr.；**天南星科**的黛粉芋 *Dieffenbachia seguine* Schott；

五加科的银边南洋参、辐叶鹅掌柴、鹅掌藤 *Heptapleurum arboricola* Hayata；**菊科**的熊耳草 *Ageratum houstonianum* Mill.、豚草、加州蒿 *Artemisia californica* Less.、鬼针草、金盏花、滨菊 *Leucanthemum vulgare* Lam.、瓜叶菊 *Pericallis hybrida* B. Nord.、春飞蓬 *Erigeron philadelphicus* L.、紫茎泽兰 *Ageratina adenophora* (Spreng.) R.M. King et H. Rob.、假蒿 *Eupatorium capillifolium* Small、飞机草、*E. serotinum* Michx.、勋章菊 *Gazania rigens* Moench、非洲菊 *Gerbera jamesonii* Bolus、紫鹅绒 *Gynura aurantiaca* (Blume) Sch. Bip. ex DC.、向日葵、麦秆菊 *Xerochrysum bracteatum* (Ventenat) Tzvelev、大吴风草 *Farfugium japonicum* (L. f.) Kitam.、薇甘菊 *Mikania micrantha* Kunth、银胶菊、*Pluchea odorata* (L.) Cass.、一枝黄花 *Solidago decurrens* Lour.、琉璃菊 *Stokesia laevis* (Hill) Greene、药用蒲公英、金腰箭、南美蟛蜞菊；**秋海棠科 Begoniaccac** 的秋海棠 *Begonia grandis* Dry.；**紫草科**的破布木 *Cordia dichotoma* Forst.、聚合草 *Symphytum officinale* L.；**十字花科**的甘蓝、油菜 *Brassica campestris* L.；**凤梨科**的凤梨、紫花凤梨 *Tillandsia cyanea* L. ex K. Koch；**仙人掌科**的量天尺；**景天科**的天章 *Adromischus cristatus* (Haw.) Lem.；**旋花科**的番薯；**柏科 Cupressaceae** 的圆柏 *Juniperus chinensis* L.；**大戟科**的铁苋菜 *Acalypha australis* L.、红穗铁苋菜、红桑、变叶木、银叶巴豆 *Croton cascarilloides* Raeusch.、一品红、木薯、木薯胶 *Manihot glaziovii* Muell. Arg.、蓖麻；**豆科**的金合欢、木豆、南美山蚂蟥 *Desmodium tortuosum* (Sw.) DC.、南非刺桐 *Erythrina caffra* Thunb.、大豆、含羞草、绿豆、侧花槐 *Sophora secundiflora* (Ortega) Lag. ex DC.、绒毛槐 *S. tomentosa* L.；**牻牛儿苗科**的马蹄纹天竺葵 *Pelargonium zonale* Aif.、天竺葵；**苦苣苔科 Gesneriaceae** 的金红花 *Chrysothemis pulchella* (Donn ex Sims) Decne.、袋鼠花 *Nematanthus gregarius* D.L. Denham；**唇形科**的广防风、薄荷、紫苏 *Perilla frutescens* (L.) Britton、朱唇 *Salvia coccinea* L.、一串红 *S. splendens* Ker-Gawler；**刺莲花科 Loasaceae** 的 *Petalonyx thurberi* A. Gray；**半边莲科 Lobeliaceae** 的红花山梗菜 *Lobelia cardinalis* L.；**锦葵科**的蜀葵 *Alcea rosea* L.、陆地棉、大麻槿、咖啡黄葵、木芙蓉、朱槿、锦葵 *Malva cathayensis* M.G. Gilbert, Y. Tang & Dorr、垂花悬铃花 *Malvaviscus penduliflorus* Candolle、地桃花 *Urena lobata* L.；**防己科 Menispermaceae** 的黔桂轮环藤 *Cyclea insularis* subsp. *guangxiensis* Lo；**桑科**的面包树、孟加拉榕；**木樨科**的日本女贞 *Ligustrum japonicum* Thunb.；**蓼科**的酸模 *Rumex acetosa* L.；**报春花科 Primulaceae** 的报春花 *Primula malacoides* Franch.；**毛茛科 Ranunculaceae** 的长萼铁线莲 *Clematis tashiroi* Maxim.；**西番莲科**的鸡蛋果；**蔷薇科**的苹果；**茜草科**的栀子；**芸香科**的柑橘、柠檬；**无患子科**的红毛丹；**菝葜科 Smilacaceae** 的菝葜 *Smilax china* L.；**茄科**的辣椒、夜香树、白花曼陀罗、番茄、红茄 *Solanum aethiopicum* L.、茄、龙葵、珊瑚樱 *S. pseudocapsicum* L.、马铃薯、茄；**锦葵科**的可可、蒴黄麻 *Corchorus olitorius* L.、刺蒴麻；**蒟蒻薯科 Taccaceae** 的蒟蒻薯 *Tacca leontopetaloides* (L.) Kuntze；**荨麻科**的墙草 *Parietaria micrantha* Ledeb.、

冷水花 *Pilea notata* C.H. Wright、荨麻 *Urtica fissa* E. Pritz.；**马鞭草科**的垂花琴木 *Citharexylum spinosum* L.、马缨丹、蔓马缨丹 *Lantana montevidensis* Briq.、美女樱 *Glandularia × hybrida* (Groenland et Rümpler) G.L. Nesom et Pruski；**葡萄科**的葡萄；**姜科**的姜黄、蘘荷 *Zingiber mioga* (Thunb.) Rosc.（Kondo *et al.*，2001；叶郁菁等，2006；武三安等，2010）。

　　美地绵粉蚧通过刺吸植物汁液造成危害，可在干、枝、叶片和果实上危害，但更喜在叶片背面、嫩枝和芽上危害，可造成叶片畸形、生长受阻，并排泄大量蜜露招致煤污病发生（武三安等，2010）（图3-35）。

图3-35　美地绵粉蚧危害木薯茎秆（齐国君　拍摄）

（二）生活史

　　美地绵粉蚧营两性生殖，雌雄二型（图3-36）。美地绵粉蚧以卵或雌成虫越冬，世代重叠，雌成虫产卵于包裹虫体全身的卵囊内，平均（601.6±32.1）粒/头。在15～25℃适宜的环境下，随着温度升高，美地绵粉蚧发育历期明显缩短，25℃下雌虫的发育历期约为30天，20℃为46天，15℃为66天，而雄虫的发育历期要

图3-36　美地绵粉蚧成虫形态（左雌右雄，齐国君　拍摄）

比雌虫长 3～9 天，不同龄期若虫的存活率在 88%～100%，不受温度影响（Chong et al.，2003）。而在温度 25℃左右、相对湿度 60% 的室内条件下，美地绵粉蚧在天竺葵、朱槿、木槿、夜香树上均可完成生活世代，但发育历期不同，夜香树上雌虫发育历期仅为 20 天，而木槿为 35 天，雄虫发育历期略长 1～3 天（Tok et al.，2016）（表 3-2）。

表 3-2 不同温度条件下美地绵粉蚧的发育历期（Chong et al.，2003）

温度/℃	卵/天	1 龄若虫/天	2 龄若虫/天	3 龄若虫/天		4 龄若虫/天（雄）	卵至雌成虫累计期/天	卵至雄成虫累计期/天
				雌	雄			
15	19.9±0.1	20.8±0.2	13.3±0.2	13.7±0.3	6.5±0.2	13.0±0.3	66.2±0.4	74.8±0.4
20	13.5±0.1	13.2±0.1	9.8±0.1	10.7±0.2	5.4±0.2	8.0±0.2	46.0±0.2	51.0±0.2
25	8.2±0.1	9.1±0.1	6.5±0.1	6.6±0.1	2.9±0.1	5.6±0.2	29.8±0.2	32.6±0.2
30	6.3±0.1	—	—	—	—	—	—	—
35	6.1±0.02	—	—	—	—	—	—	—

注："—"表示不能正常发育

（三）环境适应性

美地绵粉蚧在适宜的温湿度条件下繁殖力强，存活率较高，建立种群较快，同样具有大范围暴发成灾的风险（武三安等，2010）。国内关于美地绵粉蚧的环境适应性研究较少，国外研究了 15℃、20℃、25℃、30℃、35℃和 40℃温度下美地绵粉蚧在菊花上发育、存活与繁殖的情况，美地绵粉蚧发育繁殖的最适宜温度为 20～30℃，而在 35℃和 40℃高温条件下无法存活，高温下所有阶段的发育历期明显缩短。30℃时雌成虫的繁殖期最短，为 30 天；20℃时雌成虫的繁殖期为 46 天，雌成虫产卵量最多（491 粒/头±38 粒/头）；而在 15℃条件下美地绵粉蚧发育历期明显延长，完成一个世代需要 66 天。雄成虫的发育历期比雌成虫长 3～9 天。卵成活率在 88%～100%，不受温度的影响，大于 75% 的卵可发育至成虫（Mani and Shivaraju，2016；Tok et al.，2016）。

九、杰克贝尔氏粉蚧

（一）寄主范围与危害

杰克贝尔氏粉蚧为多食性害虫，寄主范围十分广泛，可危害多种水果、蔬菜、林木及粮食作物，已记载的寄主植物有 50 科 200 余种，包括**漆树科**的杧果；**番荔枝科**的毛叶番荔枝 *Annona cherimola* Mill.、刺果番荔枝、番荔枝；**伞形科**的旱芹；**夹竹桃科**的球兰、夹竹桃；**天南星科**的斜纹粗肋草 *Aglaonema commutatum* Schott、越南万年青 *A. simplex* Blume；**棕榈科**的椰子；**天门冬科**的朱蕉 *Cordyline* *fruticosa* (Linn) A. Chevalier；菊科的蛇根泽兰、鬼针草；**紫草科**的库拉索破布木 *Varronia curassavica* Jacq.；**凤梨科**的凤梨；**仙人掌科**的鬼面角 *Cereus repandus* Mill.、*Escobaria cubensis* (Britton & Rose) D.R. Hunt、量天尺、番杏柳 *Rhipsalis mesembryanthemoides* Haw.；**番木瓜科**的番木瓜；**旋花科**的番薯；**葫芦科**的红瓜、甜瓜、黄瓜、南瓜、西葫芦、丝瓜、佛手瓜、瓜叶栝楼；**五桠果科 Dilleniaceae** 的五桠草 *Acrotrema costatum* Jack；**大戟科**的响盒子、木薯；**豆科**的敏感合萌 *Aeschynomene americana* L.、木豆、采木 *Haematoxylum campechianum* L.、三裂叶野葛 *Pueraria phaseoloides* (Roxb.) Benth.、酸豆；**藤黄科**的莽吉柿；**禾本科**的柠檬草 *Cymbopogon citratus* (D.C.) Stapf、玉蜀黍；**樟科**的鳄梨；**锦葵科**的咖啡黄葵、海岛棉、大麻槿、朱槿、*Melochia tomentosa* L.、可可、榴梿 *Durio zibethinus* L.；**桑科**的 *Ficus tricolor* Miq.、人参榕 *F. microcarpa* Ginseng；**辣木科**的辣木；**芭蕉科**的大蕉；**桃金娘科**的番石榴、洋蒲桃；**肾蕨科 Nephrolepidaceae** 的肾蕨 *Nephrolepis cordifolia* (L.) C. Presl；**紫茉莉科**的叶子花 *Bougainvillea spectabilis* Willd.；**木樨科**的毛茉莉；**兰科**的扭瓣石斛 *Dendrobium tortile* A. Cunn.；**胡椒科**的胡椒；**蓼科**的酸模；**山龙眼科**的澳洲坚果 *Macadamia integrifolia* Maiden et Betche；**茜草科**的小粒咖啡、栀子；**芸香科**的来檬、酸橙；**无患子科**的西非荔枝果 *Blighia sapida* K.D. Koenig、荔枝 *Litchi chinensis* Sonn.、红毛丹；**山榄科**的星苹果 *Chrysophyllum cainito* L.；**茄科**的辣椒、灯笼果 *Physalis peruviana* L.、短毛酸浆 *P. pubescens* L.、番茄、茄、马铃薯、黄果茄；**马鞭草科**的马鞭草 *Verbena officinalis* L.；**葡萄科**的葡萄；**姜科**的红山姜、姜等（焦懿等，2011；王玉生等，2018；李惠萍，2021）。

杰克贝尔氏粉蚧以雌成虫和若虫聚集在寄主植物幼嫩部位刺吸汁液而造成危害，导致寄主植物营养不良，生长缓慢，叶片枯萎、脱落甚至整株死亡；此外，还可分泌蜜露引发煤污病，加重寄主植物的受害程度，进而影响品质，甚至失去商品价值（Gimpel and Miller，1996）。

（二）生活史

杰克贝尔氏粉蚧既可营两性生殖，又可进行孤雌生殖（图3-37和图3-38）。在温度25℃、相对湿度70%、光周期14L∶10D条件下，杰克贝尔氏粉蚧的卵期约为4天，初孵若虫雌雄难辨，较为活跃，从卵囊中爬出后短时间内便可寻找到合适的部位进行取食，1龄若虫发育历期约为6天，2龄雌若虫发育历期约为6天，3龄若虫约为3天，雌成虫产卵前期约为9天，大约30天完成一个世代（王毅，2015）（表3-3）。雄若虫发育至2龄末期即停止取食，经预蛹和蛹以后，发育为成虫，雄成虫可做短距离飞行，不取食，羽化当天即可交配，交配后随即死亡，寿命不足1天（Gimpel and Miller，1996）。

图 3-37　杰克贝尔氏粉蚧雌成虫形态（李惠萍　供图）

图 3-38　杰克贝尔氏粉蚧雌成虫形态特征（Sunil Joshi　供图）

表 3-3　杰克贝尔氏粉蚧雌成虫的发育历期（王毅，2015）　　　（单位：天）

卵	1 龄若虫	2 龄若虫	3 龄若虫	产卵前期
4.47±0.72	6.61±1.19	6.15±1.21	3.59±1.09	9.33±1.92

（三）环境适应性

　　杰克贝尔氏粉蚧各虫态的耐受性具有差异。耐热性随发育龄期增加而增加，雌成虫为最耐受虫态，用温度 49℃、相对湿度 90% 强制热空气处理卵、1 龄若虫、2 龄若虫、3 龄若虫和雌成虫死亡率达到 99.9968% 的时间（LT99.9968）分别为 70.39min、67.15min、78.47min、94.12min 和 112.75min。而在 49℃ 热水处理中，卵、1 龄、2 龄、3 龄若虫和雌成虫的 LT99.9968 分别为 21.67min、14.10min、15.45min、18.67min 和 20.26min，卵耐受性最强，雌成虫耐受性与卵相近，强于其他虫态（马晨等，2014）。国外的研究也表明，若虫比成虫更耐高温，其耐热适应能力可以使之承受 35℃ 左右高温（Piyaphongkul et al.，2018），具有较强的生态适应性，入侵扩散范围更广。杰克贝尔氏粉蚧体形微小、隐蔽性强，难以及时发现，极易随热带水果、蔬菜、花卉及苗木等的进口贸易活动入境并传播扩散（王玉生等，2018），口岸检疫处理难度较大，一旦入侵定殖，极易在我国传播扩散，并在局部地区暴发成灾。

十、马缨丹绵粉蚧

（一）寄主范围与危害

马缨丹绵粉蚧寄主植物范围广，可危害 28 科 70 余种寄主植物，包括**猕猴桃科 Actinidiaceae** 的美味猕猴桃 *Actinidia chinensis* var. *deliciosa* (A. Chevalier) A. Chevalier；**苋科**的绿苋草 *Alternanthera ficoidea* (L.) Sm.、甜菜 *Beta vulgaris* L.；**漆树科**的杧果；**伞形科**的旱芹、野胡萝卜；**夹竹桃科**的蛇根木；**菊科**的香丝草、一点红、向日葵、假泽兰、苦苣菜 *Sonchus oleraceus* L.、万寿菊、斑鸠菊 *Strobocalyx esculenta* (Hemsley) H. Robinson *et al.*、蟛蜞菊、翠菊 *Callistephus chinenesis* (L.) Nees；**紫葳科**的猫爪藤 *Macfadyena unguis-cati* (L.) A. Gentry；**旋花科**的银背藤 *Argyreia mollis* (N.L. Burman) Choisy、番薯；**葫芦科**的黄瓜；**大戟科**的巴豆 *Croton tiglium* L.、白苞猩猩草、一品红、野桐 *Mallotus tenuifolius* Pax；**豆科**的大豆、紫花大翼豆、菜豆；**百合科**的蒜 *Allium sativum* L.；**禾本科**的大黍 *Panicum maximum* Jacq.、甘蔗；**唇形科**的重瓣臭茉莉 *Clerodendrum chinense* (Osbeck) Mabb.；**锦葵科**的咖啡黄葵、黄花棯、心叶黄花棯 *Sida cordifolia* L.、棒果黄花棯 *S. rhombifolia* var. *corynocarpa* (Wall.) S.Y. Hu；**芭蕉科**的芭蕉；**桃金娘科**的番石榴；**兰科**的文心兰 *Oncidium flexuosum* Lodd.；**胡椒科**的胡椒；**蓼科**的菱叶大黄 *Rheum rhomboideum* A. Los.；**鼠李科**的麦珠子 *Alphitonia incana* (Roxburgh) Teijsmann et Binnendijk ex Kurz；**芸香科**的九里香 *Murraya exotica* L. Mant.；**茄科**的辣椒、黄灯笼辣椒 *Capsicum chinense* Jacq.、夜香树、枸杞 *Lycium chinense* Mill.、番茄、红茄、大花茄 *Solanum wrightii* Bentham、茄、龙葵、旋花茄 *S. spirale* Roxburgh、水茄、马铃薯；**马鞭草科**的马缨丹、过江藤等（Williams，2004；Fera，2013；王戌勃和武三安，2014）。

马缨丹绵粉蚧以幼虫和成虫群集在马缨丹叶背与茎上造成危害，导致叶片脱落、枝梢枯死（Ben-Dov，2005），可在黄灯笼辣椒叶背中脉、枝桠及嫩茎上刺吸危害，造成植株发育不良、枯萎，危害严重时造成幼苗 100% 死亡（Firake *et al.*，2016）；在翠菊的根茎处和根部危害，可造成田间 25% 的植株死亡（Sridhar *et al.*，2012）。王戌勃和武三安（2014）在我国云南景洪发现马缨丹绵粉蚧严重危害经济作物辣椒。

（二）生活史

马缨丹绵粉蚧营兼性孤雌生殖，若虫期共 3 龄（图 3-39）。在温度（24±1）℃、相对湿度 75%±5%、光周期 14L：10D 的条件下，马缨丹绵粉蚧卵期大约 6.5 天，在马缨丹、黄灯笼辣椒、番茄、马铃薯、翠菊上取食，从孵化到雌成虫首次产卵的平均发育时间分别为 20.6 天、24 天、26.6 天、26.4 天、23.2 天；雌虫平均产卵量分别为 293.8 粒/头、287 粒/头、257.6 粒/头、293 粒/头、284.2 粒/头；雌成虫平均寿命分别为 18.2 天、15.8 天、16.8 天、16 天、16 天；产卵前期平均为 3.7～3.9 天（Firake *et al.*，2016）。

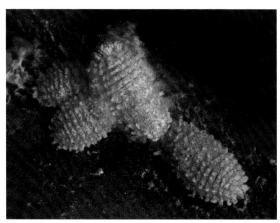

图 3-39　马缨丹绵粉蚧雌成虫形态特征（Sunil Joshi　供图）

（三）环境适应性

马缨丹绵粉蚧最早发现于厄瓜多尔加拉帕戈斯群岛的某种灌木上（Morrison，1924），随后在全世界范围内传播和扩散。现已传播到六大动物区系，其中在新热带区分布较广（Ben-Dov，2005；Granara and Szumik，2007），目前最北的记录为以色列的中部平原地区，纬度在 30°N 左右（Ben-Dov，2005）。综合考虑寄主情况，王戍勃和武三安（2014）推断认为我国长江以南可能为马缨丹绵粉蚧的适生区，但尚未明确具体哪些地区可能发生。马缨丹绵粉蚧为多食性昆虫，最适宜寄主为马缨丹（王戍勃和武三安，2014），偏好在次生代谢产物含量低且富含氮元素的老熟叶片上产卵并取食（Firake *et al.*，2016）。Marohasy（1997）的试验表明马缨丹绵粉蚧可在 21～29℃存活，在温度 25℃、相对湿度 68% 的条件下卵可以孵化，在马缨丹、番茄和茄上的生长发育状况没有差别。

十一、日本臀纹粉蚧

（一）寄主范围与危害

日本臀纹粉蚧可危害 20 多种寄主植物，包括**夹竹桃科**的夹竹桃；**冬青科 Aquifoliaceae** 的冬青 *Ilex chinensis* Sims；**小檗科 Berberidaceae** 的南天竹 *Nandina* *domestica* Thunb.；**木麻黄科**的木麻黄；**柿科**的柿；**豆科**的多花紫藤 *Wisteria floribunda* (Willd.) DC.；**桑科**的无花果；**悬铃木科 Platanaceae** 的二球悬铃木 *Platanus acerifolia* (Aiton) Willd.；**茜草科**的小粒咖啡；**芸香科**的酸橙、柑橘；安息香科 Styracaceae 的野茉莉 *Styrax japonicus* Sieb. et Zucc；**葡萄科**的葡萄等（付海滨等，2009）。

日本臀纹粉蚧以雌成虫和若虫在寄主植物叶、果实、枝条、嫩梢与主茎上吸食汁液，并分泌蜜露引起煤污病，危害严重者使树势减弱、枝条稀疏、叶片干燥、幼芽和嫩枝停止生长（Oomasa，1990；付海滨等，2009）。

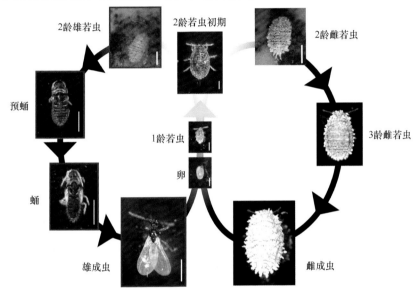

图 3-40　日本臀纹粉蚧生活史（Isabelle Mifom Vea　供图）

（二）生活史

日本臀纹粉蚧具有雌、雄两种虫态。雌虫有卵、若虫（1 龄、2 龄、3 龄）和雌成虫 3 个阶段，雄虫分为卵、若虫（1 龄、2 龄）、预蛹、蛹和雄成虫期（Thuy *et al.*，2011）（图 3-40）。2 龄若虫末期出现雌雄分化；雄虫向周围分泌蜡丝时标志着进入蛹期，蛹羽化后成为雄成虫；而雌虫在 3 龄若虫蜕皮后羽化为雌成虫，雌成虫与雌若虫之间除个体大小有差异外，形态上并无差异（万静，2015）。

在柿和无花果上，日本臀纹粉蚧每年发生 3 代，6 月中旬到下旬为第一代，8 月中旬到下旬为第二代，10 月以后为第三代（Teshiba，2013）。以 2 龄若虫越冬（Ueno，1977；Shibao and Tanaka，2000），头一年 2 龄若虫期的有效积温影响该虫第二年的发生时期，旱季发生密度高，雨季则密度显著降低。日本臀纹粉蚧可通过爬行或随风雨进行短距离传播，苗木、水果等的远距离调运是其远距离传播扩散的主要途径。

（三）环境适应性

生态因素中，温度是影响昆虫生长发育和繁殖的一个重要因子，主要影响昆虫的存活率、生长发育速率、繁殖力等（李思怡等，2018）。日本臀纹粉蚧发育起点温度、有效积温分别为 12.2℃、331℃·d；在 24℃时，繁殖力最高，平均产卵量为 526 粒/头，自然增长率为 0.117；30℃ 以上很少有个体可以发育至成虫（Sawamura and Narai，2008）。在 20℃、22.5℃、25℃、27.5℃ 和 30℃ 温度下，日本臀纹粉蚧卵、1～3 龄若虫发育历期在 27.5℃ 条件下最短，在 25℃ 下繁殖力最高（Tomonori，1996）；20℃ 下，从卵到成虫的存活率为 75.5%，24℃ 下为 81.0%（Narai and Murai，2002）；在 16℃、20℃、24℃、28℃ 温度下，日本臀纹粉蚧世代周期随温度升高而缩短，分别为 128.8 天、65 天、46.0 天、40.7 天；在 24℃ 时其净增殖率、内禀增长率最高，分别为 192.8、0.177（Sawamura and Narai，2008）。

受寄主植物种类、营养条件等因素影响，在不同寄主植物上昆虫种群发育历期、繁殖力等具有一定差异。日本臀纹粉蚧雌成虫的发育历期在发芽蚕豆种子上较在柑橘叶上要短，但成活率在发芽蚕豆种子上较在柑橘叶上高（万静，2015）。以发芽的蚕豆种子为寄主饲养日本臀纹粉蚧，在 20℃ 下，从卵发育至成虫产卵共 65 天，24℃ 下共 46 天；两种温度下的卵孵化率均高于 98%；在 20℃、24℃ 条件下，雌成虫的产卵总量分别为 588 粒/头、965 粒/头；雌成虫的寿命分别为 32 天、26 天（Narai and Murai，2002）。在 27.8℃、28.7℃ 下，以咖啡叶片为寄主饲养，从卵到成虫的发育历期分别为 39.2 天、34.4 天，雌成虫的产卵总量分别为 146.8 粒/头、153.2 粒/头，卵孵化率分别为 95.3%、94.2%（Thuy *et al.*，2011）。说明寄主种类对日本臀纹粉蚧的生长和发育也有一定的影响。

十二、榕 树 粉 蚧

（一）寄主范围与危害

榕树粉蚧寄主范围较广，是一种对水果及观赏林木具有严重危害的有害生物。目前，已报道寄主有 10 科 16 种，包括**天门冬科**的龙血树 *Dracaena draco* (L.) L.；**藤黄科**的莽吉柿、**楝科**的榔色果 *Lansium domesticum* Corrêa；**锦葵科**的榴梿；**桑科**的印度榕、榕树、波罗蜜；**桃金娘科**的 *Osbornia octodonta* F. Muell.、洋蒲桃、番石榴；**芸香科**的甜橙；**无患子科**的龙眼 *Dimocarpus longan* Lour.、荔枝、红毛丹；**山榄科**的桃榄 *Pouteria annamensis* (Pierre) Baehni；**荨麻科**的锥头麻 *Poikilospermum suaveolens* (Bl.) Merr. 等（焦懿等，2011；李惠萍，2021）。

榕树粉蚧若虫和雌成虫喜聚集于气生根、嫩枝、芽及叶上，果实的果柄、果蒂及表皮凹陷处也是其主要寄生部位（图 3-41）。虫体固定后吸食植株汁液，同时分泌大量蜜露，从而引起煤污病污染叶片与果实，影响寄主光合作用，导致被害枝叶营养不良、生长缓慢，造成落叶落果；果实受害后，外观和品质下降，果味变酸，影响果实品质与产量，严重时甚至失去商品价值（焦懿等，2011）。

图 3-41 榕树粉蚧危害状（李惠萍 供图）

（二）生活史

榕树粉蚧具有典型的雌雄二型现象，雄虫主要经历卵、1～2龄若虫、预蛹、蛹、雄成虫阶段；雌虫经历卵、1～3龄若虫、雌成虫（产卵前期、产卵期）阶段。榕树粉蚧在南瓜上的发育历期如下：卵为8.51±0.03天，1龄若虫为9.79±0.09天，2龄若虫为7.46±0.10天，3龄若虫为6.52±0.11天，产卵前期为12.13±0.11天，产卵期为8.16±0.11天。雌成虫产卵量483～651粒/头，平均550.87±51.07粒/头，卵期7～11天，孵化率95.19%±0.75%。产卵后一周左右孵化，若虫需经历3次蜕皮，在2龄若虫末期发生雌雄分化，在3龄末期完成蜕皮后发育为雌成虫（图3-42），体表面覆盖厚厚的蜡质，产卵时均产生卵囊；雄若虫分泌蜡丝，虫体被包围后进入预蛹期，历经蛹期后羽化为雄成虫（赵卿颖等，2021）。

图 3-42 榕树粉蚧雌成虫形态特征（齐国君 拍摄）

（三）环境适应性

关于榕树粉蚧环境适应性的研究较少。榕树粉蚧可通过爬行或利用风、雨、鸟类等进行短距离传播，远距离甚至跨地域传播主要依靠水果和苗木的贸易运输。榕树粉蚧常招引蚂蚁取食其分泌的蜜露，而蚂蚁又可以驱逐其天敌，二者常共生于同一寄主。

十三、真葡萄粉蚧

（一）寄主范围与危害

真葡萄粉蚧的寄主植物主要为石蒜科的水仙；蔷薇科的苹果、杏 *Prunus armeniaca* L.、沙梨；芸香科的柑橘；葡萄科的葡萄等。

真葡萄粉蚧危害最为严重的植物是葡萄，危害特征如下：其若虫和雌成虫吸食主蔓、枝蔓汁液，造成不同程度的丘状突起，并逐渐转移至新梢聚集危害，导致新梢不能成熟、不能越冬，严重的甚至会使新梢失水枯死；叶腋和叶梗是常受危害的部位，会致使叶片失绿发黄干枯；也可聚集于葡萄果实上造成危害，危害部位继而发生煤污病，吸引蚂蚁等害虫，影响果实品质，严重时会使整株树势衰弱死亡（阿布都加帕·托合提和孙勇，2007；陈卫民等，2015）。

（二）生活史

一年发生 3 代，雌虫为渐变态发育类型，卵孵化后，1 龄若虫经历两次蜕皮发育为雌成虫；雄虫为过渐变态发育类型，卵孵化后，若虫经历两次蜕皮后化蛹，蛹期 5 天，羽化为雄成虫。雄成虫数量少、寿命短，羽化后即可交配。雌成虫在体外分泌棉絮状卵囊，卵产于卵囊内，不同代次产卵量不同，其中越冬代平均272 粒/头，为最高，第一代产卵量平均为 160 粒/头，第二代产卵量较低，仅有109 粒/头（阿布都加帕·托合提和孙勇，2007）。越冬虫态为若虫，聚集越冬部位一般为葡萄根部以上的裂缝处或老蔓。越冬代通常于葡萄树发芽萌动时开始活动危害，不同地区存在明显差异，如西南部和田地区墨玉县在 3 月中下旬，而伊犁地区霍城县在 5 月上旬。在墨玉县，第一、二、三代产卵盛期分别在 5 月中旬、7 月中旬、9 月中旬，而在霍城县明显推迟半个至一个月，10 月第三代若虫转移到根基处及枝蔓翘皮下越冬（阿布都加帕·托合提和孙勇，2007；陈卫民等，2015）。

（三）环境适应性

温湿度是影响真葡萄粉蚧生长发育和繁殖的重要因子，早春温暖少雨，有利于越冬代若虫的早发育及取食产卵；冬季气温过低且时间长，则会使越冬代若虫大量死亡；夏季气温高，降雨量少，有利于第一代和第二代卵与若虫的发育；秋季气温偏高且时间长，有利于第三代卵孵化，反之，秋季气温迅速降低，不利于第三代卵的完全孵化，极少数卵不孵化即可越冬。此外，真葡萄粉蚧的发生还与寄主植物的生长及管理水平关系密切，当葡萄园管理粗放、树体较弱时，该粉蚧易发生且危害重（阿布都加帕·托合提和孙勇，2007）。

十四、拟葡萄粉蚧

（一）寄主范围与危害

拟葡萄粉蚧寄主范围很广，已有记录的寄主植物包括漆树科的杧果；伞形科的旱芹；葫芦科的西葫芦；柿科的柿；大戟科的变叶木；禾本科的玉蜀黍；胡桃科的胡桃 *Juglans regia* L.；野牡丹科的粉苞酸脚杆 *Medinilla magnifica* Lindl.；桑科的无花果；西番莲科的西番莲 *Passiflora caerulea* L.；石榴科的石榴；蔷薇科的苹果、李 *Prunus salicina* Lindl.、沙梨；茄科的番茄、马铃薯；山茶科的茶；葡萄科的葡萄；姜科的红山姜等（徐淼锋，2016）。

拟葡萄粉蚧主要危害植物根、果实、枝干、叶片和茎等部位，在北美严重危害观赏性植物、梨、苹果和葡萄。该虫通过分泌大量的蜜露引发煤污病，从而影响植株光合作用，抑制植物的枝叶、果实生长，导致提早落叶落果，严重时甚至导致作物产量大大降低，它们分泌的蜜露还能招来大量蚂蚁，如阿根廷蚁 *Iridomyrmex humilis* (Mayr)（徐淼锋，2016）。此外，拟葡萄粉蚧还与葡萄藤叶相关病毒Ⅲ型（GRLaV-3）的传播有关，病毒会导致葡萄的产量和质量下降（Dapoto *et al.*，2011）。

（二）生活史

拟葡萄粉蚧一年有3个重叠世代。雌虫发育为渐变态，有3个若虫龄期。卵孵化为1龄若虫，经第一次蜕皮发育为2龄若虫，再蜕第二次皮发育为雌成虫。1龄若虫橙色，触角和足橙色；从2龄若虫开始，蜡毛开始发育，并在蜕皮过程中消失，此时形态特征与雌成虫相似。

8月底到9月初，第一代雌成虫出现，卵开始孵化，一些若虫缓慢地向枝芽移动，而另一部分则留在原地。1龄若虫发育完成需要50～60天，而在实验室中，需要45天，若温度为30℃，30天便可完成；若温度为18℃，90天内才能完成（Abbasipour and Taghavi，2007）。12月初，第二代雌成虫出现，分布于树皮的缝隙中，第一次产卵约300粒，周期约为两个月。次年2月，最为重要的第三代雌成虫出现，在水果上发生，造成的影响最大，其雌成虫和2龄若虫分布于萼片下，头朝向果实轴。夏末，群体分布于一年生的树木主枝的腋部、树干树皮裂缝处、颈部和近地面的根部。6 月底到 8 月底的大部分时间，均能发现不同发育阶段的拟葡萄粉蚧。

（三）环境适应性

关于此粉蚧的研究较少。

十五、木薯绵粉蚧

（一）寄主范围与危害

木薯绵粉蚧为寡食性害虫，已记录 10 余种寄主植物，包括**苋科**的莲子草；**菊科**的见霜黄 *Blumea lacera* (Burm. F.) DC.、金腰箭；**旋花科**的番薯；**大戟科**的巴豆、一品红、木薯、木薯胶；**豆科**的大豆；**唇形科**的罗勒；**锦葵科**的黄花稔；**紫茉莉科**的黄细心；**芸香科**的柑橘；**茄科**的辣椒、番茄；**土人参科 Talinaceae** 的土人参 *Talinum paniculatum* (Jacq.) Gaertn.、棱轴土人参 *T. fruticosum* (L.) Juss. 等（武三安和王艳平，2011）。木薯绵粉蚧的寄主植物主要是木薯和木薯属的其他植物，其他记载的受木薯绵粉蚧侵染的作物寄主或野生寄主只是偶然性、一般性寄主，不会造成重要的经济影响（周贤等，2014）。棱轴土人参、巴豆和一品红特别适用于木薯绵粉蚧的实验室饲养与实验。此外，虽然在柑橘和番茄等植物上也曾采集到木薯绵粉蚧，但是木薯绵粉蚧在除木薯属以外（甚至木薯属所在的大戟科）的植物上一般不产生后代。

木薯绵粉蚧主要以雌成虫和若虫刺吸叶片与嫩枝的汁液而造成危害，危害植物生长的各个时期，可造成叶片发黄、卷曲、脱落，生长点丛生，枝条畸形及嫩枝枯死，最终影响木薯的产量（武三安和王艳平，2011）。

（二）生活史

木薯绵粉蚧的生活史由卵期、3 个若虫龄期、成虫期组成（图 3-43）。木薯绵粉蚧在非洲一年发生 9 代，完成一个世代需要 30～42 天。木薯绵粉蚧生长发育的最适宜温度是 20～33℃，降雨是导致其种群数量降低的一个重要因素，一般旱季木薯绵粉蚧种群增长快，发生危害重，而雨季由于雨水冲刷种群数量骤减（Lema and Herren，1985；武三安和王艳平，2011）。

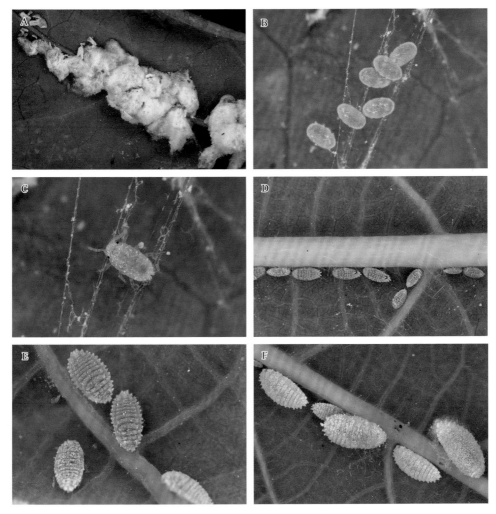

图 3-43　木薯绵粉蚧生活史（Sunil Joshi　供图）

A. 卵囊；B. 卵；C. 1 龄若虫；D. 2 龄雌若虫；E. 3 龄雌若虫；F. 雌成虫

（三）环境适应性

影响木薯绵粉蚧存活及种群消长的主要因素是温度与降雨。木薯绵粉蚧生长发育的最适宜温度为 20～33℃，低于 15℃或高于 35℃时，木薯绵粉蚧种群死亡率迅速上升。在非洲，高温干燥的旱季能使木薯绵粉蚧种群数量急剧增长，危害严重，雨季可迅速降低其种群数量（Lema and Herren，1985）。可见，自然条件下木薯绵粉蚧对温度的适应性较强，但不耐降雨。木薯绵粉蚧在适宜的温湿度条件下繁殖力强，单雌平均产卵量为 624 粒，按理论计算，单个雌成虫一年后的后代为 $908×10^{22}$ 头（武三安和王艳平，2011），具有大范围暴发成灾的潜力。

第四章　入侵机制与灾变过程

一、传入与扩散

粉蚧类害虫成虫活动能力较差，低龄若虫有一定活动能力，可实现短距离自主扩散，从受感染植株转移到健康植株。各龄虫态均可随风、雨、水流、动物、覆盖物、机械等传播。远距离传播主要靠寄主植物及其产品、栽培介质和运输工具（Mani and Shivaraju，2016）。下面我们将分别介绍几种重要入侵粉蚧的传入和扩散历史。

（一）扶桑绵粉蚧

扶桑绵粉蚧起源于美国新墨西哥州（Tinsley，1898），并逐步传播至亚利桑那州、加利福尼亚州、科罗拉多州、密西西比州和得克萨斯州等（Fuchs *et al.*，1991；CABI，2022），1966 年传入夏威夷群岛，1978 年入侵墨西哥，1985 年传入巴拿马，1992 年扩散到加勒比海地区和南美洲的厄瓜多尔（Williams *et al.*，1992），2002 年进一步扩散至巴西、智利（Larraín and Patricia，2002；Culik and Gullan，2005），2003 年入侵阿根廷科尔多瓦（Granara and Szumik，2007），2008 年在哥伦比亚发现其造成危害（Kondo *et al.*，2008）。2004 年扶桑绵粉蚧扩散至欧洲，首次在荷兰尼德兰的温室植物上发现（Jansen，2004），2007 年扩散至英国（CABI，2022），2014 年入侵西班牙加那利群岛（Gavrilov-Zimin and Danzig，2015），2020 年在意大利西西里岛和希腊克里特岛首次发现其危害番茄（Ricupero *et al.*，2021）。在亚洲，2005 年该粉蚧首次入侵印度、巴基斯坦及中国台湾，在印度和巴基斯坦严重威胁棉花产业（Abbas *et al.*，2005；Dhawan *et al.*，2007；Jhala *et al.*，2008），2007 年传入越南、泰国（Nguyen and Huynh，2008；Fand and Suroshe，2015），2008 年进一步扩散至以色列、斯里兰卡（Prishanthini and Vinobaba，2009；El-Zahi *et al.*，2016），2008 年首次传入中国大陆（武三安和张润志，2009），2009 年在日本九州首次发现其造成危害（Tanaka and Uesato，2012），2010 年入侵印度尼西亚爪哇地区（Muniappan *et al.*，2011），2012 年传入土耳其地中海地区（Kaydan *et al.*，2013），2014 年在伊拉克首次发现（Abdul-Rassoul *et al.*，2015），2015 年在老挝发现其危害藿香蓟属植物（Soysouvanh *et al.*，2015），2016 年、2017 年先后扩散至马来西亚和孟加拉国（Abdul-Rassoul *et al.*，2015），2019 年首次在沙特阿拉伯阿塔伊夫市发现其危害木槿（Bader and Al-Jboory，2020）。在非洲，1989 年首次入侵法属留尼汪岛（Delpoux *et al.*，2013），2007 年首次在加纳发现（Fand and Suroshe，2015），2008 年扩散至尼日利亚鲁伊巴地区（Akintola and Ande，2008），2011 年以后进一步扩散至马里、塞内加尔、埃塞俄比亚、毛里求斯（Muniappan *et al.*，2012），2014 年在埃及卡利乌比亚首次发现其危害番茄（Ibrahim *et al.*，2015），2016 年入侵斯威士兰，2018 年在阿尔及利亚和肯尼亚发现（Aroua *et al.*，2020），2020 年入侵摩洛哥贝尼迈拉勒地区（El-Aalaoui and Sbaghi，2021）。扶桑绵粉蚧也传入了大洋洲，2009 年传入法属新喀里多尼亚和澳大利亚昆士兰州（CABI，2022）（表 4-1）。

表 4-1　扶桑绵粉蚧的扩散历史

年份	地区	寄主	科	参考文献
1898	美国新墨西哥	*Boerhavia spicata* Choisy、*Kallstroemia californica* (S. Watson) Vail	紫茉莉科、蒺藜科	Tinsley，1898
1966	夏威夷群岛	锦葵 *Malva cathayensis* M.G. Gilbert, Y. Tang & Dorr	锦葵科	CABI，2022
1978	墨西哥			Williams and Granarade，1992
1985	巴拿马			Williams and Granarade，1992
1989	法属留尼汪岛	*Sideroxylon borbonicum* A. DC.	山榄科	Delpoux *et al.*，2013
1991	美国得克萨斯	陆地棉	锦葵科	Fuchs *et al.*，1991
1992	厄瓜尔多			Williams and Granarade，1992
1992	多米尼加			Williams and Granarade，1992
1992	古巴			Williams and Granarade，1992
2000	巴巴多斯			CABI，2022
2000	牙买加			CABI，2022
2001	加拉帕戈斯岛			Causton *et al.*，2006
2001	塞拉利昂			Fand and Suroshe，2015
2002	智利	香瓜茄 *Solanum muricatum* Aiton	茄科	Larrian and Patricia，2002
2002	巴西	番茄	茄科	Culik and Gullan，2005
2003	阿根廷	*Ambrosia tenuifolia* Spreng	菊科	Granara and Szumik，2007
2004	荷兰	温室植物		Jansen，2004
2005	印度	陆地棉等	锦葵科等	Jhala *et al.*，2008
2005	巴基斯坦	陆地棉等	锦葵科等	Abbas *et al.*，2005
2005	中国台湾			陈淑佩等，2012
2006	利华德群岛			Matile-Ferrero and Étienne，2006
2007	英国	薄荷	唇形科	CABI，2022
2007	越南	观赏植物		Nguyen and Huynh，2008

续表

年份	地区	寄主	科	参考文献
2007	泰国			Fand and Suroshe，2015
2007	加纳	苋菜属	苋科	Fand and Suroshe，2015
2008	危地马拉			Hodgson et al.，2008
2008	英属开曼群岛			Hodgson et al.，2008
2008	哥伦比亚			Kondo et al.，2008
2008	尼日利亚	朱槿	锦葵科	Akintola and Ande，2008
2008	以色列	罗勒、辣椒	唇形科、茄科	El-Zahi et al.，2016
2008	中国广东	朱槿	锦葵科	马骏等，2009
2008	海地			CABI，2022
2008	斯里兰卡	朱槿	锦葵科	Prishanthini and Vinobaba，2009
2009	日本	红凤菜 Gynura bicolor (Willd.) DC.	菊科	Tanaka and Uesato，2012
2009	法属新喀里多尼亚			Abbas et al.，2005
2009	澳大利亚	陆地棉	锦葵科	CABI，2022
2009	中国海南	朱槿	锦葵科	徐卫等，2009
2009	中国福建	朱槿	锦葵科	Muhammad et al.，2015
2009	中国浙江	大花马齿苋 Portulaca grandiflora Hook.	马齿苋科	周湾等，2010
2009	中国四川	朱槿、驳骨丹	锦葵科、爵床科	杜万平等，2016
2009	中国江西			Muhammad et al.，2015
2009	中国湖南			Muhammad et al.，2015
2009	中国云南	朱槿	锦葵科	闫鹏飞等，2013
2009	中国广西	朱槿	锦葵科	Muhammad et al.，2015
2010	印度尼西亚	番茄	茄科	Muniappan et al.，2011
2010	中国江苏	朱槿	锦葵科	马玲，2019
2010	中国新疆	蝴蝶兰 Phalaenopsis aphrodite H.G. Reichenbach	兰科	张煜等，2012
2011	马里	鸡蛋花属	夹竹桃科	Muniappan et al.，2012
2011	塞内加尔	木槿属	锦葵科	Muniappan et al.，2012
2011	中国河北	陆地棉	锦葵科	刘刚，2011
2011	中国安徽	木槿	锦葵科	苗广飞和黄超，2013
2012	埃塞俄比亚			CABI，2022

续表

年份	地区	寄主	科	参考文献
2012	土耳其			Kaydan *et al.*，2013
2012	中国湖北	蔬菜		司升云等，2013
2012	中国上海	大花马齿苋	马齿苋科	朱烨，2013
2013	中国宁夏	红叶	漆树科	任竞妹，2016
2014	毛里求斯			CABI，2022
2014	西班牙加那利群岛	木槿属	锦葵科	Gavrilov-Zimin and Danzig，2015
2014	伊拉克	马鞭草	马鞭草科	Abdul-Rassoul *et al.*，2015
2014	埃及	番茄	茄科	Ibrahim *et al.*，2015
2014	中国重庆	朱槿	锦葵科	马玲，2019
2015	老挝	藿香蓟属植物	菊科	Soysouvanh *et al.*，2015
2016	马来西亚	朱槿	锦葵科	Abdul-Rassoul *et al.*，2015
2016	斯威士兰			Assefa and Dlamini，2018
2017	孟加拉国			CABI，2022
2018	阿尔及利亚	柠檬	芸香科	Aroua *et al.*，2020
2018	肯尼亚	金苞花	爵床科	Macharia *et al.*，2021
2018	中国天津	木槿	锦葵科	马玲，2019
2019	沙特阿拉伯	木槿	锦葵科	Bader and Al-Jboory，2020
2020	摩洛哥		仙人掌科	El-Aalaoui and Sbaghi，2021
2020	意大利西西里岛	番茄	茄科	Ricupero *et al.*，2021
2020	希腊克里特岛	番茄	茄科	CABI，2022

在中国，扶桑绵粉蚧最早于 2005 年在台湾台中和台东地区发现（陈淑佩等，2012），2008 年 8 月在广东广州朱槿上首次发现（马骏等，2009；武三安和张润志，2009），2009 年迅速扩散至海南三亚、广西南宁、福建福州、江西赣州、湖南长沙、云南富宁、四川攀枝花及浙江金华等地（周湾等，2010；苏燕春，2011；黄奎和胡文兰，2012；张明真，2012；闫鹏飞等，2013；Muhammad *et al.*，2015；杜万平等，2016），2010 年随苗木调运从南方往北入侵扩散至新疆乌鲁木齐和江苏丰县（张煜等，2012；马玲，2019），2011 年又相继在河北邯郸、安徽阜阳发现（刘刚，2011；苗广飞和黄超，2013），2012 年传入湖北武汉和上海浦东（司升云等，2013；朱烨，2013），2013 年在宁夏中卫红叶 *Cotinus coggygria* var. *cinerea* Engl. 上采到标本（任竞妹，2016），2014 年在重庆奉节乔木公园发现其危害朱槿（马玲，2019），2018 年在天津首次发现扶桑绵粉蚧发生（马玲，2019）（表 4-1）。

（二）木瓜秀粉蚧

木瓜秀粉蚧原产于中美洲的墨西哥、伯利兹、危地马拉、哥斯达黎加等国，于 20 世纪 90 年代扩散至加勒比海地区，并对当地木瓜产业造成巨大影响（Williams and Granara，1992），1998 年向美国佛罗里达州等地区扩散（Miller et al.，1999），1999 年扩散至南美洲的法属圭亚那（CABI，2022）。在亚洲，2008 年在印度、印度尼西亚、斯里兰卡和菲律宾发现该粉蚧（Muniappan et al.，2008），2009 年扩散至孟加拉国、马尔代夫和马来西亚（Mastoi et al.，2011；Muniappan et al.，2011），2010 年入侵柬埔寨、泰国（Muniappan et al.，2011），2011 年在阿曼发生（CABI，2022），2015 年在越南、老挝、巴基斯坦发现其造成危害（Graziosi et al.，2016；Munwar et al.，2016），2016 年扩散至以色列北部的海法（Mendel et al.，2016），2019 年入侵日本冲绳岛（Tanaka et al.，2021）。2002 年木瓜秀粉蚧入侵关岛（Meyerdirk et al.，2004），2003 年随苗木传入帕劳（Muniappan et al.，2006），2004 年、2005 年先后传入夏威夷群岛和美属北马里亚纳群岛（CABI，2022），2017 年入侵法属波利尼西亚的塔希提岛（Hartmann et al.，2021）。2009 年木瓜秀粉蚧首次入侵非洲加纳阿克拉的番木瓜园（Muniappan et al.，2011），2010 年入侵多哥、贝宁、法属留尼汪岛（Muniappan et al.，2011；CABI，2022），2012 年在尼日利亚伊巴丹地区发现其造成危害（Okeke et al.，2019），之后陆续在毛里塔尼亚、塞内加尔、塞拉利昂、布基纳法索、喀麦隆和加蓬等国发现（Goergen et al.，2014），2014 年入侵毛里求斯（CABI，2022），2015 年扩散至坦桑尼亚、莫桑比克，2016 年入侵加蓬和肯尼亚（Macharia et al.，2017），2018 年入侵南苏丹朱北克州（Gama et al.，2020），2021 年首次在乌干达东部发现（CABI，2022）（表 4-2）。

表 4-2　木瓜秀粉蚧的扩散历史

年份	地区	寄主	科	参考文献
1994	美属维尔京群岛			CABI，2022
1994	多米尼加			CABI，2022
1994	格林纳达			CABI，2022
1994	安提瓜和巴布达			CABI，2022
1996	圣马丁岛			CABI，2022
1996	英属维尔京群岛			CABI，2022
1998	美国佛罗里达	木槿属植物	锦葵科	Miller et al.，1999
1998	圣基茨和尼维斯			CABI，2022
1998	法属西印度群岛			CABI，2022
1998	法属瓜德罗普岛			Matile-Ferrero and Étienne，1998

续表

年份	地区	寄主	科	参考文献
1999	法属圭亚那			CABI，2022
1999	古巴			CABI，2022
1999	海地			CABI，2022
1999	荷属安的列斯群岛			CABI，2022
1999	波多黎各			CABI，2022
2000	巴巴多斯			CABI，2022
2000	英属开曼群岛			CABI，2022
2000	英属蒙特塞拉特岛			CABI，2022
2002	巴哈马			CABI，2022
2002	关岛	番木瓜、鸡蛋花、木槿等	番木瓜科、夹竹桃科、锦葵科等	Meyerdirk et al.，2004
2003	帕劳	番木瓜、鸡蛋花、木槿等	番木瓜科、夹竹桃科、锦葵科等	Muniappan et al.，2006
2004	夏威夷群岛			CABI，2022
2005	美属北马里亚纳群岛			CABI，2022
2008	印度尼西亚	番木瓜	番木瓜科	Muniappan et al.，2008
2008	印度	番木瓜	番木瓜科	Muniappan et al.，2008
2008	斯里兰卡	番木瓜、鸡蛋花	番木瓜科、夹竹桃科	Galanihe et al.，2010
2008	圣卢西亚岛			CABI，2022
2008	菲律宾	番木瓜	番木瓜科	Muniappan et al.，2011
2009	孟加拉国	番木瓜	番木瓜科	Muniappan et al.，2011
2009	加纳	番木瓜	番木瓜科	Muniappan et al.，2011
2009	马尔代夫			CABI，2022
2009	马来西亚	番木瓜	番木瓜科	Mastoi et al.，2011
2010	泰国	鸡蛋花	夹竹桃科	Muniappan et al.，2011
2010	柬埔寨	栀子属、木槿属、鸡蛋花属	茜草科、锦葵科、夹竹桃科	Muniappan et al.，2011
2010	多哥	番木瓜	番木瓜科	Muniappan et al.，2011
2010	贝宁	番木瓜	番木瓜科	Muniappan et al.，2011
2010	法属留尼汪岛	番木瓜	番木瓜科	Germain et al.，2014
2010	牙买加			CABI，2022
2010	中国台湾	番木瓜等	番木瓜科等	陈淑佩等，2011
2011	阿曼			CABI，2022
2012	尼日利亚	番木瓜	番木瓜科	Okeke et al.，2019

年份	地区	寄主	科	参考文献
2013	中国云南	佛肚树	大戟科	张江涛和武三安，2015
2014	中国广东	番木瓜	番木瓜科	顾渝娟和齐国君，2015
2014	毛里求斯			CABI，2022
2015	坦桑尼亚	番木瓜、木薯等	番木瓜科、大戟科	CABI，2022
2015	莫桑比克			CABI，2022
2015	巴基斯坦	番木瓜	番木瓜科	Munwar et al.，2016
2015	越南			Graziosi et al.，2016
2015	老挝			Graziosi et al.，2016
2016	以色列	垂花悬铃花、番荔枝	锦葵科、番荔枝科	Mendel et al.，2016
2016	加蓬			Macharia et al.，2017
2016	肯尼亚	番木瓜、木薯、番石榴、辣椒、杧果、茄	番木瓜科、大戟科、桃金娘科、漆树科、茄科	Macharia et al.，2017
2017	中国海南			郑庆伟，2017
2017	中国福建	番木瓜	番木瓜科	林凌鸿等，2019
2017	法属波利尼西亚	番木瓜、鸡蛋花	番木瓜科、夹竹桃科	Hartmann et al.，2021
2018	南苏丹	番木瓜等52种	番木瓜科等27科	Gama et al.，2020
2019	日本	木薯	大戟科	Tanaka et al.，2021
2020	中国江西	木芙蓉等	锦葵科等	廖嵩等，2021
2021	乌干达			CABI，2022
2021	中国广西	番木瓜、茄	番木瓜科、茄科	胡锦等，2022

在中国，木瓜秀粉蚧最先于2010年在台湾番木瓜等12种植物上发现（陈淑佩等，2011），2013年首次报道入侵大陆，在云南西双版纳热带植物上发生危害（张江涛和武三安，2015），2014年在广东广州发现该粉蚧危害番木瓜（顾渝娟和齐国君，2015），2017年扩散至海南和福建福州、漳州（郑庆伟，2017；林凌鸿等，2019），2020年在江西赣州首次报道其危害园林绿化植物和杂草（廖嵩等，2021），2021年首次在广西东兴发现其危害番木瓜和茄（胡锦等，2022）（表4-2）。

（三）新菠萝灰粉蚧

新菠萝灰粉蚧原产于热带美洲，最初在1910年发现于夏威夷群岛（Beardsley，1959），多年来一直是夏威夷群岛凤梨产业最严重的害虫问题（Carter，1932，1933），1934年在牙买加和中美洲的危地马拉、洪都拉斯发现其造成危害（Carter，1934），1936年在中国台湾有记录其造成危害（Watanabe，1936），1936年发现入侵波多黎各（Plank and Smith，1940），1937～1938 年在南非、莫桑比克、坦桑尼亚、肯尼亚、新加坡、马来西亚、印度尼西亚巴厘岛和爪哇岛、菲律宾、澳大利亚凯恩斯和布里斯班、斐济等地有危害凤梨的调查记录（Walter，1942），1939 年在毛里求斯首次报道（Jepson and Wiehe，1939），1959 年新菠萝灰粉蚧作为新种在夏威夷群岛被鉴定命名（Beardsley，1959），1978 年首次在美国大陆佛罗里达州发现其造成危害（United States Department of Agriculture，1979），1979 年在摩洛凯岛发现（Jahn，1993）。在欧洲，1983 年首次在意大利发现，1988 年和 1994 年分别在荷兰和意大利西西里岛被报道（CABI，2022），2007 年在立陶宛维尔纽斯首次发现其危害酒瓶兰 *Beaucarnea recurvata* Lem.（Malumphy *et al.*，2008）。在亚洲，2009 年在斯里兰卡发现其危害香蕉（Sirisena *et al.*，2012），2012 年在琉球群岛发现（Tanaka and Uesato，2012），2015 年传入老挝和柬埔寨（Soysouvanh *et al.*，2015）（表 4-3）。

表 4-3　新菠萝灰粉蚧的扩散历史

年份	地区	寄主	科	参考文献
1910	夏威夷群岛		天门冬科	Beardsley，1959
1934	牙买加			Carter，1934
1934	危地马拉			Carter，1934
1934	洪都拉斯			Carter，1934
1936	中国台湾			Watanabe，1936
1936	波多黎各			Plank and Smith，1940
1937～1938	南非	凤梨	凤梨科	Walter，1942
1937～1938	坦桑尼亚	凤梨	凤梨科	Walter，1942
1937～1938	莫桑比克	凤梨	凤梨科	Walter，1942
1937～1938	肯尼亚	凤梨	凤梨科	Walter，1942
1937～1938	新加坡	凤梨	凤梨科	Walter，1942
1937～1938	马来西亚	凤梨	凤梨科	Walter，1942
1937～1938	印度尼西亚	凤梨	凤梨科	Walter，1942
1937～1938	菲律宾	凤梨	凤梨科	Walter，1942
1937～1938	澳大利亚	凤梨	凤梨科	Walter，1942
1937～1938	斐济	凤梨	凤梨科	Walter，1942
1939	毛里求斯			Jepson and Wiehe，1939
1965	墨西哥			Beardsley，1966
1978	美国佛罗里达	巨麻属植物	天门冬科	United States Department of Agriculture，1979

年份	地区	寄主	科	参考文献
1979	摩洛凯岛			Jahn，1993
1983	意大利			CABI，2022
1988	荷兰			CABI，2022
1994	意大利西西里岛			CABI，2022
1998	中国海南	剑麻	天门冬科	吴建辉等，2008
2006	中国广东	剑麻	天门冬科	吴建辉等，2008
2007	立陶宛	酒瓶兰	天门冬科	Malumphy et al.，2008
2009	斯里兰卡	香蕉	芭蕉科	Sirisena et al.，2012
2010	琉球群岛	凤梨	凤梨科	Tanaka and Uesato，2012；Tabata and Ichiki，2015；Tabata and Ohno，2015
2015	老挝	榕属植物	桑科	Soysouvanh et al.，2015
2015	柬埔寨			Soysouvanh et al.，2015
2015	中国广西	剑麻	天门冬科	吴密等，2021
2018	中国云南	剑麻、金边龙舌兰等	天门冬科	Qin et al.，2019

在国内，新菠萝灰粉蚧最早于 1936 年在台湾有记录（Watanabe，1936），1998 年该粉蚧在海南昌江青坎农场的剑麻园暴发（吴建辉等，2008），2001 年蔓延至全昌江麻区，2006 年 8 月新菠萝灰粉蚧首次在广东湛江徐海麻区发生（吴建辉等，2008），2007 年新菠萝灰粉蚧被列为《中华人民共和国进境植物检疫性有害生物名录》的 55 号检疫性有害生物，2015 年首次在广西浦北发现新菠萝灰粉蚧危害剑麻（吴密等，2021），2018 年在云南景洪发现其危害剑麻、金边龙舌兰和其他一些作物（Qin et al.，2019）（表 4-3）。

（四）湿地松粉蚧

湿地松粉蚧又称为火炬松粉蚧（loblolly pine mealybug），最初发现于从美国密西西比州收集的美国南部各种松树松针上（Lobdell，1930；Johnson and Lyon，1976）（表 4-4），据推测，该粉蚧原产于密西西比盆地，随着时间的推移逐渐向东西传播，目前已在佐治亚州、佛罗里达州、北卡罗来纳州、南卡罗来纳州、密西西比州、弗吉尼亚州、宾夕法尼亚州、肯塔基州、马里兰州、路易斯安那州、得克萨斯州、明尼苏达州、俄克拉何马州和阿肯色州美国南部 14 个州记录发生（Clarke et al.，1992；Masner et al.，2004；Miller，2005）。

表 4-4 湿地松粉蚧的扩散历史

年份	地区	寄主	科	参考文献
1930	美国密西西比	松针	松科	Lobdell, 1930; Miller, 2005
1988	中国广东	湿地松	松科	Sun et al., 1996; 徐家雄等, 1992
2000	中国广西	松树	松科	吕送枝, 2000; You et al., 2013
2003	中国湖南	松树	松科	陈良昌等, 2009; You et al., 2013
2005	中国江西	松树	松科	You et al., 2013

1988 年广东台山红岭种子园嫁接从美国佐治亚州引进的无性系湿地松接穗，从而导致了湿地松粉蚧入侵，最初这种粉蚧被认为是本地物种 *Pseudococcus pini* Ku，然而粉蚧标本最终在 1991 年被 Miller 确认为湿地松粉蚧（Sun et al., 1996；徐家雄等, 2002），随后该粉蚧在广东迅速扩散蔓延（庞雄飞和汤才, 1994），2000 年往西入侵到与广东交界的广西玉林和梧州（吕送枝, 2000），2003 年向北入侵到湖南郴州宜章的黄沙堡，并继续在湖南迅速扩散（陈良昌等, 2009），2005 年在江西寻乌和定南发现其造成危害（You et al., 2013），2010 年在湖南醴陵首次发现其危害国外松（肖惠华等, 2016）。目前，湿地松粉蚧已经蔓延至广东 18 个地级市的 85 个县级行政区及相邻的广西、湖南和江西部分地区，对南方松属植物构成严重威胁（金明霞等, 2011）（表 4-4）。

（五）大洋臀纹粉蚧

大洋臀纹粉蚧起源于南亚国家（Cox, 1989），1896 年 Morrison 首次将从毛里求斯采集的标本描述为 *Dactylopius calceolariae* var. *minor* Maskell，1979 年 Cox 根据从萨摩亚群岛采集的标本重新描述为 *Planococcus pacificus* Cox。大洋臀纹粉蚧与柑橘臀纹粉蚧形态相近，常在同一寄主上混合发生，极易混淆（Williams, 2004），文献记载的部分柑橘臀纹粉蚧记录应为大洋臀纹粉蚧（Williams, 1982；Cox and Freeston, 1985）。1987 年该粉蚧被记载在所罗门群岛发现（APPPC, 1987），1992 年在非洲的马达加斯加和塞舌尔记录有发生（Williams and Granara, 1992），2004 年首次在科摩罗群岛发现其危害木豆（Germain et al., 2008），2005 年在巴西东北部棉田发现（Bastos et al., 2007），2007 年在英属圣赫勒拿岛的阿森松岛首次发现其危害 *Euphorbia origanoides* L.（Malumphy et al., 2015），2013 年首次在圣卢西亚岛格罗斯伊斯勒区发现其危害变叶木（Malumphy, 2014），2015 年传入老挝（Soysouvanh et al., 2015），2016 年首次在巴西朗多尼亚州发现其危害中粒咖啡（Rondelli et al., 2018）（表 4-5）。

表 4-5　大洋臀纹粉蚧的扩散历史

年份	地区	寄主	科	参考文献
1896	毛里求斯			Cox，1989
1979	萨摩亚群岛			Cox，1989
1987	所罗门群岛			APPPC，1987
1988	中国台湾			吴文哲等，1988
1992	马达加斯加			Williams and Granara，1992
1992	塞舌尔			Williams and Granara，1992
2004	科摩罗群岛	木豆	豆科	Germain et al.，2008
2005	巴西	陆地棉	锦葵科	Bastos et al.，2007
2006	中国云南	夏栎	壳斗科	张江涛，2018
2007	英属圣赫勒拿岛的阿森松岛	Euphorbia origanoides L.	大戟科	Malumphy et al.，2015
2008	中国北京	小粒咖啡	茜草科	张江涛，2018
2008	中国广西	番石榴	桃金娘科	王娌莉等，2008
2010	中国广东	杧果	漆树科	袁晓丽等，2012
2010	中国上海	麻风树	大戟科	张江涛，2018
2010	中国新疆	木槿	锦葵科	张江涛，2018
2011	中国海南	颠茄	茄科	何衍彪，2012
2013	圣卢西亚岛	变叶木	大戟科	Malumphy，2014
2015	老挝			Soysouvanh et al.，2015
2016	巴西朗多尼亚州	中粒咖啡	茜草科	Rondelli et al.，2018

在中国，大洋臀纹粉蚧首次于 1988 年出现在台湾（吴文哲等，1988），2006 年首次在云南西双版纳三达山夏栎 *Quercus robur* L. 幼苗上采到标本（张江涛，2018），2008 年在广西百色和北京植物园报道其分别危害番石榴与小粒咖啡（王娌莉等，2008；张江涛，2018），2010 年在广东湛江发现其危害杧果（袁晓丽等，2012），2010 年在上海麻风树叶和新疆乌鲁木齐木槿上采到标本（张江涛，2018），2011 年在海南文昌颠茄 *Atropa belladonna* L. 上采到标本（何衍彪，2012）（表 4-5）。

（六）南洋臀纹粉蚧

南洋臀纹粉蚧可能起源于南亚（Williams，1982），最早于 1904 年在菲律宾被发现（Cox，1989），1938 年在毛里求斯发现其危害 *Eugenia mespiloides* Lam.（Cox，1989），1950 年在马达加斯加首次记载（Williams et al.，2001），1956 年在巴布亚新几内亚发现其危害可可（Williams，1982），同年传入罗德里格斯岛，60 年代传入关岛、美属北马里亚纳群岛、密克罗尼西亚联邦加罗林群岛（Beardsley，

1966），1961 年在圭亚那发现其危害面包树（Williams，1981），1984 年在斯里兰卡椰子花序中发现（Fernando and Kanagaratnam，1987），同年在印度尼西亚爪哇岛发现其危害山地榕 *Ficus montana* Burm. f.（Williams and Miller，2010），1986 年在法属留尼汪岛首次记录其危害尖叶非洲芙蓉 *Dombeya acutangula* Cav.，1988 年在肯尼亚马林迪西南部发现其危害非洲桑叶榕 *Ficus sycomorus* L.，1995 年在莫桑比克基林巴群岛和伊博岛发现其危害 *Ficus ingens* (Miq.) Miq.（Williams *et al.*，2001），2000 年南洋臀纹粉蚧在中国台湾被报道危害龙眼（陈淑佩等，2012）（表 4-6）。

表 4-6　南洋臀纹粉蚧扩散分布表

年份	地区	寄主	科	参考文献
1904	菲律宾			Cox，1989
1938	毛里求斯	*Eugenia mespiloides* Lam.	桃金娘科	Cox，1989
1950	马达加斯加			Williams *et al.*，2001
1956	巴布亚新几内亚	可可	桑科	Williams，1982
1956	罗德里格斯岛			Williams *et al.*，2001
1961	圭亚那	面包树	桑科	Williams，1981
1984	斯里兰卡	椰子	棕榈科	Fernando and Kanagaratnam，1987
1984	印度尼西亚爪哇岛	山地榕	桑科	Williams and Miller，2010
1986	法属留尼汪岛	尖叶非洲芙蓉	锦葵科	Williams *et al.*，2001
1988	肯尼亚	非洲桑叶榕	桑科	Williams *et al.*，2001
1995	莫桑比克	*Ficus ingens* (Miq.) Miq.	桑科	Williams *et al.*，2001
2000	中国台湾	龙眼	无患子科	陈淑佩等，2012
2009	中国海南	小粒咖啡	茜草科	张江涛，2018
2009	中国浙江	天仙果	桑科	张江涛，2018
2012	中国广西	紫薇	千屈菜科	任竞妹，2016
2012	中国广东	雅榕	桑科	任竞妹，2016
2012	中国云南	番荔枝	番荔枝科	任竞妹，2016
2016	中国福建	番荔枝	番荔枝科	张江涛，2018

在中国，南洋臀纹粉蚧最早发现于台湾（陈淑佩等，2012），2009 年首次在海南兴隆植物园小粒咖啡根部采到标本，同年在浙江温岭天仙果 *Ficus erecta* Thunb. 上采到标本（张江涛，2018），2012 年 7 月在广西柳州紫薇上发现南洋臀纹粉蚧，8 月在广东汕头发现其危害雅榕 *Ficus concinna* Miq.，10 月在云南元江发现其危害番荔枝（任竞妹，2016），2016 年在福建漳州发现其危害番荔枝（张江涛，2018）（表 4-6）。

（七）石蒜绵粉蚧

石蒜绵粉蚧起源于北美洲，最早于美国加利福尼亚州的一株菊科植物根部发现（Ferris，1918），1936 年传入夏威夷群岛（Suehiro，1937；Carter，1960），1966 年在基里巴斯吉尔伯特群岛发现（Beardsley，1966），1970 年在南非比勒陀利亚首次报道其危害苏铁 Cycas revoluta Thunb.（De Lotto，1974，1979），1985 年在津巴布韦首次报道其危害烟草（Williams et al.，1985），1988 年传入基里巴斯（Williams and Watson，1988），1998 年首次在以色列地中海盆地发现其危害朱顶红属植物（Ben-Dov，2005），1999 年在意大利西西里岛首次报道其危害观赏植物（Mazzeo et al.，1999），2000 年在中国台湾首次发现（陈淑佩等，2002），2003 年扩散至日本（Kawai，2003），2004 年首次入侵伊朗（Moghaddam et al.，2004），2005 年在巴西发现其危害番茄（Culik and Gullan，2005），2007 年传入印度和土耳其（Gautam et al.，2007；Kaydan et al.，2008），2008 年在西班牙尔艾吉多发现其危害辣椒（Beltra and Soto，2011），2013 年在英属圣赫勒拿岛的阿森松岛首次发现（Malumphy et al.，2015），2015 年在柬埔寨发现其危害飞机草（Soysouvanh et al.，2015），2016 年在埃及尼罗河三角洲西北部的港口城市罗塞塔发现其危害南瓜（Dewer et al.，2018），2017 年在墨西哥首次报道其危害黄香附（Selene et al.，2017），2019 年在德国帕拉蒂纳特葡萄酒产区的室外观赏植物上发现（Michl et al.，2020），2020 年在韩国首尔发现其危害景天科植物（Choi et al.，2021）（表 4-7）。

表 4-7 石蒜绵粉蚧的扩散历史

年份	地区	寄主	科	参考文献
1918	美国加利福尼亚		菊科	Ferris et al.，1918
1936	夏威夷群岛	马齿苋	马齿苋科	Suehiro，1937；Carter，1960
1966	基里巴斯吉尔伯特群岛			Beardsley，1966
1970	南非比勒利亚	苏铁	苏铁科	De Lotto，1974，1979
1975	美国佛罗里达	观赏植物		Hamlen，1975
1985	津巴布韦	烟草	茄科	Williams et al.，1985
1988	基里巴斯		菊科	Williams and Watson，1988
1998	以色列	朱顶红属植物	石蒜科	Ben-Dov，2005
1999	意大利	苏铁	苏铁科	Mazzeo et al.，1999
2000	中国台湾	朱槿	锦葵科	陈淑佩，2002
2003	日本	甜椒	茄科	Kawai，2003
2004	伊朗	羊茅属植物、菊花	禾本科、菊科	Moghaddam et al.，2004
2005	巴西	番茄	茄科	Culik and Gullan，2005

续表

年份	地区	寄主	科	参考文献
2007	印度	番茄、银胶菊	茄科	Gautam et al., 2007
2007	土耳其	马齿苋	马齿苋科	Kaydan et al., 2008
2008	西班牙	辣椒	茄科	Beltra and Soto, 2011
2008	中国新疆	观赏植物		王珊珊和武三安, 2009
2008	中国北京	观赏植物		王珊珊和武三安, 2009
2009	中国广西			任竞妹, 2016
2012	中国广东	南美蟛蜞菊	菊科	任竞妹, 2016
2013	英属圣赫勒拿岛的阿森松岛	Euphorbia origanoides L.	大戟科	Malumphy et al., 2015
2015	中国海南	南美蟛蜞菊	菊科	任竞妹, 2016
2015	柬埔寨	飞机草	菊科	Soysouvanh et al., 2015
2016	埃及	南瓜	葫芦科	Dewer et al., 2018
2017	墨西哥	黄香附	莎草科	Selene et al., 2017
2017	中国福建	马齿苋	马齿苋科	王玉生, 2019
2017	中国云南	马齿苋	马齿苋科	王玉生, 2019
2018	中国浙江	多肉植物		智伏英等, 2018
2019	德国	观赏植物		Michl et al., 2020
2020	韩国	Echeveria laurinze	景天科	Choi et al., 2021

在中国，2000 年在台湾地区首次报道石蒜绵粉蚧发生（陈淑佩等，2002），2008 年首次在新疆乌鲁木齐和北京植物园的观赏植物上采集到标本（王珊珊和武三安，2009），2009 年在广西南宁采到标本，2012 年在广东广州发现其危害南美蟛蜞菊，2015 年在海南海口发现其危害南美蟛蜞菊（任竞妹，2016），2017 年在福建莆田和云南红河发现其危害马齿苋（王玉生，2019），2018 年在浙江金华盆栽多肉植物上采到标本（智伏英等，2018）（表 4-7）。

（八）美地绵粉蚧

美地绵粉蚧起源于新热带区（Williams，1987），最早于 1920 年在葡萄牙马德拉群岛的朱槿上发现（Green，1923），1921 年传入格林纳达和美国，1924 年在牙买加发现，1925 年传入塞拉利昂，1927 年在英属百慕大群岛发现（Wang et al.，1995）。美地绵粉蚧于 1979 年首次入侵英国（Wang et al.，1995），1981 年首次在意大利发现（Tranfaglia，1981），1991 年在意大利西西里岛发生（Longo et al.，1995），2001 年首次在法国巴黎温室中发现其危害朱槿（Matile-Ferrero and Jean-François，2006），2008 年扩散至西班牙瓦伦西亚危害小冠花属植物（Beltrà and

Soto，2011），2009 年在葡萄牙西尔维拉发现其危害辣椒（Franco *et al.*，2011），2010 年在希腊克里特岛和北部地区发现其危害朱槿与罗勒（Jansen *et al.*，2010；Papadopoulou and Chryssohoides，2012），2012 年传入德国巴登-符腾堡州（Albert *et al.*，2013），2014 年在克罗地亚的杜布罗夫尼克首次发现其危害马缨丹（CABI，2022）。在亚洲，最早于 1993 年采集于日本（Kinjo *et al.*，1996），1997 年在巴基斯坦和越南发现（Williams，2004；Muniappan *et al.*，2011），1999 年扩散至菲律宾（Williams，2004），2001 年在也门发现其危害葡萄（Marotta *et al.*，2001），2006 年在中国台湾发现该粉蚧（叶郁菁等，2006），2007 年首次在印度卡纳塔克邦夜香树上发现，并严重威胁棉花产业（Shylesha and Joshi，2012），2010 年在泰国呵叻府北冲县木薯上发现（Muniappan *et al.*，2011），同年在土耳其地中海沿岸发现其危害茄（Kaydan *et al.*，2012），2018 年在约旦发现其危害观赏植物（Katbeh-Bader *et al.*，2019）。在非洲，1991 年首次在法属留尼汪岛、圣多美和普林西比发现（Fernandes，1991；Germain *et al.*，2014），2003 年在塞舌尔马埃大安塞区发现其危害辣椒（Germain *et al.*，2008），2008 在毛里求斯发现其危害蜀葵（Williams and Matile-Ferrero，2008），2013 年在突尼斯苏塞沿海地区发现其危害夜香树（Halima-Kamel *et al.*，2014），2017 年首次入侵埃及发现其危害蜀葵（Suzan *et al.*，2017），2018 年在阿尔及利亚西北部穆斯塔加奈姆市首次发现其危害朱槿、木槿和夜香树（Guenaoui *et al.*，2019），2020 年在肯尼亚蒙巴萨岛辣椒上首次发现（Macharia *et al.*，2021）（表 4-8）。

表 4-8 美地绵粉蚧的扩散历史

年份	地区	寄主	科	参考文献
1920	葡萄牙马德拉群岛	朱槿	锦葵科	Green，1923
1921	格林纳达			Wang *et al.*，2019
1921	美国			Wang *et al.*，2019
1924	牙买加			Wang *et al.*，2019
1925	塞拉利昂			Wang *et al.*，2019
1927	英属百慕大群岛			Wang *et al.*，2019
1979	英国			Wang *et al.*，2019
1981	意大利	观赏植物		Tranfaglia，1981
1991	意大利西西里岛			Longo *et al.*，1995
1991	法属留尼汪岛			Germain *et al.*，2014
1991	圣多美和普林西比			Fernandes，1991
1993	日本			Kinjo *et al.*，1996
1997	巴基斯坦			Muniappan *et al.*，2011
1997	越南			Williams，2004

续表

年份	地区	寄主	科	参考文献
1999	菲律宾			Williams，2004
2001	也门	葡萄	葡萄科	Marotta *et al.*，2001
2001	法国	朱槿	锦葵科	Matile-Ferrero and Etienne，2006
2003	塞舌尔	辣椒	茄科	Germain *et al.*，2008
2004	德国			Matile-Ferrero and Etienne，2006
2006	中国台湾	木薯	大戟科	叶郁菁等，2006
2006	中国香港			Wang *et al.*，2019
2007	印度	夜香树	茄科	Shylesha and Joshi，2012
2008	毛里求斯	蜀葵	锦葵科	Williams and Matile-Ferrero，2008
2008	西班牙	小冠花属植物	豆科	Beltrà and Soto，2011
2009	中国海南	朱槿	锦葵科	武三安等，2010
2009	葡萄牙	辣椒	茄科	Franco *et al.*，2011
2010	希腊克里特岛	朱槿	锦葵科	Jansen *et al.*，2010
2010	希腊北部	罗勒	唇形科	Papadopoulou and Chryssohoides，2012
2010	泰国	木薯	大戟科	Muniappan *et al.*，2011
2010	土耳其	茄	茄科	Kaydan *et al.*，2012
2011	中国福建	紫苏	唇形科	王玉生，2016
2011	中国广东	洋金花	茄科	任竞妹，2016
2012	德国			Albert *et al.*，2013
2013	中国广西			Lu *et al.*，2014
2013	突尼斯	夜香树	茄科	Halima-Kamel *et al.*，2014
2014	克罗地亚	马缨丹	马鞭草科	Milek *et al.*，2015
2017	埃及	蜀葵	锦葵科	Badr and Moharum，2017
2018	阿尔及利亚	朱槿、木槿、夜香树	锦葵科、茄科	Guenaoui *et al.*，2019
2018	约旦	观赏植物		Katbeh-Bader *et al.*，2019
2020	肯尼亚	辣椒	茄科	Macharia *et al.*，2021

　　在中国，2006 年在台湾首次发现美地绵粉蚧（叶郁菁等，2006），同年在香港也发现（Wang *et al.*，2019），2009 年在海南三亚首次发现其危害朱槿等园艺植物（武三安等，2010），2011 年 11 月在福建漳州紫苏上采到标本（王玉生，2016），同年 12 月在广东惠州发现其危害洋金花（任竞妹，2016），2013 年扩散至广西（Lu *et al.*，2014）（表 4-8）。

（九）杰克贝尔氏粉蚧

杰克贝尔氏粉蚧起源于新热带区（Gimpel and Miller，1996），1921年首次在美国佛罗里达州西礁岛的榕树上发现，1941年在古巴发现其危害番茄，1947年在波多黎各发现其危害木豆，1948年在美属维尔京群岛圣托马斯岛木槿属植物上发现，1951年传入洪都拉斯瓜伊马斯，1962年在牙买加金斯敦发现其危害杧果，1976年在墨西哥塔帕丘拉市危害芭蕉属植物，1978年在伯利兹危害黛粉芋属植物，1981年在海地危害番荔枝属植物，1983年传入萨尔瓦多，1983年在危地马拉危害芭蕉属植物，1984年在巴巴多斯发现其危害库拉索破布木，1985年在巴哈马番茄上采到标本，1989年在加罗林群岛发现其危害胡椒，1992年在委内瑞拉发现其危害大蕉，1994年在巴拿马危害芭蕉属植物（Gimpel and Miller，1996；Matile-Ferrero and Etienne，2006），2008年在哥伦比亚首次报道（Kondo and Muñoz，2016），2012年在哥斯达黎加首次报道入侵（Palma-Jiménez and Blanco-Meneses，2016）。在大洋洲，1959年首次在夏威夷群岛发现其危害栀子，1972年首次在基里巴斯发现，1976年入侵图瓦卢，1979年入侵巴布亚新几内亚（Gimpel and Miller，1996）。在亚洲，1958年首次在新加坡发现，1969年入侵马来西亚，1973年传入印度尼西亚爪哇地区，1975年在菲律宾首次发现，1979年在文莱发现，1987年在泰国发现，1994年入侵马尔代夫和越南（Williams，2004），2010年在柬埔寨暹粒首次发现其危害木槿属和鸡蛋花属植物（Muniappan et al.，2011），2011年入侵斯里兰卡危害黄果茄（Sirisena et al.，2012），2012年在印度泰米尔纳德邦番木瓜园首次发现（Mani et al.，2013），2014年在老挝发现该虫（Graziosi et al.，2016）。在非洲，2003年首次在塞舌尔马埃大安塞区发现其危害鳄梨（Germain et al.，2008），2010在法属留尼汪岛圣皮埃尔发现其危害番茄（Germain et al.，2014），2013年首次在科特迪瓦的阿博维尔和布约地区发现其危害可可（N'Guessan et al.，2014），2020年首次入侵肯尼亚危害马缨丹（Macharia et al.，2021）（表4-9）。

表4-9　杰克贝尔氏粉蚧的扩散历史

年份	地区	寄主	科	参考文献
1921	美国佛罗里达	榕树属植物	桑科	Gimpel and Miller，1996
1941	古巴	番茄	茄科	Gimpel and Miller，1996
1947	波多黎各	木豆	豆科	Gimpel and Miller，1996
1948	美属维尔京群岛	木槿属植物	锦葵科	Gimpel and Miller，1996
1951	洪都拉斯			Gimpel and Miller，1996
1958	新加坡			Williams，2004
1959	夏威夷群岛	栀子	茜草科	Gimpel and Miller，1996
1962	牙买加	杧果	漆树科	Gimpel and Miller，1996

续表

年份	地区	寄主	科	参考文献
1969	马来西亚			Williams，2004
1972	基里巴斯			Gimpel and Miller，1996
1973	印度尼西亚			Williams，2004
1975	菲律宾			Williams，2004
1976	墨西哥	芭蕉属植物	芭蕉科	Gimpel and Miller，1996
1976	图瓦卢			Gimpel and Miller，1996
1978	伯利兹	黛粉芋属植物	天南星科	Gimpel and Miller，1996
1979	巴布亚新几内亚			Gimpel and Miller，1996
1979	文莱			Williams，2004
1981	海地	番荔枝属植物	番荔枝科	Gimpel and Miller，1996
1983	萨尔瓦多			Gimpel and Miller，1996
1983	危地马拉	芭蕉属植物	芭蕉科	Gimpel and Miller，1996
1984	巴巴多斯	库拉索破布木	紫草科	Gimpel and Miller，1996
1985	巴哈马	番茄	茄科	Gimpel and Miller，1996
1987	泰国			Williams，2004
1989	加罗林群岛	胡椒	胡椒科	Gimpel and Miller，1996
1992	委内瑞拉	大蕉	芭蕉科	Gimpel and Miller，1996
1994	巴拿马	芭蕉属植物	芭蕉科	Gimpel and Miller，1996
1994	马尔代夫			Williams，2004
1994	越南			Williams，2004
1996	中国台湾			Gimpel and Miller，1996
2003	塞舌尔	鳄梨	樟科	Germain et al.，2008
2004	巴西圣埃斯皮里图			Culik et al.，2007
2008	哥伦比亚			Kondo and Muñoz，2016
2010	柬埔寨	木槿属植物、鸡蛋花属植物	锦葵科、夹竹桃科	Muniappan et al.，2011
2010	法属留尼汪岛	番茄	茄科	Germain et al.，2014
2011	斯里兰卡	黄果茄	茄科	Sirisena et al.，2012
2012	中国海南	丝瓜	葫芦科	王玉生等，2018
2012	印度	番木瓜	番木瓜科	Mani et al.，2013
2012	哥斯达黎加	*Ficus tricolor* Miq.	桑科	Palma-Jiménez and Blanco-Meneses，2016
2013	中国新疆	人参榕	桑科	王玉生等，2018
2013	中国广东	红毛丹	无患子科	任竞妹，2016
2013	科特迪瓦	可可	锦葵科	N' Guessan et al.，2014
2014	老挝			Graziosi et al.，2016
2020	肯尼亚	马缨丹	马鞭草科	Macharia et al.，2021

在中国，1996 年首次在台湾地区发现杰克贝尔氏粉蚧（Gimpel and Miller，1996），2009 年和 2010 年多次从深圳口岸截获（焦懿等，2011），2012 年在海南乐东首次于丝瓜上发现（王玉生等，2018），2013 年 7 月在新疆乌鲁木齐花卉市场的盆栽人参榕上发现（王玉生等，2018），同年在广东惠州红毛丹上采到标本（任竞妹，2016），2014 年在福建省福州市马尾口岸截获（张总泽等，2016），2016 年广西海关也截获该虫（王玉生等，2018）（表 4-9）。

（十）马缨丹绵粉蚧

马缨丹绵粉蚧起源于南美洲，最早发现于厄瓜多尔加拉帕戈斯群岛的某种灌木上（Morrison，1924），1933 年传入苏里南及圭亚那地区（Green，1933），1938 年在法属马提尼克岛发现其危害茄（Willams and Cox，1984），1956 年和1958 年分别在美属维尔京群岛的圣约翰岛和圣托马斯岛发现其分别危害茄与番石榴（Marohasy，1994），1971 年该粉蚧扩散至圣卢西亚岛（Marohasy，1994），1978 年在美属维尔京群岛的圣克罗伊岛发现其危害巴豆属植物（Marohasy，1994），1981 年扩散至格林纳达（Marohasy，1994），1983 年在非洲塞内加尔和刚果（布）首次发现（Matile-Ferrero，1986），1986 年首次传入西非的加蓬（Marohasy，1994），1987 年在西萨摩亚首次发现其危害重瓣臭茉莉（Williams and Watson，1988），1988 年首次在澳大利亚昆士兰州洛克耶谷地区的马缨丹上发现（Swarbrick，1989），1989 年传入新加坡（Marohasy，1994），1990 年扩散至中国的香港和台湾（周梁镒和翁振宇，2000），1997 年在乌拉圭发现其危害辣椒（Granara *et al.*，1997），2004 年首次入侵塞舌尔和以色列中部沿海平原（Ben-Dov *et al.*，2005；Germain *et al.*，2008），2007 年首次在琉球群岛发现（Tanaka and Uesato，2012），2009 年首次入侵斐济维提岛（Hodgson and Lagowska，2011），2009 年传入埃及危害栀子属植物（Abdrabou *et al.*，2010），2010 年在印度班加罗尔发现其危害翠菊（Sridhar *et al.*，2012；Firake *et al.*，2016），2011 年首次在法属留尼汪岛发现其危害番茄（Germain *et al.*，2014）（表 4-10）。

表 4-10　马缨丹绵粉蚧的扩散历史

年份	地区	寄主	科	参考文献
1924	厄瓜多尔	某种灌木		Morrison，1924
1933	苏里南		唇形科	Green，1933
1938	法属马提尼克岛	茄	茄科	Willams and Cox，1984
1956	美属维尔京群岛的圣约翰岛	茄	茄科	Marohasy，1994
1958	美属维尔京群岛的圣托马斯岛	番石榴	桃金娘科	Marohasy，1994

续表

年份	地区	寄主	科	参考文献
1971	圣卢西亚岛	茄	茄科	Marohasy，1994
1978	美属维尔京群岛的圣克罗伊岛	巴豆属植物	豆科	Marohasy，1994
1981	格林纳达	茄	茄科	Marohasy，1994
1983	塞内加尔	红茄	茄科	Matile-Ferrero，1986
1983	刚果（布）	大花茄	茄科	Matile-Ferrero，1986
1986	加蓬	扁桃斑鸠菊 *Vernonia amygdalina* Delile	菊科	Marohasy，1994
1987	西萨摩亚	重瓣臭茉莉	唇形科	Williams and Watson，1988
1988	澳大利亚	马缨丹	马鞭草科	Swarbrick，1989
1989	新加坡			Marohasy，1994
1990	中国香港	一点红	菊科	王戍勃和武三安，2014
1990	中国台湾	马缨丹	马鞭草科	周梁镒和翁振宇，2000
1997	乌拉圭	辣椒	茄科	Granara *et al.*，1997
2004	塞舌尔	番茄	茄科	Germain *et al.*，2008
2004	以色列	南美蟛蜞菊、马缨丹	菊科、马鞭草科	Ben-Dov *et al.*，2005
2007	琉球群岛	旋花茄	茄科	Tanaka and Uesato，2012
2008	中国云南	小米辣	茄科	王戍勃和武三安，2014
2009	斐济	木槿属	锦葵科	Hodgson and Lagowska，2011
2009	埃及	栀子属植物	茜草科	Abdrabou *et al.*，2010
2010	印度	翠菊	菊科	Sridhar *et al.*，2012；Firake *et al.*，2016
2011	法属留尼汪岛	番茄	茄科	Germain *et al.*，2014

在中国，1990年首次在香港新界的北区上水和香港岛湾仔区的一点红上发现马缨丹绵粉蚧（Martin and Lau，2011），1990年6月在台湾发现其危害马缨丹（周梁镒和翁振宇，2000），2008年3月首次在云南景洪发现其危害小米辣，2013年4月在云南蒙自的马缨丹叶背采集到该粉蚧（王戍勃和武三安，2014）（表4-10）。

（十一）日本臀纹粉蚧

日本臀纹粉蚧起源于日本（Kuwana，1902；Ueno，1963），1972年首次在韩国首尔和水原地区的温室内发现（Paik，1972），之后传播至菲律宾、马来西亚、印度等地（张江涛，2018）。1995～2012年，该粉蚧在美国入境口岸被拦截131次，经常在来自日本的柿和柑橘中被截获，但未在美国发现其扩散和危害记

录。2020年日本臀纹粉蚧首次在伊朗德黑兰省的盆景植物 Ficus retusa L. 上发现
（Moghaddam and Nematian，2020）（表4-11）。

表4-11　日本臀纹粉蚧的扩散历史

年份	地区	寄主	科	参考文献
1902	日本	紫藤	豆科	Kuwana，1902
1972	韩国首尔			Paik，1972
1988	中国台湾			吴文哲等，1988
2003	中国湖北	构	桑科	张江涛，2018
2003	中国四川	雅榕	桑科	张江涛，2018
2008	中国浙江	柑橘	芸香科	张江涛，2018
2012	中国云南	番石榴	桃金娘科	王玉生，2016
2020	伊朗	榕树	桑科	Moghaddam and Nematian，2020

在我国，日本臀纹粉蚧最早发现于台湾（吴文哲等，1988），2003年分别在湖
北荆州和四川营山发现其危害构与雅榕（张江涛，2018），2008年在浙江临安柑橘
上采到标本（张江涛，2018），2012年在云南西双版纳番石榴上采到标本（王玉生，
2016）；此外，2008年在沈阳出入境检验检疫局机场办事处旅客携带的柿上截获日
本臀纹粉蚧（付海滨等，2009）（表4-11）。

（十二）榕树粉蚧

榕树粉蚧起源于菲律宾，1994年首次在榕树的气生根上发现，因此榕树粉蚧
也称为气生根粉蚧（Lit and Calilung，1994a，1994b），之后传播扩散至缅甸、印
度尼西亚、印度、柬埔寨、新加坡、泰国、越南等国家（Williams，2004），2010
年首次传入中国（何衍彪等，2011）（表4-12）。

表4-12　榕树粉蚧的扩散历史

年份	地区	寄主	科	参考文献
1994	菲律宾	榕树	桑科	Lit and Calilung，1994a，1994b
2010	中国广东	荔枝	无患子科	何衍彪等，2011
2011	中国海南	龙眼	无患子科	Wang et al.，2019
2013	中国福建	榕树	桑科	任竞妹，2016

在中国，2010年国家荔枝龙眼产业技术体系湛江综合试验站在广东廉江首次
发现榕树粉蚧危害荔枝（何衍彪等，2011），2011年在海南野外调查的龙眼果实上
发现（Wang et al.，2019），2013年在福建龙岩发现其危害榕树（任竞妹，2016）
（表4-12）。

（十三）真葡萄粉蚧

真葡萄粉蚧起源于北美洲（Ben-Dov，1994），1899 年首次在美国加利福尼亚州圣克鲁斯岛的沿海荞麦 Eriogonum latifolium Sm. 根部采集到（Gimpel and Miller，1996），20 世纪初一直是美国加利福尼亚州葡萄园的主要害虫（Clausen，1924），1936 年在夏威夷群岛发现（CABI，2022），1950 年首次在美国华盛顿报道危害葡萄（Frick，1952），之后在美国阿肯色州、康涅狄格州、哥伦比亚特区、佛罗里达州、伊利诺伊州、佐治亚州、印第安纳州、艾奥瓦州、马里兰州、马萨诸塞州、密歇根州、密苏里州、新罕布什尔州、新泽西州、纽约、俄亥俄州、宾夕法尼亚州、罗得岛州、田纳西州、得克萨斯州、佛蒙特州、西弗吉尼亚州等地均有发生（Gimpel and Miller，1996），此外，在智利的葡萄属植物和墨西哥的合粉兰 Chysis aurea Lindl. 上也采集到该粉蚧标本（Gimpel and Miller，1996）。1913 年真葡萄粉蚧首次在亚洲的印度尼西亚爪哇岛记录（Green，1913），1981 年首次在中国记录（温秀云，1984）。在欧洲，真葡萄粉蚧在 1952 年于德国发现（CABI，2022），2002 年在波兰卢布林省温室观赏植物上采集到（Golan and Górska-Drabik，2006）（表 4-13）。

表 4-13　真葡萄粉蚧的扩散历史

年份	地区	寄主	科	参考文献
1899	美国加利福尼亚	沿海荞麦	蓼科	Gimpel and Miller，1996
1913	印度尼西亚			Green，1913
1936	夏威夷群岛			CABI，2022
1950	美国华盛顿	葡萄	葡萄科	Frick，1952
1952	德国			CABI，2022
1981	中国山东	葡萄	葡萄科	温秀云，1984
2002	波兰	观赏植物		Golan and Górska-Drabik，2006
2012	中国新疆	葡萄	葡萄科	陈卫民等，2015
2014	中国云南	飞机草	菊科	任竞妹，2016

在中国，1981 年在山东省酿酒葡萄科学研究所的葡萄园首次发现真葡萄粉蚧（温秀云，1984），之后曾记录在广东柑橘、槐、香蕉等多种植物上发现（武三安等，1996），新疆墨玉也记录有真葡萄粉蚧危害（阿布都加帕·托合提和孙勇，2007），2012 年 5 月在新疆伊犁首次发现其危害红地球葡萄（陈卫民等，2015），2014 年在云南瑞丽飞机草上采到标本（任竞妹，2016）（表 4-13）。

（十四）拟葡萄粉蚧

拟葡萄粉蚧于 1875 年在法国尼斯的月桂 *Laurus nobilis* L. 上首次报道并命名（Ben-Dov and Matile-Ferrero，1995），现有证据表明其起源于南美洲智利的中南部地区（Correa *et al.*，2012）。1893 年在澳大利亚新南威尔士州首次发现拟葡萄粉蚧（Maskell，1894），1898 年美国加利福尼亚州首次记录（Gimpel and Miller，1996），1910 年扩散到南非开普敦地区（Brain，1912），1912 年在新西兰发现（Myers，1922），1935 年和 1937 年分别在巴西、西班牙首次报道（Hambleton，1935；Gomez-Menor，1937），1944 年在伊朗北部首次报道（Bodenheimer，1944），1957 年传入捷克（CABI，2022），1972 年在意大利坎帕尼亚首次发现（Tranfaglia，1972），1977 年土耳其的伊斯坦布尔和伊兹米特相继报道了其危害诸多经济作物（Çanakçioglu，1977），1978 年传入保加利亚（Kozár *et al.*，1979），1979 年该虫严重危害格鲁吉亚沿海地区的柑橘等（Timofeeva，1979），1988 年传入葡萄牙（CABI，2022），1990 年首次入侵荷兰（Schoen and Martin，1999），1996 年在瑞士首次报道发现（Kozár and Hippe，1996），1996 年首次在阿根廷内乌肯和黑河发现其危害梨（Dapoto *et al.*，2011），2000 年在斯洛文尼亚首次发现（CABI，2022），2002 年在意大利中部维泰博发现其危害苹果（Ciampolini *et al.*，2002），2006 年首次在克罗地亚发现（CABI，2022），2007 年首次在塞浦路斯尼科西亚地区发现（Şişman and Ülgentürk，2010），2012 年传入德国巴登-符腾堡州（Albert *et al.*，2013）（表 4-14）。

表 4-14　拟葡萄粉蚧的扩散历史

年份	地区	寄主	科	参考文献
1875	法国尼斯	月桂	樟科	Ben-Dov and Matile-Ferrero，1995
1893	澳大利亚			Maskell，1894
1898	美国			Gimpel and Miller，1996
1910	南非			Brain，1912
1912	新西兰			Myers，1922
1935	巴西	经济作物		Hambleton，1935
1937	西班牙			Gomez-Menor，1937
1944	伊朗			Bodenheimer，1944
1957	捷克			CABI，2022
1972	意大利坎帕尼亚			Tranfaglia，1972
1977	土耳其	观赏植物		Çanakçioglu，1977
1978	保加利亚	经济作物		Kozár *et al.*，1979
1979	格鲁吉亚	柑橘	芸香科	Timofeeva，1979

续表

年份	地区	寄主	科	参考文献
1983	中国宁夏	朱槿、昙花	锦葵科、仙人掌科	武三安，2009
1988	葡萄牙			CABI，2022
1990	荷兰	番茄	茄科	Schoen and Martin，1999
1996	瑞士	观赏植物		Kozár and Hippe，1996
1996	阿根廷	梨	蔷薇科	Dapoto et al.，2011
2000	斯洛文尼亚			CABI，2022
2002	意大利维泰博	苹果	蔷薇科	Ciampolini et al.，2002
2006	克罗地亚			CABI，2022
2007	塞浦路斯			Şişman and Ülgentürk，2010
2011	中国贵州	葡萄	葡萄科	王玉生，2016
2012	中国云南	金叶女贞	木犀科	王玉生，2016
2012	中国广东	香橙	芸香科	王玉生，2016
2012	德国			Albert et al.，2013

在中国，最早在宁夏银川温室内有过分布报道，于 1983 年采自朱槿和昙花 *Epiphyllum oxypetalum* (DC.) Haw. 上（武三安，2009），2011 年在贵州贵阳发现其危害葡萄，2012 年分别在云南文山的金叶女贞 *Ligustrum vicaryi* Rehder 和广东广州的香橙上采到标本（王玉生，2016）（表 4-14）。

（十五）木薯绵粉蚧

木薯绵粉蚧起源于南美洲，1970 年以前主要分布在玻利维亚的巴拉圭河流域、巴拉圭的卡库佩市、巴西的南马托格罗索州等地（Löhr et al.，1990），1973 年意外传入非洲刚果（金）和刚果（布）（Sylvestre，1973；Nwanze et al.，1979），1975 年传入安哥拉（Zeddies et al.，2001），1976 年入侵加蓬（Boussienguet，1986），同年冈比亚和塞内加尔也相继发现该粉蚧，1979 年入侵尼日利亚的首都阿布贾市和贝宁的首都波多诺伏市（Neuenschwander and Herren，1988），1980 年入侵多哥（Zeddies et al.，2001），1982 年传入加纳、几内亚比绍和塞拉利昂（James，1987；Korang-Amoakoh et al.，1987；Zeddies et al.，2001），1984 年木薯绵粉蚧传入中非、卢旺达和赞比亚（Birandano，1986；Herren and Neuenschwander，1991；Chakupurakal et al.，1994），1985 年扩散至喀麦隆、科特迪瓦和马拉维（Herren and Neuenschwander，1991；Zeddies et al.，2001），1986 年在几内亚、尼日尔和莫桑比克发现（Herren and Neuenschwander，1991；Zeddies et al.，2001），1987 年传入坦桑尼亚（Herren and Neuenschwander，1991），1989 年入侵肯尼亚和赤道几内亚（Herren and Neuenschwander，1991；Zeddies et al.，2001），1990 年在利比

里亚发现（Zeddies *et al.*，2001），1991 年传入南非（Herren and Neuenschwander，1991），1992 年在乌干达发现（Zeddies *et al.*，2001），1993 年 10 月首次报道入侵津巴布韦（Giga，1994），木薯绵粉蚧从西非、东非一直扩散到南非，已经蔓延到几乎所有种植木薯的非洲国家。2008 年木薯绵粉蚧首次入侵亚洲，在泰国木薯上发生危害，随后在泰国境内迅速扩散至罗勇、北柳、呵叻、春武里、甘烹碧等地区（Parsa *et al.*，2012），2010 年相继入侵柬埔寨、老挝及印度尼西亚（Muniappan *et al.*，2009，2011），2012 年在越南同奈省和西宁省发现（Parsa *et al.*，2012），2014 年在马来西亚雪兰莪州首次发现其危害（Dewi *et al.*，2012），2020 年首次入侵印度西南部的喀拉拉邦（Sunil *et al.*，2020）（表 4-15）。

表 4-15　木薯绵粉蚧的扩散历史

年份	地区	寄主	科	参考文献
1973	刚果（金）	木薯	大戟科	Sylvestre，1973；Nwanze *et al.*，1979
1973	刚果（布）	木薯	大戟科	Sylvestre，1973
1975	安哥拉	木薯	大戟科	Zeddies *et al.*，2001
1976	加蓬	木薯	大戟科	Boussienguet，1986
1976	冈比亚	木薯	大戟科	Neuenschwander and Herren，1988；Herren and Neuenschwander，1991
1976	塞内加尔	木薯	大戟科	Neuenschwander and Herren，1988
1979	尼日利亚	木薯	大戟科	Neuenschwander and Herren，1988
1979	贝宁	木薯	大戟科	Neuenschwander and Herren，1988
1980	多哥	木薯	大戟科	Zeddies *et al.*，2001
1982	加纳	木薯	大戟科	Korang-Amoakoh *et al.*，1987
1982	几内亚比绍	木薯	大戟科	Zeddies *et al.*，2001
1982	塞拉利昂	木薯	大戟科	James，1987
1984	中非	木薯	大戟科	Herren and Neuenschwander，1991
1984	卢旺达	木薯	大戟科	Herren and Neuenschwander，1991
1984	赞比亚	木薯	大戟科	Chakupurakal *et al.*，1994
1985	喀麦隆	木薯	大戟科	Herren and Neuenschwander，1991
1985	科特迪瓦	木薯	大戟科	Zeddies *et al.*，2001
1985	马拉维	木薯	大戟科	Neuenschwander and Herren，1988
1986	几内亚	木薯	大戟科	Zeddies *et al.*，2001
1986	尼日尔	木薯	大戟科	Zeddies *et al.*，2001
1986	莫桑比克	木薯	大戟科	Herren and Neuenschwander，1991
1987	坦桑尼亚	木薯	大戟科	Herren and Neuenschwander，1991
1989	赤道几内亚	木薯	大戟科	Zeddies *et al.*，2001

续表

年份	地区	寄主	科	参考文献
1989	肯尼亚	木薯	大戟科	Herren and Neuenschwander，1991
1990	利比里亚	木薯	大戟科	Zeddies et al.，2001
1991	南非	木薯	大戟科	Herren and Neuenschwander，1991
1992	乌干达	木薯	大戟科	Zeddies et al.，2001
1993	津巴布韦	木薯	大戟科	Giga，1994
2008	泰国	木薯	大戟科	Parsa et al.，2012
2010	柬埔寨	木薯	大戟科	Parsa et al.，2012
2010	老挝	木薯	大戟科	Muniappan et al.，2009
2010	印度尼西亚	木薯	大戟科	Muniappan et al.，2011
2012	越南	木薯	大戟科	Parsa et al.，2012
2014	马来西亚	木薯	大戟科	Dewi et al.，2012
2020	印度	木薯	大戟科	Sunil et al.，2020

目前，木薯绵粉蚧虽在我国未见分布报道，但因越南、老挝、泰国等东南亚国家已有发生，其入侵我国风险极高（曾宪儒等，2014；田兴山，2016）。

二、影响入侵扩张的环境因素

粉蚧类害虫入侵扩散过程受到多种因素的影响，除了温度、湿度、降雨、光照、风等非生物因子（abiotic factor），还包括寄主植物、天敌、共生生物等生物因子（biotic factor）。

（一）非生物因子

非生物因子是影响粉蚧类害虫入侵和扩张的重要因素，对粉蚧类害虫的生长发育、存活、繁殖及种群增长等均有不同程度的影响。众多非生物因子中，温度、湿度、降雨、光周期等因子对入侵粉蚧类害虫生长发育、存活率、繁殖等方面影响的研究较多，尤以温湿度对昆虫的作用最为突出，研究对象多集中在扶桑绵粉蚧、湿地松粉蚧、新菠萝灰粉蚧、木瓜秀粉蚧、石蒜绵粉蚧等害虫。

1. 温度对粉蚧入侵扩张的影响

在一定温度范围内，粉蚧的发育速率随着温度的升高而加快。大多数粉蚧的适宜温度范围为18～30℃，超出此温度范围会对粉蚧个体发育及种群扩张产生不利的影响（Huang et al.，2007；黄玲等，2011；Zizzari and Ellers，2011；Piyaphongkul et al.，2012），在极端温度范围下甚至引起死亡（Guan et al.，2012；

丁吉同等，2013）。例如，37～43℃高温可显著降低扶桑绵粉蚧存活率，45℃高温胁迫 36h 后扶桑绵粉蚧成虫的死亡率高达 70%（丁吉同等，2013）。温度在 16℃及以下，新菠萝灰粉蚧若虫发育延迟，不能正常蜕皮，无法完成整个世代发育（陈泽坦等，2010）；大洋臀纹粉蚧在低于 17℃或高于 35℃的条件下无法完成生命周期（邵炜冬，2015）。

粉蚧适生于热带及亚热带地区，随着全球变暖，具有向温带地区扩张的趋势。大洋臀纹粉蚧的适生区主要分布在长江流域以南地区，其高适生区域呈带状分布，根据预测，随着气候的变化，大洋臀纹粉蚧 2020 年、2050 年、2080 年的适生区域平均面积占全国面积的比例依次为 20.41%、20.48%、21.84%（齐国君等，2015）。许多昆虫的分布受到温度的限制，一些寒冷地区虽然有寄主植物，但昆虫无法完成整个生活史，若这些地区气候变暖会增加昆虫定居的机会（董兆克和戈峰，2011）。受气候变暖的影响，昆虫倾向于向高纬度（两极方向）或高海拔分布扩散（Bale et al.，2002）。在当前的气候条件下，新菠萝灰粉蚧在我国的适生范围主要分布在 18.3°N～27.3°N，适生区面积占全国总面积的 13.03%；基于我国未来气候变化的预测结果，2050 年其适生区北界将向北移至 32.8°N，上海、江苏和安徽南部均将成为其适生区（傅辽等，2012）。因此，全球气候变暖可能有利于粉蚧类害虫的成功入侵和种群扩张。同时，由于温室大棚的广泛使用，为粉蚧在非适生区越冬提供了有利条件。

2. 湿度与降雨对粉蚧入侵扩张的影响

湿度是影响种群消长的另一个重要非生物因子，高温干燥的气候条件有利于粉蚧生长发育和猖獗危害。粉蚧适宜湿度范围为 20%～75%，此条件下粉蚧个体发育良好，种群增长较快，超过此湿度范围，其种群发育会受到抑制（Ali et al.，2012；Kumar et al.，2013）。扶桑绵粉蚧的最适发育相对湿度为 45%～70%（丁吉同等，2013；Chen et al.，2015），湿度过高或过低对其存活有一定影响，尤其是极端的干燥或者潮湿，当相对湿度为 20% 和 90% 时，扶桑绵粉蚧成虫的存活率均仅为 10% 左右（丁吉同等，2013）。

适当的雨水冲刷，可以协助粉蚧实现短距离的迁移，但降雨量过大会对粉蚧入侵扩张产生不利影响。一方面，降雨会增加土壤的含水量，寄主植物便会吸收过多的水分，导致植株茎叶有效养分浓度降低，粉蚧取食后不能获得足够的养分，生长发育延迟或受阻，抑制种群扩张；另一方面，暴雨的强烈冲刷作用对低龄若虫有很强的致死作用。例如，20mm 以上雨水冲刷 2h、3h、4h 导致湿地松粉蚧低龄若虫的死亡率分别达 54.5%、65.4%、72.6%，降雨强度为 3.7mm/h 冲刷 3h，初孵若虫死亡率达 84.2%，表明强降雨显著抑制了该粉蚧种群的后续扩张（汤才和黄德超，2003；周昌清等，2003）。韩玮等（2016）利用人工模拟降雨器模拟不同降雨强度条件对扶桑绵粉蚧各个虫期的冲刷作用，结果表明降雨强度为 195mm/h

冲刷 30min 对扶桑绵粉蚧 1 龄和 2 龄若虫均有较强的冲刷作用，掉落率分别为 45.7%、42.3%，说明强降雨可显著抑制扶桑绵粉蚧的发生及其危害。

3. 光照对粉蚧入侵扩张的影响

光周期对粉蚧的生长发育与繁殖有重要作用，可影响其发育速率、产卵量和产卵期、取食量等（Keena et al.，2012；Kollberg et al.，2013；Zerbino et al.，2013）。研究发现，随着光照时间增加，扶桑绵粉蚧 1 龄若虫、3 龄若虫发育速率加快，若虫发育历期也由 8h 光照时的 15.54 天缩短至 16h 光照时的 12.74 天，世代历期由 27.75 天降至 23.45 天；16h、10h 和 8h 光照时种群趋势指数分别为 175.37、133.94 和 141.99，说明长光照条件有利于扶桑绵粉蚧个体生长发育，世代历期缩短，种群增长更快（王超等，2014）。

4. 气流对粉蚧入侵扩张的影响

粉蚧初孵若虫个体微小，体重较轻，运动能力强，可借助风力进行传播扩散或转移危害。徐世多等（1994）采用孢子捕捉法在 100～300m 各高度层均捕捉到了湿地松粉蚧若虫，结果表明湿地松粉蚧初孵若虫具备随气流传播扩散的能力，传播方向与当地季风方向一致。陈燕婷（2015）利用 HYSPLIT 大气扩散模型模拟了湿地松粉蚧的扩散范围及路径，发现湿地松粉蚧会随气流扩散至疫区的邻近省份，说明风也是湿地松粉蚧传播扩散的影响因素之一。

（二）生物因子

外来昆虫的入侵扩张过程与寄主植物、天敌、其他植食性昆虫及人类活动等生物因子密切相关，寄主植物与粉蚧、病原物与粉蚧及入侵粉蚧与其他物种间的互作关系已被广泛研究，入侵粉蚧与其他物种的互作关系分为直接互作和间接互作。

1. 直接互作

（1）竞争

虽然粉蚧在入侵后必须面对种间和种内的竞争问题，但是这方面的研究极少报道。例如，新菠萝灰粉蚧入侵中国后被发现与菠萝灰粉蚧混合发生，但两者之间的竞争关系尚不清楚（何衍彪，2018）。扶桑绵粉蚧危害的朱槿上也存在取食植物叶片汁液的竞争性昆虫美洲棘蓟马 Echinothrips americanus Morgan，而它们之间的竞争关系也尚不清楚（程寿杰等，2013）。何衍彪等（2018）研究了不同基因型菠萝灰粉蚧种群的竞争关系，发现南宁型和琼海型种群在竞争中处于优势地位，而万宁型种群在混合饲养 8 代后会被前两者所替代，继而提出产雌量、世代历期是影响菠萝灰粉蚧不同基因型种群竞争的关键因素。

（2）捕食

自然界中，捕食者能够在一定程度上抑制粉蚧种群扩张。除了蜘蛛、螳螂、步甲、猎蝽、厉蝽、小花蝽和掠食性蓟马，瓢虫科（鞘翅目）、草蛉科和褐蛉科（脉翅目）、灰蝶科和夜蛾科（鳞翅目）及食蚜蝇科、瘿蚊科和果蝇科（双翅目）的部分种类也能以粉蚧为食（Shylesha and Mani，2016）。

捕食性瓢虫的成虫和幼虫可大量猎食各发育阶段的粉蚧。许多捕食性瓢虫的幼虫被白色蜡状细丝，与粉蚧非常相似，成虫颜色鲜艳，卵小、黄色、卵形。这些物种属于 *Cryptolaemus*、*Brumus*、*Aspidimerus*、*Stictobura*、*Orcus*、*Diomus*、*Nephus*、*Sidis*、*Parasidis*、*Pseudoscymnus*、*Hyperaspis*、*Scymnus*、*Sasajiscymnus*、*Exochomus*、*Brumoides*、*Coleophora*、*Harmonia* 等属，是粉蚧的重要捕食者（王香萍等，2016；Shylesha and Mani，2016）。其中，孟氏隐唇瓢虫 *Cryptolaemus montrouzieri* Mulsant 被世界各地广泛用于防治多种粉蚧。

草蛉幼虫会大量捕食低龄的粉蚧。一头亚非玛草蛉 *Mallada boninensis* (Okamoto) 幼虫在其发育过程中能够消耗 350～500 头粉蚧若虫。草蛉属 *Chrysopa*、通草蛉属 *Chrysoperla* 和玛草蛉属 *Mallada* 的物种是粉蚧的重要捕食者（王香萍等，2016；Shylesha and Mani，2016）。

（3）寄生

已知隶属于跳小蜂科、蚜小蜂科、广腹细蜂科、金小蜂科、茧蜂科、隆盾瘿蜂科、横盾小蜂科、姬小蜂科等类群的多种寄生蜂会攻击粉蚧。其中跳小蜂科、蚜小蜂科、广腹细蜂科在粉蚧种群的调节中起主要作用。长索跳小蜂 *Anagyrus*、*Apoanagyrus*、*Adolescentus*、刻顶跳小蜂 *Aenasius*、丽扑跳小蜂 *Leptomastix*、拟细角跳小蜂 *Leptomastidea*、*Blepyrus*、蚧狼跳小蜂 *Gyranusoidea*、*Praleurocerus*、玛赫跳小蜂 *Mahencyrtus*、抑虱跳小蜂 *Acerophagus*、克虱跳小蜂 *Coccidoxenoides*、*Epidinocarsis*、*Neodusmetia*、汉姆跳小蜂 *Hambletonia*、玉棒跳小蜂 *Pseudaphycus*、阿拉姆跳小蜂 *Alamella* 是可寄生粉蚧的重要属（王香萍等，2016；Shylesha and Mani，2016）。

（4）病原微生物

目前，已知的粉蚧致病微生物集中在接合菌亚门和半知菌亚门。新接霉菌 *Neozygites fumosa* (Speare) 是一种调节木薯绵粉蚧种群的重要病原微生物，其发生流行受温湿度及粉蚧密度的影响，在相对湿度 90% 以上、日最低温度大于 20℃ 和粉蚧密度较大时，易暴发流行（Le Ru，1986）。此外，被确认对粉蚧有致病性的真菌还有蜡蚧轮枝菌 *Lecanicillium lecanii* (Zimm.) Viegas、寄生曲霉 *Aspergillus parasiticus* Speare、尖孢枝孢菌 *Cladosporium oxysporum* (Berk. and Curt.)、烟灰色虫霉 *Entomophthora fumosa* Speare、金龟子绿僵菌 *Metarhizium anisopliae* (Metschnikoff)

Sorokin、玫烟色棒束孢霉菌 *Isaria fumosorosea* (Kepler)、白僵菌 *Beauveria bassiana* (Bals.) Vuill 和苍白镰刀菌 *Fusarium pallidoroseum* (Cooke) Saccardo 等（Murray，1978；Devasahayam and Koya，2000；Andalo *et al.*，2004；Banu *et al.*，2010；Monga *et al.*，2010）。

2. 间接互作

（1）蚂蚁与粉蚧互惠关系

通过对"粉蚧-蚂蚁-寄生性/捕食性天敌"三级营养关系的研究发现，蚂蚁对寄生性天敌（寄生蜂）和捕食性天敌（瓢虫）具有强烈的攻击行为，蚂蚁的存在可保护粉蚧免遭寄生性和捕食性天敌的攻击，为粉蚧提供了暂时的庇护，从而促进了入侵粉蚧种群的发展（Zhou *et al.*，2013；Feng *et al.*，2015；Huang *et al.*，2017；Zhou *et al.*，2017a，2017b；Liu *et al.*，2020；Xu *et al.*，2020）。当存在捕食性瓢虫幼虫时，有蚂蚁保护可明显增加入侵粉蚧的存活率，其种群数量是无蚂蚁保护的 2.1 倍（Zhou *et al.*，2017a）。在肯尼亚，人们释放孟氏隐唇瓢虫用于防控肯尼亚臀纹粉蚧 *Planococcus kenyae* (Le Pelley)，但这些瓢虫被蚂蚁消灭了；南非的蚂蚁 *Pheidole punctulata* Mayr 会攻击孟氏隐唇瓢虫的幼虫和成虫，从而保护了柑橘臀纹粉蚧（Kirkpatrick，1927）；在意大利利古里亚区，孟氏隐唇瓢虫在柑橘臀纹粉蚧防控中没起到作用，是因为其受到阿根廷蚁等蚂蚁的攻击干扰（Constantino，1935）；阿根廷虹臭蚁的存在似乎在一定程度上是孟氏隐唇瓢虫没能在英属百慕大群岛建立稳定种群的原因（Bennett and Hughes，1959）；通过研究夏威夷群岛毛伊岛的凤梨有害生物发现，广大头蚁 *Pheidole megacephala* Fabricius 与新菠萝灰粉蚧的数量呈正相关，但与粉蚧捕食者的数量呈负相关，蚂蚁通过抵御粉蚧天敌或清除蜜露协助新菠萝灰粉蚧扩散（Jahn and Beardsley，2000）。

蚂蚁除了攻击捕食性天敌，还能干扰粉蚧的寄生性天敌（Rohrbach *et al.*，1988；Jahn and Beardsley，1994）。当寄生蜂存在时，有蚂蚁保护和无蚂蚁保护的入侵粉蚧种群增殖差异显著，有蚂蚁保护的粉蚧种群增殖速度是无蚂蚁保护的 3.2 倍（Feng *et al.*，2015）（图 4-1）。红火蚁 *Solenopsis invicta* Buren 会通过捕杀捕食性天敌瓢虫来保护扶桑绵粉蚧，但对跳小蜂的存活率无显著影响，而是通过干扰寄生蜂的寄生行为降低其对粉蚧的控害功能（Zhou *et al.*，2013；Feng *et al.*，2015）；菠萝灰粉蚧的寄生蜂 *Anagyrus ananatis* Gahan 在蚂蚁出现的时候会远离粉蚧，当没有蚂蚁时，寄生蜂能有效降低凤梨植株上的粉蚧数量；蚂蚁能够减少木薯绵粉蚧被天敌寄生（Cudjoe *et al.*，1993）。Mansou 等（2012）研究表明，意大利的果园中施放粉蚧长索跳小蜂 *Anagyrus pseudococci* (Girault) 和 *Leptomastix dactylopii* (Howard) 或幼虫期营捕食生活的孟氏隐唇瓢虫，可对无花果臀纹粉蚧与柑橘臀纹粉蚧进行生物防治，但黑麦草蚁 *Tapinoma nigerrimum* (Nylander) 影响了天敌的防治效果。因此，如果在释放这些天敌之前对蚂蚁进行适当的控制，可以消除由蚂蚁照看所产生的间接作用。

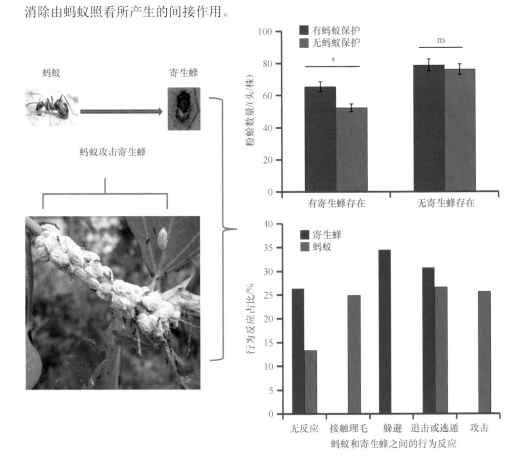

图 4-1　蚂蚁保护粉蚧免受天敌攻击的互惠关系
* 表示在 0.05 水平差异显著，ns 表示在 0.05 水平没有显著差异

除了干扰天敌，蚂蚁与扶桑绵粉蚧的互惠会加重粉蚧对寄主植物叶片光合生理的负面影响，从而利于扶桑绵粉蚧种群加速瓦解寄主植物的防御生理代谢（Huang and Zhang，2016）。此外，蚂蚁能通过访问粉蚧而间接改变寄主植物挥发性化合物的组分及含量，从而进一步影响寄生蜂的寄生行为。例如，扶桑绵粉蚧单独危害棉株时棉株会释放雪松醇，而在蚁蚧互惠情况下，则又新增加了甲基水杨酸酯与一种未鉴定化合物的释放，并且显著降低了烟酸甲酯的释放（Huang et al.，2017）。

（2）不同粉蚧间表观竞争对其种群扩张的影响

不同种粉蚧之间除了通过竞争寄主植物资源和它们的互惠对象而存在直接的种间竞争作用，还可能存在表观竞争关系。一些入侵粉蚧可能会因为本地粉蚧或蚜虫等其他蜜露昆虫的存在而获利，本地粉蚧或蚜虫所排放的蜜露吸引了蚂蚁，也间接地增加了蚂蚁照看入侵粉蚧的机会，从而促进了入侵粉蚧种群增殖。例如，由于蚜虫和扶桑绵粉蚧的同时存在，增加了红火蚁对两种蜜露昆虫的照料，因此两种蜜露昆虫种群数量都得以快速增长（Zhou et al.，2012c）。

另外，由于蚂蚁或天敌的存在，降低了与入侵粉蚧处于同一营养层的其他植食性昆虫的种群数量，因此入侵粉蚧获得更多的营养和空间资源，从而促进其种群扩张。例如，研究发现红火蚁的存在降低了寄主植物上与入侵粉蚧存在营养竞争的其他植食性昆虫（如美洲棘蓟马）的种群数量，抑制了美洲棘蓟马种群的竞争力，从而帮助入侵粉蚧获取更多的寄主营养资源，促进其种群快速繁衍（Huang et al.，2017）。田间调查发现，在同一株寄主植物上发生危害的木瓜秀粉蚧和扶桑绵粉蚧，由于班氏跳小蜂 Aenasius bambawalei Hayat 只寄生扶桑绵粉蚧，扶桑绵粉蚧种群降低，而木瓜秀粉蚧种群快速扩张，这种现象在 6～9 月班氏跳小蜂种群大发生时尤为明显。另外，在入侵粉蚧和班氏跳小蜂同时大发生时，由于一种重寄生蜂——南京刷盾跳小蜂 Cheiloneurus nankingensis Li & Xu 的存在，班氏跳小蜂种群数量大大降低，从而促进了入侵粉蚧种群快速增殖。

3. 人类活动对粉蚧种群扩张的影响

（1）农产品国际贸易和国际旅游

在从我国口岸进境农产品上截获的检疫性蚧虫中，粉蚧是截获量最大和截获批次最多的类群（顾渝娟等，2015a），口岸入境的水果、花卉苗木、蔬菜等农产品通常会携带外来粉蚧，因此口岸检疫压力巨大。近年来，新菠萝灰粉蚧、南洋臀纹粉蚧、大洋臀纹粉蚧等检疫性粉蚧的截获量逐年上升（顾渝娟等，2015a）。此外，随着国际旅游业的飞速发展，游客跨境携带的水果、花卉、行李物品及身着衣物等均可能携带粉蚧，导致入侵粉蚧的传播扩散风险提高。

（2）国内地区间农产品调运

随着交通和物流的快速发展，国内蔬菜、水果、花卉苗木等农产品调运频繁，极大地提高了入侵粉蚧从疫区向非疫区扩散的风险（Mani and Shivaraju，2016）。例如，2010 年 9 月新疆乌鲁木齐从广东、福建疫区调运金刚纂 Euphorbia neriifolia L.、蝴蝶兰等观赏花卉，直接导致了扶桑绵粉蚧的入侵危害（王俊等，2012）。

（3）农事操作

农事操作期间，农场作业的农机器具、劳动者衣服及毛发等会携带粉蚧，造成粉蚧种群的传播范围扩大；果树、园林植物修剪后，剪下的枝条可能会携带粉蚧，处理不当也会导致粉蚧传播扩散（Mani and Shivaraju，2016）。

第五章　预防与治理

一、风险评估与预警

外来入侵物种一旦入侵成功，要彻底根除极为困难，甚至成为不可能，而且用于控制其危害和扩散蔓延的代价极大，费用极为昂贵（Hobbs and Humphries，1995；Liebhold *et al.*，2015）。全球入侵物种计划（Global Invasive Species Program，GISP）的前主席 Waage 和 Reaser 博士曾提出过一个论点：对于入侵，预防比控制其暴发更为可行，也更为经济（Waage and Reaser，2001）。早期预警和主动预防同样也是应对粉蚧类害虫入侵最为有效的办法，入侵粉蚧类害虫的潜在地理分布及适生性分析是外来入侵物种风险评估的核心内容。

MaxEnt（maximum entropy）是一个密度估计和物种分布预测模型，是以最大熵理论为基础的一种选择模型方法，通过物种已知地理分布数据和环境数据找出物种概率分布的最大熵，从而对物种的地理分布进行估计和预测（Phillips *et al.*，2006；Elith *et al.*，2011）。MaxEnt 模型具有运行速度快、操作简单、预测较准确等优势，因而被广泛应用于多种外来入侵物种的潜在适生分布区预测，该模型显示的适生分布区格局，反映了昆虫在基础生态位和实际生态位中对空间需求的内在生物学特性（Guisan and Zimmermann，2000），均能较好地吻合物种的实际分布。

利用 MaxEnt 生态位模型，对扶桑绵粉蚧、木瓜秀粉蚧、新菠萝灰粉蚧、石蒜绵粉蚧、湿地松粉蚧、大洋臀纹粉蚧、南洋臀纹粉蚧、杰克贝尔氏粉蚧、美地绵粉蚧、马缨丹绵粉蚧、日本臀纹粉蚧、榕树粉蚧、真葡萄粉蚧、拟葡萄粉蚧、木薯绵粉蚧等多种粉蚧进行潜在适生区预测，为入侵粉蚧类害虫的控制与管理提供决策依据。

（一）扶桑绵粉蚧

预测结果表明，扶桑绵粉蚧在我国适生区域非常广泛，适生区面积占国土面积的56.8%，高、中、低适生区分别占国土面积的26.7%、11.7%、18.4%。高适生区主要分布在黄河以南的华南、西南、华中、华东地区，包括海南、广东、广西、云南大部、西藏局部、四川东部、重庆、贵州、湖南、湖北、河南、福建、台湾、江西、浙江、安徽、江苏、上海、山东大部等；中适生区主要分布在西南局部及黄河流域的华北、西北部分地区，包括云南北部、四川西南部、北京、天津、河北大部、山西中南部、陕西中南部、宁夏大部、内蒙古局部、甘肃局部及新疆中西部等；低适生区主要在中适生区边缘扩展区域及东北南部，包括西藏东南部、四川中部、河北北部、山西北部、陕西北部、内蒙古西部和东南部、甘肃大部、青海西北部、新疆中部及辽宁大部等区域；其余区域为非适生区（图5-1）。

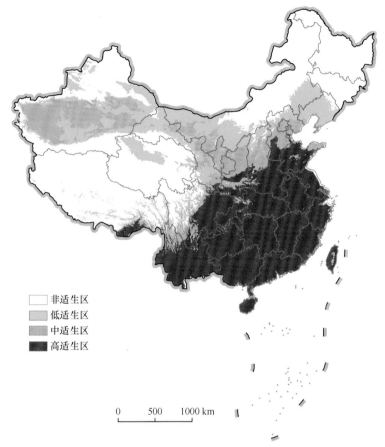

图 5-1　扶桑绵粉蚧在我国的潜在适生分布区
该图基于自然资源部标准地图服务网站下载的审图号为 GS（2019）1823 号的标准地图制作，底图无修改，下同

（二）木瓜秀粉蚧

预测结果表明，木瓜秀粉蚧的适生区主要分布在我国长江流域以南，适生
区面积占国土面积的 24.8%，高、中、低适生区面积分别占国土面积的 5.6%、
10.0%、9.2%。高适生区主要分布在华南、西南局部及华东局部地区，包括海南、
广东、广西、云南南部、福建大部、台湾大部等；中适生区主要分布在华南局部、
西南局部、华中及华东部分地区，包括广西北部、云南中部、西藏局部、四川东部、
重庆西部、贵州南部、湖南大部、湖北南部、福建西北部、台湾东部、江西大部、
浙江大部、安徽南部及上海等地；低适生区主要分布于中适生区边缘扩展区域，
包括云南西北部、四川局部、重庆东部、贵州北部、湖南局部、湖北中北部、河
南大部、浙江局部、安徽大部、江苏大部、山东西南角等；其余区域为非适生区
（图5-2）。

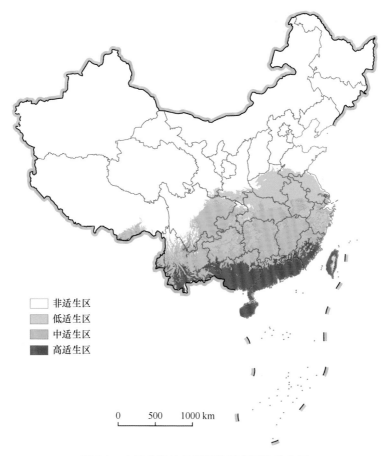

图 5-2　木瓜秀粉蚧在我国的潜在适生分布区

非适生区
低适生区
中适生区
高适生区

0　　500　　1000 km

（三）新菠萝灰粉蚧

预测结果表明，新菠萝灰粉蚧的适生区主要分布在我国长江流域以南，适生区面积占国土面积的 24.0%，高、中、低适生区面积分别占国土面积的 12.3%、7.7%、4.0%。高适生区主要分布在华南、西南、华中及华东部分地区，包括海南、广东、广西、云南南部、西藏局部、四川东南部、重庆西南部、贵州局部、湖南大部、福建大部、台湾大部、江西中东部、浙江大部、安徽南部、江苏局部、上海等；中适生区主要分布于贵州、四川东部、湖南局部、湖北中部及东部、江西西部、安徽南部、浙江北部、江苏南部等；低适生区主要分布于云南中部、陕西南部、河南南部、安徽北部、江苏北部等；其余区域为非适生区（图 5-3）。

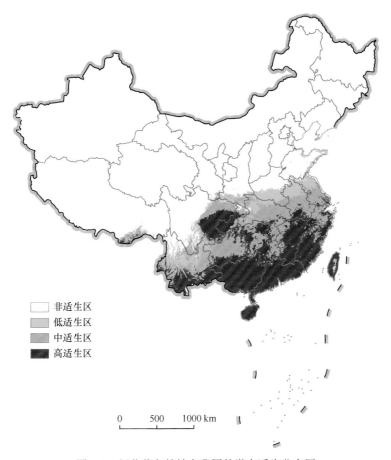

非适生区
低适生区
中适生区
高适生区

0　　　　500　　　1000 km

图 5-3　新菠萝灰粉蚧在我国的潜在适生分布区

（四）湿地松粉蚧

　　预测结果表明，湿地松粉蚧的适生区主要分布在我国东南部，适生区面积占国土面积的 15.7%，高、中、低适生区面积分别占国土面积的 8.1%、5.0%、2.6%。高适生区主要分布在华南、华中、华东部分地区，包括广东、广西大部、湖南中东部、湖北东南部、福建大部、台湾局部、江西、浙江大部、安徽大部、江苏西南零星地区等；中适生区主要分布在高适生区边缘扩展区域，包括海南中东部、广西西北部、湖南西部、湖北中部、台湾沿海、浙江局部、安徽西北部、江苏大部、上海、河南南部等；低适生区主要分布在西南局部及中适生区边缘扩展区域，包括海南南部、广西西北角、四川局部、重庆局部、贵州东南部、湖北西部、台湾局部、河南中部等；其余区域为非适生区（图 5-4）。

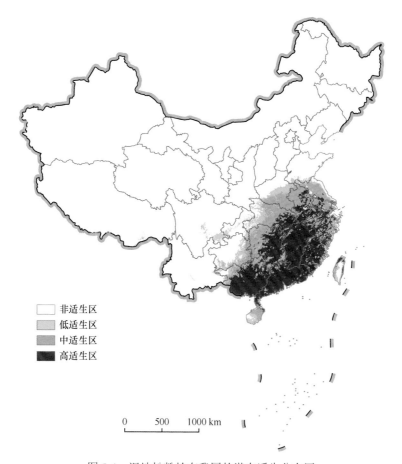

图 5-4　湿地松粉蚧在我国的潜在适生分布区

（五）大洋臀纹粉蚧

　　预测结果表明，大洋臀纹粉蚧的适生区主要分布在我国长江流域以南，适生区面积占国土面积的 17.5%，高、中、低适生区面积分别占国土面积的 4.1%、4.1%、9.3%。高适生区主要分布在华南、西南及华东局部地区，包括海南、广东大部、广西中南部、云南南部、西藏西南局部、福建东部沿海、台湾大部等；中适生区主要分布在华南局部、西南局部、华东部分地区，包括广东北部、广西北部、云南中南部、西藏西南局部、福建大部、台湾中部、江西东部、浙江南部沿海等；低适生区主要分布在西南局部、华中、华东部分地区，包括云南中部、四川东南部、重庆大部、贵州大部、湖南、湖北南部、江西中西部、浙江大部、安徽南部、江苏局部、上海等；其余区域为非适生区（图 5-5）。

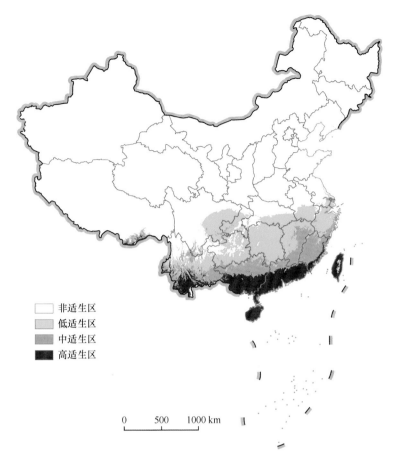

图 5-5　大洋臀纹粉蚧在我国的潜在适生分布区

（六）南洋臀纹粉蚧

预测结果表明，南洋臀纹粉蚧的适生区主要分布在我国长江流域以南，适生区面积占国土面积的 16.5%，高、中、低适生区面积分别占国土面积 3.5%、4.4%、8.6%。高适生区主要分布在华南、西南局部及华东局部地区，包括海南、广东大部、广西中南部、云南南部、西藏西南局部、台湾大部等；中适生区主要分布在华南、西南及华东局部地区，包括广东北部、广西北部、云南中部、西藏西南局部、四川中部局部、贵州西南部、福建大部、台湾局部、江西东北局部等；低适生区主要分布在西南、华中及华东部分地区，包括云南中北部、四川东部、重庆大部、贵州大部、湖南大部、湖北东南部及西南角、福建西北部、江西大部、浙江南部、安徽南部等；其余区域为非适生区（图 5-6）。

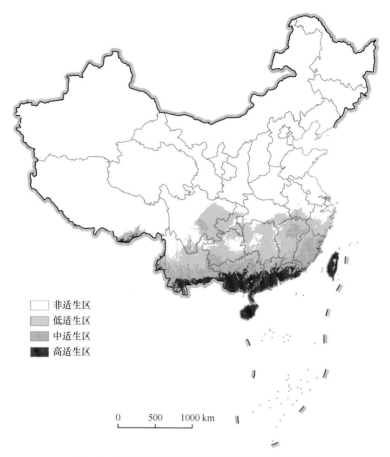

图 5-6　南洋臀纹粉蚧在我国的潜在适生分布区

（七）石蒜绵粉蚧

　　预测结果表明，石蒜绵粉蚧在我国的适生区域非常广泛，适生区面积占国土面积的 69.3%，高、中、低适生区分别占国土面积的 32.3%、20.3%、16.7%。高适生区主要分布在华南、西南、华中、华东、华北局部及西北局部地区，包括海南、广东、广西、云南、西藏西南局部、四川中南部、重庆、贵州、湖南、湖北、河南、福建、台湾、江西、浙江、安徽、江苏、上海、山东、北京中南部、天津、河北大部、山西中南部、陕西大部、宁夏大部、甘肃局部及新疆局部地区等；中适生区主要分布在西南局部、华北局部、西北及东北局部地区，包括西藏局部、四川局部、河北北部、山西北部、陕西北部、宁夏局部、内蒙古西部、甘肃大部、青海西北部、新疆大部及辽宁西南部等；低适生区主要分布在中适生区边缘扩展区域，包括西藏局部、四川局部、内蒙古局部、青海局部、新疆局部、辽宁中东部及吉林局部等；其余区域为非适生区（图 5-7）。

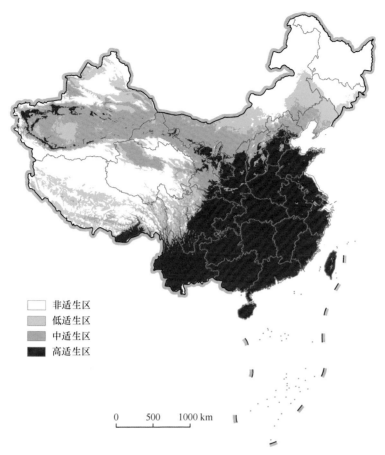

图 5-7 石蒜绵粉蚧在我国的潜在适生分布区

（八）美地绵粉蚧

预测结果表明，美地绵粉蚧的适生区主要分布在我国东半部，适生区面积占国土面积的 32.5%，高、中、低适生区面积分别占国土面积的 22.3%、5.6%、4.6%。高适生区主要分布在华南、西南、华中、华东及西北局部地区，包括海南、广东、广西、云南大部、西藏西南局部、四川东部、重庆大部、贵州、湖南、湖北、河南南部、福建、台湾、江西、浙江、安徽大部、江苏大部、陕西南部等；中适生区主要分布在西南、华中、华东、华北及西北局部地区，包括云南北部局部、四川局部、河南大部、安徽北部、江苏北部、山东、河北局部、陕西南部及甘肃局部等；低适生区主要分布在西南、华北、西北及东北局部地区，包括西藏局部、四川局部、北京、天津、河北中南部、山西南部、陕西中部、甘肃东南部、辽宁沿海区域等；其余区域为非适生区（图 5-8）。

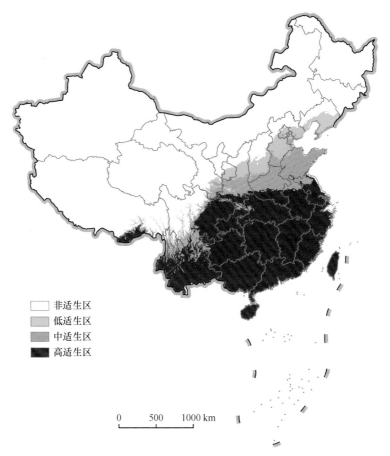

图 5-8　美地绵粉蚧在我国的潜在适生分布区

（九）杰克贝尔氏粉蚧

　　预测结果表明，杰克贝尔氏粉蚧的适生区主要分布在我国长江流域以南，适生区面积占国土面积的 22.5%，高、中、低适生区面积分别占国土面积的 4.2%、12.4%、5.9%。高适生区主要分布在华南、西南局部及华东局部地区，包括海南、广东大部、广西中南部、云南南部、福建沿海、台湾大部等；中适生区主要分布在华南、西南、华中、华东部分地区，包括广东北部、广西北部、云南南部、西藏西南局部、四川东部、重庆大部、贵州大部、湖南、湖北南部、福建大部、台湾东部、江西、浙江大部、安徽南部、江苏局部、上海等；低适生区主要分布在西南、华中、华东及西北局部地区，包括云南中部、西藏西南局部、四川局部、重庆局部、贵州西北部、湖北中北部、河南西南角、安徽中北部、江苏大部及陕西南部等；其余区域为非适生区（图 5-9）。

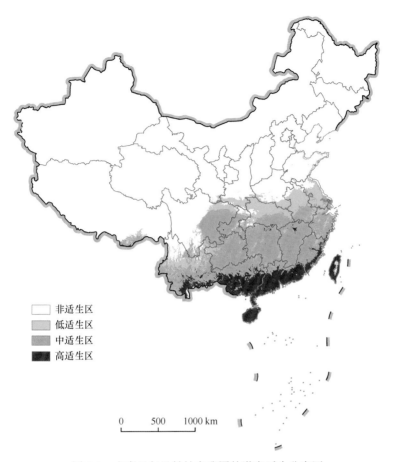

图5-9　杰克贝尔氏粉蚧在我国的潜在适生分布区

（十）马缨丹绵粉蚧

预测结果表明，马缨丹绵粉蚧的适生区主要分布在我国长江流域以南，适生区面积占国土面积的23.7%，高、中、低适生区面积分别占国土面积的4.8%、10.1%、8.8%。高适生区主要分布在华南、西南、华东局部地区，包括海南、广东大部、广西中南部、云南南部、西藏西南局部、台湾大部等；中适生区主要分布在华南局部、西南、华中、华东地区，包括广东北部、广西北部、云南中北部、西藏西南局部、四川中东部、重庆大部、贵州大部、湖南局部、湖北局部、福建、台湾局部、江西东部、浙江东南部、安徽局部、江苏沿海及上海等；低适生区主要分布在西南局部、华中、华东及西北部分地区，包括云南西北部、西藏西南局部、四川局部、贵州局部、湖南大部、湖北大部、河南南部、江西中西部、浙江中北部、安徽大部、江苏大部及陕西南部等；其余区域为非适生区（图5-10）。

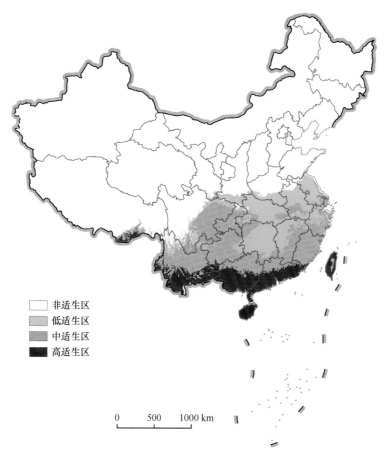

图 5-10 马缨丹绵粉蚧在我国的潜在适生分布区

（十一）日本臀纹粉蚧

预测结果表明，日本臀纹粉蚧的适生区主要分布在我国东部及西部局部地区，适生区面积占国土面积的36.4%，高、中、低适生区面积分别占国土面积的20.1%、7.7%、8.6%。高适生区主要分布在华南、西南局部、华中、华东及西北零星地区，包括广东、广西、云南边境、西藏西南局部、四川东部、重庆大部、贵州大部、湖南、湖北、河南南部、福建大部、台湾、江西、浙江、安徽、江苏、上海、山东南部及陕西南部零星地区等；中适生区主要分布在华南、西南、华中、华东、华北、西北及东北局部地区，包括海南大部、云南中部、四川局部、河南大部、福建局部、山东大部、北京、天津、河北中南部、陕西局部、新疆局部及辽宁东部等；低适生区主要分布在西南、华北、西北及东北局部地区，包括云南中北部、四川南部局部、河北局部、山西南部、陕西局部、新疆中部局部、辽宁大部、吉林南部等；其余区域为非适生区（图5-11）。

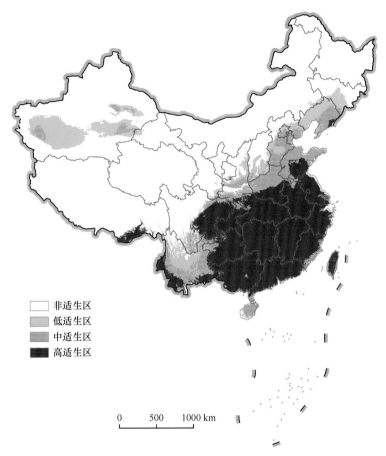

图 5-11　日本臀纹粉蚧在我国的潜在适生分布区

（十二）榕树粉蚧

预测结果表明，榕树粉蚧的适生区主要分布在我国东半部，适生区面积占国土面积的 30.3%，高、中、低适生区面积分别占国土面积的 13.0%、12.9%、4.4%。高适生区主要分布在华南、西南、华中、华东地区，包括海南、广东、广西、云南南部、西藏西南局部、四川东部、重庆大部、贵州南部、湖南西北部、湖北大部、河南东南部、福建西部、台湾、江西东部、浙江局部、安徽中部、江苏中南部、上海等；中适生区主要分布在西南、华中、华东、华北及西北局部地区，包括云南中部、四川局部、重庆局部、贵州中北部、湖南大部、湖北局部、福建东部沿海、江西西部、浙江大部、安徽局部、江苏北部、山东、北京南部、天津、河北局部、陕西南部等；低适生区主要分布在西南、华中、华北、西北及东北局部地区，包括云南西北部、四川局部、河南西北部、河北中东部、山西南部、陕西南部、甘肃局部、辽宁沿海区域等；其余区域为非适生区（图5-12）。

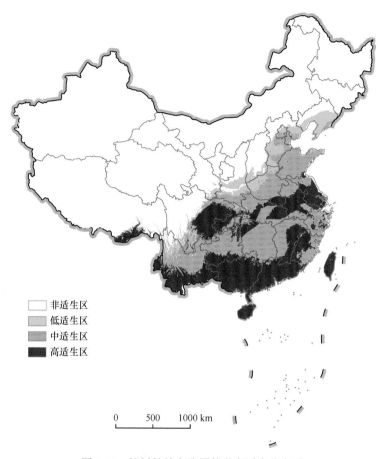

图 5-12　榕树粉蚧在我国的潜在适生分布区

（十三）真葡萄粉蚧

　　预测结果表明，真葡萄粉蚧在我国的适生区域十分广泛，适生区面积占国土面积高达 80.3%，高、低、中适生区面积分别占国土面积的 34.6%、32.1%、13.6%。高适生区主要分布在华南、西南、华中、华东、华北及西北地区，包括海南、广东、广西、云南中南部、西藏东南局部、四川东部、重庆大部、贵州大部、湖南、湖北大部、福建、台湾西部、江西、浙江、安徽、江苏、上海、山东、北京大部、天津、河北中南部及东北角、山西南部、陕西南部、内蒙古局部、新疆大部等；中适生区主要分布在西南、华东、华北、西北及东北地区，包括云南中北部、四川局部、重庆局部、台湾东部、河北北部、山西大部、陕西中北部、宁夏大部、内蒙古大部、甘肃大部、青海局部、新疆中北局部、辽宁、吉林大部、黑龙江大部等；低适生区主要分布在中适生区边缘扩展区域，包括西藏局部、四川西部、内蒙古东北部、甘肃局部、青海北部、新疆局部、吉林局部及黑龙江西北部等；其余区域为非适生区（图 5-13）。

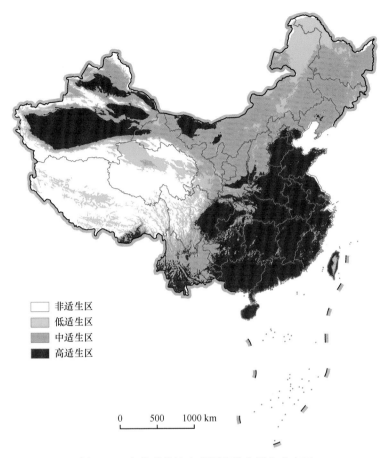

图 5-13 真葡萄粉蚧在我国的潜在适生分布区

（十四）拟葡萄粉蚧

预测结果表明，拟葡萄粉蚧的适生区主要分布在我国长江流域以南，适生区面积占国土面积的23.5%，高、中、低适生区面积分别占国土面积的1.3%、10.2%、12.0%。高适生区主要零星分布在华南、西南、华中及华东地区，包括广东北部、广西东北部、云南南部、湖南局部、福建局部、台湾东部、江西局部、浙江局部等；中适生区主要分布在华南、西南、华中及华东地区，包括广东中北部、广西北部、云南大部、西藏西南局部、四川中部、重庆局部、贵州大部、湖南局部、湖北西南部、福建大部、台湾局部、江西局部、浙江中南部、安徽局部等；低适生区主要分布在华南、西南、华中、华东、西北地区，包括海南局部、广东中南部、广西大部、云南局部、四川东部、重庆大部、贵州局部、湖南大部、湖北大部、河南局部、台湾局部、江西中北部、浙江中北部、安徽南部、江苏大部、上海、山东东部沿海区域、陕西南部、甘肃西南局部等；其余区域为非适生区（图5-14）。

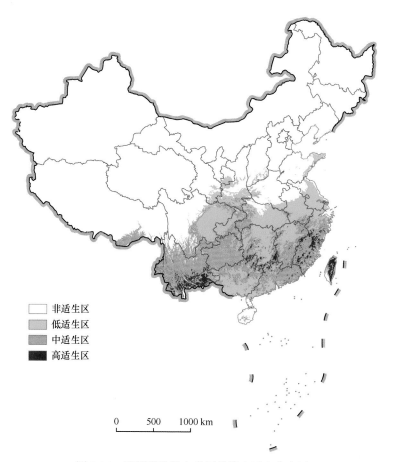

图 5-14　拟葡萄粉蚧在我国的潜在适生分布区

非适生区
低适生区
中适生区
高适生区

0　　500　　1000 km

（十五）木薯绵粉蚧

　　预测结果表明，木薯绵粉蚧的适生区主要分布在我国南部，适生区面积占国土面积的 7.5%，高、中、低适生区面积分别占国土面积的 0.2%、2.0%、5.3%。高适生区主要分布在华南、西南及华东局部地区，包括海南中南部、云南南部边境、台湾南部等；中适生区主要分布在华南、西南及华东部分地区，包括海南大部、广东西南部、广西西南部、云南南部、西藏西南局部、台湾西部沿海区域等；低适生区主要分布在华南、西南及华东部分地区，包括广东中北部、广西大部、云南中北部、西藏西南局部、四川南部局部、贵州西南局部、福建中东部、台湾局部等；其余区域为非适生区（图 5-15）。

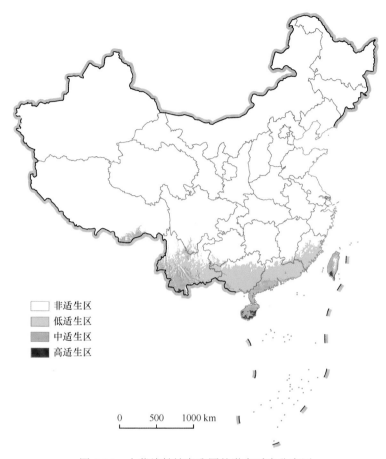

非适生区
低适生区
中适生区
高适生区

0　　500　　1000 km

图 5-15　木薯绵粉蚧在我国的潜在适生分布区

二、调查与监测

调查与监测是入侵粉蚧科学防控的基础和前提，及时发现入侵粉蚧的发生分布及危害，掌握入侵粉蚧的发生规律，可为采取灭除处理及进行科学合理防控提供参考。因此，开展入侵粉蚧的调查监测是一项非常重要和必要的基础性工作。本节以扶桑绵粉蚧、新菠萝灰粉蚧和湿地松粉蚧为例介绍入侵粉蚧的种群监测方法。

（一）扶桑绵粉蚧种群监测方法

本小节详细介绍了扶桑绵粉蚧的野外监测方法，包括监测方法的设计和工作准备、调查内容的记载方法及疫情的报告程序（万方浩等，2011）。

1. 扶桑绵粉蚧在我国的重点监测区域

目前，扶桑绵粉蚧在我国广东、海南、广西、福建、云南、四川、江西、湖南、浙江、湖北、安徽、江苏、新疆、河北、上海、重庆、天津的部分地区已有分布，应作为监测的重点地区。除了上述地区，周边省份也有必要开展调查工作，重点防止该虫传入棉花产区。

2. 监测调查内容

监测调查内容包括扶桑绵粉蚧的分布区（点）、危害的寄主植物、不同虫态的标本采集、寄主标本的收集、对不同寄主的危害程度等。

3. 调查工具准备

调查工具包括定位导航仪、相机、放大镜、记录夹、小玻璃瓶（大量）、95%乙醇、镊子、枝剪、大塑料袋、植物标本夹、标准记录表格及笔。

4. 监测方法

（1）分布区（点）的调查

采用定位导航仪对分布点进行记录；朱槿的分布作为初步调查地点选取的依据，在1km范围内，只要有朱槿分布的地点，不管是否发现虫害，即作为一个调查地点，记录经纬度，进行该虫的分布调查。如果在其他植物上发现有疑似扶桑绵粉蚧，迅速将标本送鉴定专家小组鉴定，如果确定为扶桑绵粉蚧，则将该植物增加为新的调查寄主，调查方法与针对朱槿的调查方法相同。

（2）标本的收集

采集所调查植物上所有粉蚧类害虫，采用乙醇浸泡标本，在不同地点采集的标本分别用小玻璃瓶装放（注意：分子生物学实验的特殊保存要求），同时将其他非粉蚧有害生物一并采回鉴定。对于发生严重的地点，条件允许时，可将树枝采回，同时注意天敌种类的收集和饲养。

（3）寄主标本的采集与识别

携带植物标本夹，采集在野外无法识别的植物种类，按照植物标本采集方法压放植物标本。

（4）发生历史的调查

在有条件询问的情况下，询问相关管理部门人员（如园林工人、植物保护部门或附近居民）虫害发生情况、种苗来源情况及该虫发生历史。

（5）发生点周围环境条件的记录

对虫害发生地周围的主要植物种类、植被组成、植株大小等进行记录，同时记录周围是否有大型苗木场、口岸、机场、进出口基地等，分析该虫害是否有进一步传播和扩散的可能性，探讨该虫可能的发生源头。

5. 发生区危害等级的划分

（1）危害株率

第一级：无扶桑绵粉蚧危害，植株危害率为0%。

第二级：初级危害区，平均植株危害率为0%～10%。

第三级：轻度危害区，平均植株危害率为10.1%～20%。

第四级：中度危害区，平均植株危害率为20.1%～40%。

第五级：严重危害区，平均植株危害率为40%以上。

（2）单株危害虫量

第一级：无扶桑绵粉蚧危害，调查虫口数量为0头。

第二级：初级危害区，平均单株危害虫量为0～10头。

第三级：轻度危害区，平均单株危害虫量为11～30头。

第四级：中度危害区，平均单株危害虫量为31～100头。

第五级：严重危害区，平均单株危害虫量为100头以上。

6. 疫情报告

扶桑绵粉蚧调查与监测由专业技术人员实施。调查中凡发现粉蚧类害虫，应采集标本置于乙醇中浸泡，及时送专业鉴定人员做分类鉴定。对于确认是扶桑绵粉蚧的样品，应向省级植物检疫机构和标本采集单位提交鉴定报告，并及时向当地植物检疫部门和省级植物检疫部门汇报。

在上述调查监测中，一旦发现疫情，由省级农业主管部门向省级政府报告并通过有关程序将该地区划为疫区。严格实行疫情报告制度，发现新疫情必须于24h内逐级上报，疫区农业行政主管部门要每7天逐级向上级政府和主管部门报告疫情发生及封锁控制工作情况。

（二）新菠萝灰粉蚧种群监测方法

新菠萝灰粉蚧在我国目前主要危害剑麻植物，在凤梨及花卉上也发生危害。因此在野外进行调查时需结合不同的寄主进行仔细调查与监测，做好监测工作，杜绝该粉蚧的扩散蔓延。新菠萝灰粉蚧的监测方法如下（万方浩等，2011）。

1. 调查

（1）访问调查

向当地居民询问有关新菠萝灰粉蚧的发生地点、发生时间、危害情况，分析新菠萝灰粉蚧的传播扩散情况及其来源。对在询问过程中发现的新菠萝灰粉蚧可疑存在地区进行深入重点调查。

（2）实地调查

1）调查区域分类。

田间种植区：重点调查剑麻、凤梨及甘蔗等种植区。

园林花卉区：重点调查园林花卉区及城市绿化带。

产品检测：各种潜在危害寄主的产品检测，如凤梨、杧果、番茄等。

2）调查方法。

田间种植区：在调查区进行五点取样，每个点调查5株，调查和记录新菠萝灰粉蚧发生的数量。每块调查区面积不少于1亩，记录新菠萝灰粉蚧危害寄主、危害程度和发生面积。

园林花卉区：随机选取，调查样本不少于10株。记录新菠萝灰粉蚧危害寄主、地点和危害程度。

产品检测：加强对出入境或国内疫区向非疫区调运的该粉蚧潜在危害的苗木或果实等产品的检测，如凤梨、杧果、番茄等。仔细检查寄主叶片、根茎部和果实。

观察有无新菠萝灰粉蚧危害，采集粉蚧雌成虫进行室内镜检，确定是否有新菠萝灰粉蚧，记录新菠萝灰粉蚧发生面积、密度、危害植物。

2. 监测

（1）监测区的划定

1）发生点：将新菠萝灰粉蚧发生田块外缘周围100m以内的范围划定为一个发生点（两个发生田块距离在100m以内为同一发生点）；划定发生点时若遇河流和公路，应以河流和公路为界，其他可根据当地具体情况进行适当的调整。

2）发生区：将发生点所在的建制村（居民委员会）区域划定为发生区；发生点跨越多个建制村（居民委员会）的，将所有跨越的建制村（居民委员会）划为同一发生区。

3）监测区：将发生区外围5km的范围划定为监测区；在划定边界时若遇到水面宽度大于5km的湖泊和水库，以湖泊或水库的内缘为界。

（2）监测方法

根据新菠萝灰粉蚧的传播扩散特性，采取沿线调查与随机调查相结合的方法。在监测区的每个村庄、社区、街道山谷、河溪两侧湿润地带，以及公路和铁路沿线的人工林地等地设置不少于 10 个固定监测点，每个监测点选 5 个点，每个点调查 5 株，悬挂明显监测位点牌，定期进行调查。随机调查样本每个点不少于 10 株。

3. 样本采集与寄送

在调查中如发现可疑新菠萝灰粉蚧，将样本用 90% 乙醇浸泡，标明采集时间、采集地点及采集人。将每点采集的粉蚧集中于一个标本瓶中，送粉蚧分类鉴定专家进行鉴定。

4. 调查人员

调查人员为经过培训的农业技术人员，已掌握新菠萝灰粉蚧的基本形态学、生物学特性、危害症状及调查监测方法和手段等。

5. 危害程度划分

新菠萝灰粉蚧在不同寄主上的危害程度及其发生数量有较大的差异，必须对该粉蚧进行危害程度监测。以危害严重的剑麻植物为指标，对新菠萝灰粉蚧的危害程度划分如下。

第一级：初级危害，平均单株危害虫量为 0～5 头。

第二级：轻度危害，平均单株危害虫量为 6～50 头。

第三级：中度危害，平均单株危害虫量为 51～100 头。

第四级：较重危害，平均单株危害虫量为 101～200 头。

第五级：严重危害，平均单株危害虫量为 200 头以上。

新菠萝灰粉蚧未发生危害的地方为非疫区，发生危害的地方为疫区。疫区根据该粉蚧发生危害程度可分为一般发生区和严重发生区，在调查时要密切关注严重发生区的粉蚧种群动态。若新菠萝灰粉蚧发生数量较多且以雌成虫为主，在适宜的条件下可导致该粉蚧的暴发。

6. 调查结果处理

调查监测中，一旦发现新菠萝灰粉蚧，及时总结上报，并定期逐级向上级政府和有关部门报告调查监测情况。

（三）湿地松粉蚧种群监测方法

湿地松粉蚧的入侵和不断扩散蔓延对我国的松属植物资源与自然生态环境造成了严重破坏。为了系统科学地把握湿地松粉蚧虫情，有效地指导其防控工作，下面详细介绍其监测方法。

1. 监测范围

湿地松粉蚧适生区及低虫口分布区均为监测范围，重点是与发生区主风方向一致的湿地松人工林和其他松林、苗圃和花卉盆景市场。

2. 监测时间

监测调查的时间以蚧虫盛发期为主，如广东地区通常在5～6月或10～11月。不同地区有所差异。

3. 监测方法

采用踏查、定点监测和样地调查相结合的方法。

（1）踏查

在监测范围内，选择有代表性的路线进行调查，发现受害松树要取样调查；如无异常，可每隔500m选取样树进行调查。

检查新枝梢顶端和新、老针叶交界处的老针叶基部是否有湿地松粉蚧蜡包或煤污病发生。若有发生，应确定虫口密度（头/枝梢）及分布面积。

（2）定点监测

1）监测点的设置：沿从疫区边缘向无虫区的方向按棋盘式设点监测。在重点地区向内每隔1～2km设立一个粘捕监测点。监测点应根据林分组成、坡向、坡位及虫源地方向，设在山的较高处，面向疫区。

2）监测方法：采用粘捕监测方法时，应在林间开阔地或树冠下离地面约1.6m以上，沿与疫区边缘线平行方向悬挂20cm×40cm双面有胶的胶片10块或涂有凡士林的载玻片10块，每2天替换一次，并收回室内镜检，检查是否粘到湿地松粉蚧初孵若虫和雄成虫，连续监测1个月，并在地形图上标出。

（3）样地调查

在踏查和定点监测的基础上，发现虫情后再设样地（临时标准地）调查，具体检查虫口密度、有虫株率、危害程度及虫口存活情况。

样地的设置及数量：样地的数量因松林面积大小而异，照顾到全面性和代表性，根据踏查划分的发生类型，同一类型连片的松林每100hm²、零星分布的松林以林业作业小班或山头为单位设一个3亩样地，在样地内以平行线隔株法（与坡面等高线平行）随机选样树20～30株调查。

样树调查方法：确定样树后，在每株树冠中部的东、南、西、北四个方向调查顶端新梢10枝，每枝约10cm长。统计有虫株率、每枝梢虫口密度。调查结果填入表，并在1:5万的地形图上标出。

4. 监测结果处理

将调查结果表整理、汇总，写出调查报告，绘制虫情分布图，并在5日内上报各级主管部门。

5. 发生程度分级标准

轻度：有虫株率为 30% 以下，平均每个枝条有雌蚧（或蜡包）5 头以下。

中度：有虫株率为 30%～50%，平均每个枝条有雌蚧（或蜡包）5～10 头。

重度：有虫株率为 50% 以上，平均每个枝条有雌蚧（或蜡包）10 头以上；或已出现新针叶缩短、嫩梢枯死现象。

三、植 物 检 疫

植物检疫是通过法律、行政和技术手段，防止危险性植物病、虫、杂草和其他有害生物进行人为传播，保障农林业安全、促进贸易发展的措施。植物检疫是植物保护领域中的一个重要组成部分，其内容涉及植物保护中预防、杜绝或铲除的各个方面，也是最有效、最经济、最值得提倡的一种防范措施。

检疫概念最早是在 1403 年提出的，当时的威尼斯规定，凡从国外驶抵威尼斯港口的船只，必须强制在港外停泊 40 天，以便检查船上人员是否感染有威胁人们生命的黑死病、霍乱、疟疾等传染性疾病。1951 年联合国粮食及农业组织（Food and Agriculture Organization of the United Nations，FAO）通过一个有关植物保护的多边国际协议，旨在防止害虫的传入和蔓延，保护栽培和野生的植物，即国际植物保护公约（International Plant Protection Convention，IPPC）。该公约在 1952 年生效，并在 1979 年和 1997 年分别进行了 2 次修改，截至 2022 年 9 月，IPPC 有 184 个缔约方，中国于 2005 年加入，是第 141 个缔约方（王晓亮等，2021），并于 2006 年 7 月 1 日起严格执行 IPPC 制定的国际植物检疫措施标准。

中国的植物检疫始于 20 世纪 30 年代。原实业部商品检验局曾制定的《植物病虫害检验施行细则》于 1934 年 10 月公布实行，但仅在上海、广州等少数口岸执行。1949 年以后，在对外贸易部商品检验局下设置了植物检疫机构，建立了中国统一的植物检疫制度，颁布了《输出输入植物病虫害检验暂行办法》，并陆续在中国海陆口岸开展对外植物检疫工作。1991 年，《中华人民共和国进出境动植物检疫法》正式颁布。2007 年，农业部（现农业农村部）发布第 862 号公告，与原国家质量监督检验检疫总局联合制定《中华人民共和国进境植物检疫性有害生物名录》，后经几次增补，截至 2021 年名录中共有植物检疫性有害生物 446 种（属）。

目前，进境检疫性粉蚧科害虫有 6 种，分别为扶桑绵粉蚧、大洋臀纹粉蚧、南洋臀纹粉蚧、木薯绵粉蚧、香蕉灰粉蚧 Dysmicoccus grassi (Leonardi) 和新菠萝灰粉蚧（顾渝娟等，2015a；钟勇等，2019）。据悉，木瓜秀粉蚧等也有望增补入名录。

入侵粉蚧在我国属于局域性分布物种，主要借助农产品、种子、苗木及农资转运等方式进行人为传播，因此，加强不同地区之间的检疫是阻断、杜绝和控制粉蚧进一步传播扩散的一项有效措施。在粉蚧疫区，农产品、苗木及种子等应严格进行产地检疫和调运检疫，以免携带粉蚧传播到非疫区，一旦粉蚧入侵定殖，将对当地农林作物造成毁灭性损失，必须加强检疫除害处理。

目前在植物检疫处理中采用的技术手段有熏蒸、药剂喷洒、辐射、冷处理、热处理、暴晒、水浸、剥皮、解板、微波等多种，而针对粉蚧较为常用的除害处理方法有药剂处理和辐照处理两种。

1. 药剂处理

药剂处理是指采用化学药剂灭杀、灭活或消除有害生物或使有害生物不育或失活的处理程序，包括药剂浸泡（chemical immersing）和熏蒸（fumigation）两种方法。

药剂浸泡处理是指将处理对象放入特定容器中，并在容器中加入按特定要求配制的农药，对目标有害生物进行杀灭或灭活的过程。该处理方法适用于较小型裸根苗木、扦插苗，某些适合的切花、裸根苗木、培养介质、观赏或繁殖用球茎类植物产品。马骏等针对扶桑绵粉蚧制定了高效氯氟氰菊酯（cyhalothrin）、吡虫啉（imidacloprid）、啶虫脒（acetamiprid）、马拉硫磷（malathion）、毒死蜱（chlorquinol）、40% 马拉·杀扑磷（malathion-methidathion）、氧化乐果（omethoate）6 种化学药剂浸泡处理的剂量指标［参见《扶桑绵粉蚧药剂除害处理操作规程》（SN/T 3891—2014）］。

药剂熏蒸处理是指在特定的密闭空间内，使用熏蒸剂对特定的有害生物进行杀灭或灭活的过程。熏蒸处理是使用最广泛和最简便的检疫处理手段，适用于带虫的苗木、盆景或大型植株、草皮、蔬菜、水果及其运输工具等。熏蒸药剂有溴甲烷（methyl bromide）、磷化氢（phosphide）和甲酸乙酯（ethyl formate）等，考虑到对环境和水果等的负面影响，磷化氢、甲酸乙酯代替溴甲烷作为熏蒸剂已在全球范围内得到接受。溴甲烷具有强烈的熏蒸作用，能高效、广谱地杀灭各种有害生物，但由于其消耗臭氧层正逐步被淘汰，溴甲烷熏蒸处理已被应用于扶桑绵粉蚧、菠萝灰粉蚧和新菠萝灰粉蚧防控，以 21～25℃ 下 38g/m^3 剂量、26～30℃ 下 25g/m^3 剂量熏蒸 2h 为扶桑绵粉蚧安全检疫处理的技术指标（马骏等，2012a）。采用 25℃ 下 25g/m^3 剂量、19℃ 下 40g/m^3 剂量熏蒸 2h 可以使菠萝灰粉蚧和新菠萝灰粉蚧达到安全检疫处理要求（马骏等，2012b）。气态磷化氢具有杀虫谱广、穿透力强、毒力高、对水果损伤性小、生产成本低等特点，是一种潜在的溴甲烷替代熏蒸剂，在进口凤梨等水果熏蒸中有较好的应用前景，利用一定浓度的磷化氢熏蒸 4h 可有效灭杀进口菠萝中南洋臀纹粉蚧，且对凤梨品质无不利影响（赵天泽等，2019）。甲酸乙酯是一种环境友好型熏蒸剂，多应用于熏蒸仓储害虫，近年来在水果检疫熏蒸中应用较多，20℃ 下 25g/m^3 甲酸乙酯熏蒸 3h 可作为进口山竹所携带南洋臀纹粉蚧检疫处理的备选技术指标（高明等，2019）；13℃ 使用 90g/m^3 甲酸乙酯熏蒸 2.5h 可完全杀灭杰克贝尔氏粉蚧，且对香蕉品质无不利影响（徐文雅等，2019）；刘涛等（2016）制定了重要绿植上扶桑绵粉蚧的甲酸乙酯检疫熏蒸处理方法，甲酸乙酯可有效杀灭绿萝、金刚纂、蝴蝶兰、霸王鞭 Euphorbia royleana Boiss. 和富贵竹 Dracaena sanderiana Sander 等商业绿植携带的扶桑绵粉蚧，在国内调运检疫和出口检疫中有较好的应用前景。

2. 辐照处理

在各种检疫处理技术中，辐照因具有操作简便、对产品无任何残留污染、不影响辐照产品质量等特点，在水果等食用农产品检疫处理中应用潜力巨大。针对水果和蔬菜上新菠萝灰粉蚧、南洋臀纹粉蚧与大洋臀纹粉蚧等检疫性粉蚧，采用 130～280Gy 的 γ 射线辐照处理，可有效阻止雌成虫生殖。例如，采用 240Gy 辐照处理菠萝灰粉蚧和新菠萝灰粉蚧 3 龄若虫与雌成虫，有效抑制了两种粉蚧繁殖（马骏等，2013）；以 130Gy 剂量处理扶桑绵粉蚧 3 龄若虫和雌成虫，同样可达到检疫除害的目的（马骏等，2012c）。

四、农业防治

针对入侵粉蚧的发生和危害规律，制订合理的农业防治策略和措施。对于扶桑绵粉蚧等入侵粉蚧，其主要越冬场所为土壤，因此可在早春越冬虫源出土前彻底翻耕土地（Tanwar et al.，2007）。对于果蔬、园林苗木与花卉等，可建立健康种苗圃，培育出无虫苗进行移栽，避免幼苗携带粉蚧虫源。

由于所有粉蚧进入 2 龄若虫期后基本上在危害的寄主叶片或枝茎上不活动，也会随枯枝落叶飘落到地上，因此对于粉蚧类害虫，比较有效的农业防治措施是及时清洁田园，清除枯枝败叶，减少虫口数量。此外，一些杂草可作为粉蚧的中间寄主，应及时清除农田内或田埂及周边滋生的杂草，杜绝杂草上的虫源转移到作物上危害（Tanwar et al.，2007；林晓佳等，2013）。

在田间，蚂蚁与粉蚧是亲密的"搭档"，但当蚂蚁遇到障碍物时，通常不会爬上去越过障碍，所以可通过设置与田边平行的障碍（如篱笆、栅栏等），将蚂蚁与田地隔绝，控制蚂蚁数量，从而达到抑制粉蚧种群的目的（林晓佳等，2013）。另外，也可在粉蚧发生初期，结合农事操作、人工器械修剪，剪去虫枝，集中烧毁，或用刷子刷除粉蚧（林晓佳等，2013）。

五、生物防治

生物防治是利用一种生物种群通过捕食、寄生、致病或竞争的方式降低另外一种生物的种群数量（Van Driesche and Bellow，1996）。生物可自我繁衍、扩散，并持续攻击，因此生物防治被认为是最长期有效的方法（Moore，1988；Joshi *et al.*，2010）。对害虫进行生物防治，具持久、环境友好、自行扩散、费用低等优点（Iqbal *et al.*，2016），日益受到重视。

（一）粉蚧天敌种类

自然界中，粉蚧的天敌资源十分丰富，主要包括捕食性天敌、寄生性天敌及致病微生物等（表5-1）。粉蚧的捕食性天敌主要有瓢虫科、草蛉科、粉蛉科、褐蛉科、灰蝶科、夜蛾科、食蚜蝇科、瘿蚊科、斑腹蝇科、果蝇科、花蝽科，以及蜘蛛、螳螂、步甲及捕食性蓟马等种类（陈华燕等，2011；Shylesha and Mani，2016），但有部分种类未发现可捕食入侵粉蚧（表5-1）。粉蚧的寄生性天敌主要有膜翅目的跳小蜂科、广腹细蜂科、蚜小蜂科、金小蜂科、茧蜂科、匙胸瘿蜂科、棒小蜂科和Eulopidae科等（Shylesha and Mani，2016；何衍彪等，2017），而报道的可寄生入侵粉蚧的仅有跳小蜂科、蚜小蜂科、广腹细蜂科（表5-1）（陈华燕等，2011；李金峰等，2020）。而在致病微生物中，仅有昆虫病原菌和昆虫病原线虫可自然感染粉蚧（表5-1），其中病原菌仅限于接合菌亚门（仅限于接合菌纲的毛霉菌目和虫霉目）和半知菌亚门，病原线虫主要有斯氏线虫科和异小杆线虫科（Shylesha and Mani，2016）。

表 5-1　粉蚧天敌种类名录

类别	目	科	种类	粉蚧种类
捕食性天敌	鞘翅目 Coleoptera	瓢虫科 Coccinellidae	纵条瓢虫 *Brumoides suturalis* (Fab.)	南洋臀纹粉蚧、扶桑绵粉蚧、木瓜秀粉蚧
			孟氏隐唇瓢虫 *Cryptolaemus montrouzieri* Mulsant	扶桑绵粉蚧、新菠萝灰粉蚧、湿地松粉蚧、木瓜秀粉蚧等多种粉蚧
			六斑月瓢虫 *Menochilus sexmaculatus* (Fab.)	扶桑绵粉蚧、木瓜秀粉蚧
			Diomus hennesseyi Fiirsch	木薯绵粉蚧
			Exochomus flaviventris Mader	木薯绵粉蚧
			Exochomus troberti Mulsant	木薯绵粉蚧
			黄足光瓢虫 *Exochomus flavipes* (Thunberg)	木薯绵粉蚧
			Exochomus concavus Fursch	木薯绵粉蚧
			异色瓢虫 *Harmonia axyridis* (Pallas)	扶桑绵粉蚧
			八斑和瓢虫 *Harmonia octomaculata* (Fab.)	扶桑绵粉蚧

续表

类别	目	科	种类	粉蚧种类
捕食性天敌	鞘翅目 Coleoptera	瓢虫科 Coccinellidae	*Hyperaspis maindroni* Sicard	南洋臀纹粉蚧
			猫斑长足瓢虫 *Hippodamia convergens* (Guerin-Meneville)	扶桑绵粉蚧
			多异瓢虫 *Hippodamia variegata* (Goeze)	扶桑绵粉蚧
			Hyperaspis silvestrii Weise	新菠萝灰粉蚧
			Hyperaspis marmottani (Fairm.)	木薯绵粉蚧
			Hyperaspis senegalensis hottentotta Mulsant	木薯绵粉蚧
			Hyperaspis raynevali Mulsant	木薯绵粉蚧
			Hyperaspis aestimabilis Mader	木薯绵粉蚧
			Hyperaspis pumila Mulsant	木薯绵粉蚧
			Hyperaspis onerata (Mulsant)	木薯绵粉蚧
			Horniolus vietnamicus Miyatake	南洋臀纹粉蚧
			双带盘瓢虫 *Lemnia bilagiata* (Swartz)	扶桑绵粉蚧
			圆斑弯叶毛瓢虫 *Nephus quadrimaculatus* (Kamiya)	扶桑绵粉蚧
			Nephus vetustus Weise	木薯绵粉蚧
			弯叶毛瓢虫 *Nephus regularis* Sicard	扶桑绵粉蚧
			龟纹瓢虫 *Propylaea japonica* (Thunberg)	扶桑绵粉蚧
			Scymnus pallidicollis Mulsant	南洋臀纹粉蚧
			五斑方瓢虫 *Sasajiscymnus quinquepunctatus* (Weise)	木瓜秀粉蚧
			Scymnus coccivora Ayyar	南洋臀纹粉蚧、扶桑绵粉蚧、木瓜秀粉蚧
			Scymnus severini Weise	南洋臀纹粉蚧
			Scymnus margipallens Mulsant	新菠萝灰粉蚧
			Scymnus couturier Chazeau	木薯绵粉蚧
			Scymnus uncinatus Sicard	新菠萝灰粉蚧
			Scymnus horni Gorham	新菠萝灰粉蚧

续表

类别	目	科	种类	粉蚧种类
捕食性天敌	双翅目 Diptera	瘿蚊科 Cecidomyiidae	*Coccodiplosis citri* Barnes	木薯绵粉蚧
			Cleodiplosis aleyrodici (Felt)	新菠萝灰粉蚧
			Dicrodiplosis manihoti Harris	木薯绵粉蚧
			瓣饰瘿蚊 *Lobodiplosis pseudococci* Felt	新菠萝灰粉蚧
			Triommata coccidivora (Felt)	南洋臀纹粉蚧
			Diadiplosis pseudococci (Felt)	新菠萝灰粉蚧
		斑腹蝇科 Chamaemyiidae	*Leucopis luteicornis* Malloch	南洋臀纹粉蚧
		果蝇科 Drosophilidae	*Cacoxenus perspicax* (Knab)	南洋臀纹粉蚧、木薯绵粉蚧
			Rhinoleucophenga capixabensis sp. nov.	新菠萝灰粉蚧
		食蚜蝇科 Syrphidae	*Allobaccha eclara* (Curran)	木薯绵粉蚧
	脉翅目 Neuroptera	草蛉科 Chrysopidae	*Ceratochrysa antica* (Walker)	木薯绵粉蚧
			普通草蛉 *Chrysoperla carnea* (Stephens)	扶桑绵粉蚧
			Chrysopa lacciperda (Kimmins)	扶桑绵粉蚧
			Chrysoperla zastrowi sillemi (Esben-Petersen)	木瓜秀粉蚧
			Oligochrysa lutea (Walker)	扶桑绵粉蚧
			亚非玛草蛉 *Mallada boninensis* (Okamota)	新菠萝灰粉蚧
			丽草蛉 *Chrysopa formosa* Brauer	新菠萝灰粉蚧
			安平草蛉 *Mallada desjardinsi* (Navas)	扶桑绵粉蚧
			黄玛草蛉 *Mallada basalis* (Walker)	木瓜秀粉蚧
			黑腹草蛉 *Chrysopa perla* (L.)	木瓜秀粉蚧
		粉蛉科 Coniopterygidae	*Cryptoscenea australiensis* (Enderlein)	拟葡萄粉蚧
	鳞翅目 Lepidoptera	灰蝶科 Lycaenidae	*Spalgis lemolea* Druce	木薯绵粉蚧
			灰纹小灰蝶 *Spalgis epeus* Westwood	南洋臀纹粉蚧、扶桑绵粉蚧、木瓜秀粉蚧
		夜蛾科 Noctuidae	猎夜蛾属 *Eublemma* sp.	南洋臀纹粉蚧

续表

类别	目	科	种类	粉蚧种类
捕食性天敌	半翅目 Hemiptera	花蝽科 Anthocoridae	小镰花蝽 *Cardiastethus exiguus* Poppius	木薯绵粉蚧
寄生性天敌 Parasitoid	双翅目 Hymenoptera	跳小蜂科 Encyrtidae	松粉蚧抑虱跳小蜂 *Acerophagus coccois* Smith	扶桑绵粉蚧、湿地松粉蚧
			木瓜抑虱跳小蜂 *Acerophagus papayae* Noyes and Schauff	木瓜秀粉蚧
			Apoanagyrus lopezi De Santis	木薯绵粉蚧
			Anagyrus ananatis Gahan	新菠萝灰粉蚧
			粉蚧汉姆跳小蜂 *Hambletonia pseudococcina* Compere	新菠萝灰粉蚧
			长索跳小蜂 *Anagyrus loecki* Noyes and Menezes	木瓜秀粉蚧、美地绵粉蚧
			克氏长索跳小蜂 *Anagyrus dactylopii* (Howard)	湿地松粉蚧
			Acerophagus maculipennis (Mercet)	拟葡萄粉蚧
			Pseudleptomastrix mexicana Noyes and Schauff	木瓜秀粉蚧
			粉蚧长索跳小蜂 *Anagyrus pseudococci* (Girault)	真葡萄粉蚧
			康长索跳小蜂 *Anagyrus kamali* Moursi	扶桑绵粉蚧
			Pseudaphycus angelicus (Howard)	真葡萄粉蚧
			Acerophagus notativentris (Girault)	真葡萄粉蚧
			Apoanagyrus diversicornis (Howard)	木薯绵粉蚧
			长崎原长缘跳小蜂 *Prochiloneurus nagasakiensis* (Ishii)	扶桑绵粉蚧
			黑角原长缘跳小蜂 *Prochiloneurus nigricornis* (Girault)	扶桑绵粉蚧
			班氏跳小蜂 *Aenasius bambawalei* Hayat	扶桑绵粉蚧
			Tetracnemoidea indica (Ayyar)	南洋臀纹粉蚧
			Pseudleptomastix mexicana Noyes and Schauff	木瓜秀粉蚧
			迪氏跳小蜂 *Zarhopalus debarri* Sun	湿地松粉蚧

类别	目	科	种类	粉蚧种类
寄生性天敌 Parasitoid	双翅目 Hymenoptera	广腹细腰蜂科 Platygasteridae	绵粉蚧广腹细蜂 *Allotropa phenacocca* Chen, Liu and Xu	扶桑绵粉蚧
			松粉蚧广腹细蜂 *Allotropa oracellae* Masner sp. nov.	湿地松粉蚧
		蚜小蜂科 Aphelinidae	豹纹花翅蚜小蜂 *Marietta picta* (André)	扶桑绵粉蚧
			康氏迈蚜小蜂 *Myiocnema comperei* Ashmead	扶桑绵粉蚧
			黄脸拟暗蚜小蜂 *Promuscidea unfasciativentris* Girault	扶桑绵粉蚧
昆虫病原菌 Entomopathogen			芽枝状枝孢霉 *Cladosporium cladosporioides* (Fres.) de Vries	湿地松粉蚧
			苍白镰刀菌 *Fusarium pallido-roseum* (Cooke) Saccardo	扶桑绵粉蚧
			蜡蚧轮枝菌 *Lecanicillium lecanii* (Zimm.)	扶桑绵粉蚧、木瓜秀粉蚧、南洋臀纹粉蚧、新菠萝灰粉蚧
			荧光假单孢菌 *Pseudomonas fluorescens* Migula	木瓜秀粉蚧
			球孢白僵菌 *Beaveria bassiana* (Bais-Criv) Vuill	木瓜秀粉蚧
			金龟子绿僵菌 *Metarhizium anisopliae* (Metsch.) Sorokin	扶桑绵粉蚧
			烟灰色虫霉 *Entomophthora fumosa* Speare	扶桑绵粉蚧
			Neozygites fumosa (Speare)	木薯绵粉蚧
昆虫病原线虫 Entomopathogenic nematode			*Steinernema thermophilum* Ganguly and Singh	扶桑绵粉蚧
			Steinernema meghalayensis sp. nov.	扶桑绵粉蚧
			里约布拉维斯氏线虫 *Steinernema riobrave* Cabanillas, Poinar and Raulston	扶桑绵粉蚧
			Steinernema harryi sp. nov.	扶桑绵粉蚧
			Heterorhabditis zealandica Poinar	拟葡萄粉蚧

（二）粉蚧生物防治典型案例

史上最著名的害虫生物防治案例的对象就是蚧虫，即美国加利福尼亚州引进澳洲瓢虫 Rodolia cardinalis (Mulsant) 防治吹绵蚧 Icerya purchasi Maskell（DeBach，1974），该举措免用化学农药，并成功抑制了吹绵蚧的发生与危害，使吹绵蚧不再是美国加利福尼亚州柑橘栽培中的一个问题，给全世界的昆虫工作者和农业工作者带来了极大的鼓舞。中国自苏联引进了孟氏隐唇瓢虫和澳洲瓢虫，对柑橘及木麻黄的吹绵蚧同样取得了十分显著的防治效果（蒲蛰龙等，1959）。此外，粉蚧生物防治还出现了许多经典案例，如非洲引进寄生蜂 Apoanagyrus lopezi De Santis 防治木薯绵粉蚧（Neuenschwander and Hammond，1988；Herren and Neuenschwander，1991；Mwanza，1993），还有木瓜秀粉蚧（Muniappan et al.，2006；Myrick et al.，2014）和扶桑绵粉蚧（Mani and Shivaraju，2016）的生物防治。

1. 木薯绵粉蚧的生物防治

在非洲，木薯绵粉蚧有 130 多种本土天敌，许多是随机造访者，在木薯绵粉蚧上不繁殖后代，有些天敌是被富含木薯绵粉蚧活体或尸体有机物质的植株束顶所吸引，只有 20 种为常见种并看上去有一定的效果，但这些天敌均不能有效防控木薯绵粉蚧（Neuenschwander et al.，1987；Herren and Neuenschwander，1991）。木薯绵粉蚧种群密度较高时，瓢虫是最为常见的捕食者，显盾瓢虫属和蒙古光瓢虫属的瓢虫较为常见，寄生蜂较为罕见（Gutierrez et al.，1988）。A. lopezi 是单头内寄生蜂，是木薯绵粉蚧的专一性寄生蜂，其传播速度非常快。1981 年和 1982 年，非洲大范围生物防治计划在尼日利亚西南部释放引进南美的寄生蜂 A. lopezi，在西非和中非木薯绵粉蚧种群高发生区，一个干旱季节 A. lopezi 最远的传播距离为 100km（Mwanza，1993）。1983 年在最初释放的地方，木薯绵粉蚧种群降到很低的水平，这种寄生蜂在非洲 16 个国家的不同生态区建立种群（Neuenschwander and Herren，1988）；3 年后 A. lopezi 已扩散至 20 万 km^2 处，至1992 年底，A.lopezi 已在撒哈拉沙漠以南 26 个国家超过 300 万 km^2 范围建立种群（Mwanza，1993）。A. lopezi 压低了木薯绵粉蚧的种群数量，导致许多本土天敌数量降低（Neuenschwander and Hammond，1988）。尼日利亚西南部 7 年的观察数据表明，释放 A. lopezi 后，木薯绵粉蚧的种群密度再也没达到以往的高度（平均高达 90 头/梢）和持续期（7 个月超过 10 头/梢）（Hammond et al.，1987）。尽管在这些区域木薯绵粉蚧种群密度偶尔可达 30 头/梢，但 A. lopezi 对木薯绵粉蚧保持着较高的控制水平。A. lopezi 建立种群后，木薯顶梢平均萎缩率降低 33%～88%，干旱季木薯绵粉蚧种群最高密度降至 10 头/梢（Neuenschwander and Hammond，1988）。大尺度调查发现，相对于未释放区，释放 A. lopezi 后木薯绵粉蚧造成的损失减少 2500kg/hm^2（Neuenschwander et al.，1989）。释放 A. lopezi 的投入回报比高达 1∶149（Norgaard，1988），经济效益巨大。*A. lopezi* 在其喜欢的 3 龄若虫中发育最快，完成世代历期只需要 2 周，雄虫快于雌虫（Löhr *et al.*，1989；Herren and Neuenschwander，1991）。在环境温度下，*A. lopezi* 通常只存活几天，尤其是拥挤时，即使给予充足的蜂蜜和含糖谷物（Neuenschwander *et al.*，1989）。单雌繁殖 40～90 头后代，繁殖期平均为 10 天。最佳发育温度，从内禀增长率看为 27℃，从总繁殖力和寿命来看为 23℃（Löhr *et al.*，1989）。*A. lopezi* 具有以下特性，使得其成为成功的生防天敌：①比寄主更短的世代历期，增殖力较强；②取食、破坏寄主，但又不直接杀死寄主，抑制了木薯绵粉蚧的繁殖；③高度的寄主专一性和寄主搜寻能力，使其在寄主种群密度较低时得以存活；④田间密度依赖性聚集和在大多数寄主种群密度下能顺利繁殖。目前木薯绵粉蚧种群在许多国家被控制在经济阈值以下，随着这种天敌的进一步扩散，木薯绵粉蚧造成的损失将进一步降低（Mwanza，1993）。

2011 年，泰国从贝宁引进 *A. lopezi*，显著降低了木薯绵粉蚧的危害（FAO，2011）。受前面成功案例的影响，2014 年，印度尼西亚政府从泰国引进 *A. lopezi* 在爪哇岛释放。引入的 *A. lopezi* 在木薯绵粉蚧生物控制计划中显示出良好的使用潜力。对照中，笼子里所有被粉蚧侵染的木薯在 2 个月后死亡。然而，当被感染的木薯与 3 对 *A. lopezi* 笼养时，植株死亡率为 20%，粉蚧被寄生率为 25%。田间试验表明，寄生蜂能够在印度尼西亚西爪哇省茂物市的农业气候条件下生存、繁殖和建立种群（Nasruddin *et al.*，2020）。

田间调查发现，在木薯绵粉蚧种群高峰期，30%～40% 粉蚧种群受到镰刀菌属昆虫病原真菌的自然感染。对 4 种分离到的昆虫病原真菌进行田间试验，结果表明拟青霉属 *Paecilomyces* sp.、白僵菌、镰刀菌属 *Fusarium* sp. 和木霉属 *Trichoderma* sp. 均能够感染田间的粉蚧，其中镰刀菌属对木薯绵粉蚧最有效，致死率为 62.3%。当粉蚧种群使用浓度为 10^6 个分生孢子/mL 无菌水的镰刀菌孢子进行喷洒处理时，81%～98% 的个体在温室中被杀死。镰刀菌似乎很有希望作为一种针对木薯绵粉蚧的生物防治剂（Nasruddin *et al.*，2020）。

2. 木瓜秀粉蚧的生物防治

木瓜秀粉蚧的生物防治案例证明了经典生物控制在促进粮食安全方面的有效作用，也是经典生物防治的杰出例子（Muniappan *et al.*，2006；Myrick *et al.*，2014）。2006 年原产于中美洲的木瓜秀粉蚧入侵印度，泰米尔纳德邦的农民首次报告一种新的害虫正在侵袭木瓜，多次施用杀虫剂后木瓜仍损失严重，害虫甚至蔓延到其他几种作物上。该害虫于 2008 年被确定为木瓜秀粉蚧（Muniappan *et al.*，2008），随后启动了经典的生物防治计划。2010 年 7 月印度从波多黎各引进了 3 种寄生蜂：木瓜抑虱跳小蜂 *Acerophagus papayae* Noyes and Schauff（图 5-16）、*Pseudleptomastix mexicana* (Noyes and Schauff) 和长索跳小蜂 *Anagyrus loecki* Noyes and Menezes，释放一周后，木瓜秀粉蚧的平均被寄生率为 10.4%，种群数量减少 9.7%，之后，随着被寄生率的提高，粉蚧种群数量逐渐减少。3 种寄生蜂中，木瓜抑虱跳小蜂的寄生率最高（75.6%～81.7%），接着是 *P. mexicana*（Subramanian *et al.*，2021）。木瓜抑虱跳小蜂是一种单头内寄生蜂，寄生于粉蚧早期（2 龄）若虫，经过严格检疫后在安得拉邦、卡纳塔克邦、喀拉拉邦、泰米尔纳德邦、马哈拉施特拉邦和特里普拉邦的田间释放，在卡纳塔克邦、马哈拉施特拉邦和泰米尔纳德邦成功建立种群，并实质性控制了木瓜秀粉蚧的危害（Gupta，2020）。木瓜抑虱跳小蜂在 5 个月内实现了对木瓜秀粉蚧的出色控制，减少了农药的使用，增加了生产和收入，5 种最重要的作物（番木瓜、桑、木薯、番茄和茄）的年度经济效益显著提高（Myrick *et al.*，2014）。与 20 年前在非洲实施的木薯绵粉蚧生物防治计划一样，印度泰米尔纳德邦的农民和消费者从木瓜秀粉蚧生物防治计划中受益匪浅（Heinrichs and Muniappan，2016）。蜡蚧轮枝菌、白僵菌及金龟子绿僵菌也可导致木瓜秀粉蚧 40%～50% 的死亡率（Banu *et al.*，2010），具有进一步开发利用的价值。

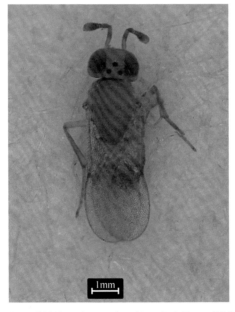

图 5-16　木瓜秀粉蚧天敌——木瓜抑虱跳小蜂（顾渝娟　拍摄）

3. 扶桑绵粉蚧的生物防治

扶桑绵粉蚧虽然一度在印度造成严重危害，但这种状况持续时间并不长，自然控制因子被认为发挥了重要作用，使其种群数量保持在较低水平（Hanchinal *et al.*，2010），其生物防治引起了大家的关注。扶桑绵粉蚧生防物主要包括寄生者、捕食者、致病菌等（Joshi *et al.*，2010）。

　　班氏跳小蜂为扶桑绵粉蚧的优势寄生蜂（图 5-17 和图 5-18），在印度、巴基斯坦和中国，班氏跳小蜂可有效控制扶桑绵粉蚧种群（Mani and Shivaraju，2016）。在巴基斯坦，采用多种方法防治扶桑绵粉蚧均宣告无效，只有当班氏跳小蜂自然发生时，扶桑绵粉蚧种群数量才显著降低（Sahito et al.，2011）。在不施杀虫剂的农田，班氏跳小蜂的寄生率为 79%～93%，可完全控制棉花和其他作物上的扶桑绵粉蚧，而在施药的农田，其寄生率低于 8%，扶桑绵粉蚧危害严重（Solangi and Mahmood，2011）。班氏跳小蜂的温度适应范围广（2～45℃）、寄主专一性强、繁殖速度快于寄主、生活史短、雌性比例高、寄主搜索能力强、寄生率高、易人工饲养、扩散能力强、与寄主生活史同步这些特征使其成为理想的生防天敌（Nagrare et al.，2011；Solangi and Mahmood，2011；Zain-ul-Abdin et al.，2012）。田间班氏跳小蜂可将扶桑绵粉蚧有效控制在危害水平之下，故在防治中，人们非常热衷于寻找班氏跳小蜂，并认为此天敌可解除扶桑绵粉蚧对棉田的威胁（Vennila et al.，2010）。

图 5-17　扶桑绵粉蚧天敌——班氏跳小蜂　　　图 5-18　扶桑绵粉蚧被寄生后成为僵蚧
　　　　　（石庆型　拍摄）　　　　　　　　　　　　　　（齐国君　拍摄）

　　在不施药的农田，许多捕食性天敌可以捕食扶桑绵粉蚧并有效控制其数量（Gautam et al.，2010；Ram and Saini，2010）。孟氏隐唇瓢虫被誉为粉蚧毁灭者，幼虫和成虫均可取食不同虫龄的扶桑绵粉蚧，幼虫一生可捕食 2243 头粉蚧，成虫一生可捕食 4590 头粉蚧（Solangi et al.，2013），且具有发育历期短、雌成虫繁殖力强、寿命长等特点（Nagrare et al.，2011）。龟纹瓢虫 Propylaea japonica (Thunberg) 对农田的适应性强，且发生时间长，种群密度高，幼虫和成虫均可捕食多种作物害虫，成虫对扶桑绵粉蚧的捕食量最大，日捕食量可达 1026.2 头，因此在田间对扶桑绵粉蚧具有较强的控制潜能（崔志富等，2015）。纵条瓢虫 Brumoides suturalis (Fab.) 是粉蚧的贪婪捕食者，对扶桑绵粉蚧有强烈的偏好（Gautam，1990），并具有较高的搜索效率和攻击率，可考虑用于扶桑绵粉蚧的生物防治（Khuhro et al.，2013）。普通草蛉 Chrysoperla carnea (Stephens) 数量丰富，可在不同农业生态系统中栖息，且易于人工规模化饲养，其幼虫可捕食不同虫龄的粉蚧913.2 头（Khan et al.，2012）。普通草蛉和安平草蛉 Mallada desjardinsi (Navas) 具世代历期短、种群增长速度快等特点，在扶桑绵粉蚧防控中也有较好的应用潜力（Gautam et al.，2010）。

蜡蚧轮枝菌对寄生蜂毒性较小，但其防治效果有限，在田间应用时难以对粉蚧进行有效的控制（Hanchina et al.，2010）。白僵菌适度有效，施用 10 天后粉蚧的死亡率达 77%（Suresh et al.，2010）。在 1 月的雨季，烟灰色虫霉对粉蚧 3 龄若虫和雌成虫的致死率均高达 58.1%（Murray，1978）。金龟子绿僵菌在实验室条件下处理 30 天后，可导致粉蚧数量减少 79.6%（Devasahayam and Koya，2000）。在田间，以 2000g/hm^2 的浓度施用金龟子绿僵菌，相对于对照的 322.06 头粉蚧/5cm 长茎尖，粉蚧密度降低到 87.46 头粉蚧/5cm 长茎尖，防控效果显著，籽棉产量也由对照的 913kg/hm^2 提升到 1521kg/hm^2（Kharbade et al.，2009）。苍白镰刀菌引起扶桑绵粉蚧 80%～95% 的死亡率（Monga et al.，2010）。在泰米尔纳德邦，蜡蚧轮枝菌被发现对扶桑绵粉蚧具有致病性（Banu et al.，2010）。2007～2010 年在哈里亚纳邦和旁遮普邦采集感染了苍白镰刀菌囊胞体的扶桑绵粉蚧尸体，在实验室中苍白镰刀菌可造成 80%～95% 的扶桑绵粉蚧死亡（Monga et al.，2010）。

粉蚧天敌种类众多，但能成功利用的非常有限。入侵粉蚧缺乏本土天敌，更易暴发成灾，因此筛选本土优势天敌和引进起源地天敌成为入侵粉蚧生物防治的主要手段。Moore（1988）分析了生物防治过程中寄生性和捕食性天敌没能成功建立种群导致防治失败的原因。针对寄生性天敌，失败原因为：①粉蚧种类鉴定错误；②靶标生物是本地种群；③重寄生；④寄生天敌不能适应不适宜的气候；⑤其他原因，如蚂蚁干扰、农药使用、天敌释放数量过少等。针对捕食性天敌，失败原因为：①释放的天敌不适应气候；②杀虫剂的影响；③猎物的密度；④寄主植物的影响；⑤不能接触到猎物；⑥其他生物的影响。因此在引进天敌时，除了考虑其安全性，还要考虑气候因素，起源地和释放地的气候较为相似，天敌释放的成功率就较高。天敌不能建立种群，或防控效果不理想时，要分析可能存在的原因，并采取针对性措施。

（三）粉蚧优势天敌繁育方法

为了进一步提升入侵粉蚧的生物防治效果，对入侵粉蚧的 13 种天敌的控害潜能进行评价，筛选出班氏跳小蜂和孟氏隐唇瓢虫 2 种优势天敌。班氏跳小蜂从卵发育到成虫，整个生育期均在粉蚧体内完成，个体发育经历卵、幼虫、蛹和成虫 4 个阶段；室温（27±1）℃条件下，世代历期为 14.5 天，其中卵期、幼虫期和蛹期分别为 1.5 天、6.5 天和 6.5 天；雌蜂寿命 15～32 天，雄蜂寿命不足 7 天，雌蜂一生可寄生165头粉蚧，雌雄性比为2：1；粉蚧3龄若虫为班氏跳小蜂的最适宜寄主，对其种群发育与繁殖最为有利。班氏跳小蜂成蜂既可营两性生殖，亦可营孤雌生殖，但营孤雌生殖的子代全部为雄性。在补充10%蜂蜜水的情况下，班氏跳小蜂雌蜂寄生后的僵蚧贮藏期可长达10天；1头寄生蜂在24h内对粉蚧3龄若虫的寄生量最大可达19.5头。班氏跳小蜂的最佳饲养温度为31℃，在此温度下其寄生率（74.4%）和出蜂率（96.9%）均为最高。孟氏隐唇瓢虫不同虫龄1天可捕食的新菠萝灰粉蚧各龄若虫的数量不尽相同，其4龄幼虫对新菠萝灰粉蚧1龄若虫的日捕食量可高达241.3头；其4龄幼虫和成虫对新菠萝灰粉蚧1龄与2龄若虫的捕食功能反应符合Holling-Ⅱ型（双曲型），以瓢虫4龄幼虫对粉蚧1龄和2龄若虫的寻找效率最高。此外，还明确了双条拂粉蚧为孟氏隐唇瓢虫繁殖的最适宜替代寄主，取食双条拂粉蚧后，孟氏隐唇瓢虫雌性比例达0.56，雌虫寿命为85天，雄虫寿命为94天，繁殖力最高可达659粒卵/雌，净增长率为313.7头/雌。

1. 班氏跳小蜂人工规模化繁育

班氏跳小蜂人工规模化繁育分为"寄主培养-天敌繁育-蜂卡制作"三步（图5-19），首先，培育扶桑绵粉蚧寄主植物，将重量约为100g的土豆埋进湿润沙子中，待芽长至2cm取出备用；接着，培育扶桑绵粉蚧，将25头扶桑绵粉蚧3龄若虫或雌成虫转移至发芽土豆上，将接虫后的发芽土豆放进规格为22cm×15cm×8cm的养虫盒中进行饲养，饲养条件：温度（28±2）℃，光周期14L：10D，相对湿度80%±5%；然后，让班氏跳小蜂寄生粉蚧，在上述带有粉蚧

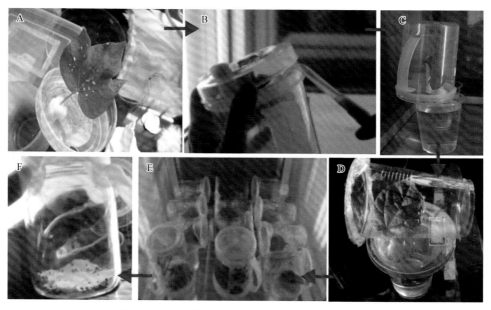

图5-19 班氏跳小蜂室内饲养流程（黄俊 供图）
A.接入粉蚧；B.吹入成蜂；C.寄生；D.更换容器；E.扩繁饲养；F.收集僵蚧

的养虫盒中放入初羽化未交配的班氏跳小蜂雌蜂 4 头、雄蜂 2 头，并用 10% 蜂蜜水为班氏跳小蜂补充营养，72h 后移走寄生蜂，这些寄生蜂继续寄生其他养虫盒中的粉蚧，直至死亡；最后，扩繁班氏跳小蜂，用发芽土豆继续饲养被寄生的粉蚧至其变成僵蚧，羽化的班氏跳小蜂继续上述步骤，从而生产足够量的班氏跳小蜂。当需要田间释放时，用毛刷将僵蚧刷掉并制作放蜂卡，包装运输至疫区释放（图 5-20）。

图 5-20　班氏跳小蜂繁育车间（黄俊　供图）

2. 孟氏隐唇瓢虫人工规模化饲养

通过研究，创建了利用双条拂粉蚧为替代寄主的孟氏隐唇瓢虫人工规模化饲养工艺流程，发明了多夹层阻隔式饲养装置（图 5-21）。孟氏隐唇瓢虫规模化生产主要分为双条拂粉蚧饲养及瓢虫饲养两部分。在粉蚧饲养室，设置温度为（26±1）℃，选择干净、无虫、无伤口的成熟新鲜南瓜放在垫有两张报纸的托盘上，一个托盘根据大小不同可放置 2~3 个南瓜，托盘统一放置在养虫架隔板上，或直接将南瓜放在养虫架隔板上，每个养虫架设 4~5 层隔板；在南瓜上直接接入双条拂粉蚧，或在一个长满粉蚧的南瓜两边各放一个新鲜南瓜，南瓜间以硬纸条作搭桥进行扩散繁殖，每南瓜可利用 85~120 天；20~30 天后，南瓜表面长满粉蚧时，用镊子以隔行方式刮剥粉蚧收集于干净养虫盒中，作为饲养瓢虫幼虫和成虫的饲料，并保证粉蚧能持续快速繁殖；南瓜出现腐烂时要及时转移粉蚧繁殖或刮光粉蚧作饲料，然后用塑料袋装好南瓜并浇淋少量水密封 3~5 天后再丢到垃圾桶里。在瓢虫饲养室内，设置温度（26±1）℃、相对湿度 75%~90% 和光周期 14L∶10D；将折叠硬纸片放入干净的养虫盒（长 9.0cm、宽 6.3cm、高 5.0cm）里，将足够瓢虫取食 3~5 天的新鲜粉蚧放入养虫盒内的折叠硬纸片凹处，接入瓢虫雌雄成虫 3~5 对交配产卵，盒内可放入蘸有 10% 蜂蜜水的湿棉花球辅助饲养，用于为瓢虫成虫提供能量；养虫盒用粘贴透气虫网的盒盖盖住或用保鲜膜封口并刺孔透气；72h 后将瓢虫成虫转移到另一个装有粉蚧的养虫盒中继续产卵繁殖；瓢虫卵孵化后任由幼虫取食硬纸片上的粉蚧，3~5 天后更换硬纸片及补充新鲜粉蚧，若硬纸片和粉蚧因受潮发霉导致养虫盒变脏要及时更换；待瓢虫发育至 4 龄老熟幼虫和预蛹时，轻轻转移出置于新养虫盒中，并放入粉蚧保证其食料充分，直至化蛹；瓢虫蛹羽化为成虫后，继代循环繁殖。孟氏隐唇瓢虫饲养也可直接将瓢虫成虫放在一个装有长满粉蚧的南瓜的小养虫笼中，任由瓢虫交配产卵，瓢虫卵孵化后幼虫直接取食南瓜上的粉蚧，需及时补充粉蚧和更换南瓜。孟氏隐唇瓢虫各虫态均可在田间进行释放，但以 2 龄以上幼虫及成虫效果更好。待瓢虫饲养至 2 龄幼虫即可放入有粉蚧的保鲜盒（长 35.0cm、宽 20.0cm、高 15.0cm）并运输到粉蚧发生区释放；或待瓢虫发育至 4 龄老熟幼虫和预蛹时，轻轻转移出置于养虫盒中，并放入粉蚧保证其食料充分，直至化蛹，将蛹运输到粉蚧发生区待蛹羽化为成虫后释放。

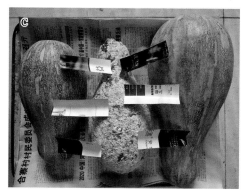

图 5-21　孟氏隐唇瓢虫繁育（覃振强　供图）

A. 南瓜饲养双条拂粉蚧；B. 双条拂粉蚧扩繁饲养；C. 硬纸条搭桥转移；D. 孟氏隐唇瓢虫取食双条拂粉蚧繁殖

（四）不同生境入侵粉蚧的生物防治策略

针对不同生境的防控需求，提出了"分类施策"的防控策略，在此基础上，创建了设施蔬菜释放寄生蜂+生态调控、露地蔬菜释放寄生蜂+化防应急、绿化带释放天敌+诱杀蚂蚁+合理用药、果园阻断蚁蚧互惠+释放寄生蜂/瓢虫+生态调控、剑麻/凤梨地释放瓢虫+生态调控+适时化防技术体系，适用于生产上不同生境防控入侵粉蚧的实际需求，形成了以生物防治和生态调控为核心的入侵粉蚧绿色防控技术体系。具体措施如下。

1. 设施蔬菜释放寄生蜂+生态调控技术体系

主要针对设施栽培的番茄、茄、辣椒等蔬菜，在设施大棚外围边或棚内适当种植油菜、苜蓿 *Medicago sativa* L.、紫云英 *Astragalus sinious* L.、向日葵等蜜源植物，为寄生蜂等天敌提供蜜源；有粉蚧发生的大棚，在发生粉蚧的植株基部涂抹凡士林、油脂、滑石粉等阻碍物，或直接撒施杀蚁饵剂诱杀红火蚁或本地蚂蚁，同时释放班氏跳小蜂，实现对粉蚧种群的有效抑制。

2. 露地蔬菜释放寄生蜂+化防应急技术体系

在入侵粉蚧种群发生数量较大时，喷施化学杀虫剂（如啶虫脒）进行应急防控以压低粉蚧种群数量，并在粉蚧发生区域撒施杀蚁饵剂诱杀红火蚁或本地蚂蚁，然后释放寄生蜂，以达到稳定持久控制的目标。

3. 绿化带释放天敌+诱杀蚂蚁+合理用药技术体系

入侵粉蚧也危害绿化带的园林花卉，在粉蚧发生较轻区域，撒施杀蚁饵剂对周边蚂蚁进行诱杀，再释放寄生蜂/瓢虫；在粉蚧发生较重区域，喷施杀虫剂（如啶虫脒）压低粉蚧种群数量，结合诱杀蚂蚁和释放寄生蜂/瓢虫，以达到持续控制的目标。

4. 果园阻断蚁蚧互惠+释放寄生蜂/瓢虫+生态调控技术体系

入侵粉蚧在果园（如番石榴、杧果等）一般都呈点状暴发，因此可在有粉蚧发生的果树树干基部涂抹凡士林、油脂、滑石粉等阻碍物，以阻断蚂蚁上树与粉蚧形成互惠关系，再释放寄生蜂/瓢虫；同时，可考虑在果园内或周围种植一些蜜源植物，增加天敌自然种群数量，以实现对粉蚧的持久稳态调控。

5. 剑麻/凤梨地释放瓢虫+生态调控+适时化防技术体系

在剑麻/凤梨行间适当保留阔叶丰花草 *Spermacoce alata* Aublet 等杂草，或种植蜜源植物，增加植被多样性，增加自然天敌数量，并在粉蚧发生数量较低时，及时释放瓢虫进行生物防治；在粉蚧发生数量较大时，及时喷施杀虫剂压低粉蚧种群密度，再释放瓢虫，以实现对新菠萝灰粉蚧的有效控制。

六、物理防治

利用合成的粉蚧雌性信息素干扰雄性求偶行为是信息素最成功的应用之一（Tabata et al.，2012）。Sugie 等（2008）分离鉴定出一种日本臀纹粉蚧性信息素——2-异亚丙基-5-甲基-4-己烯-1-基丁酸酯（2-isopropyliden-5-methyl-4-hexen-1-ylbutyrate），在田间对雄成虫有一定的引诱作用。Tabata（2013）开发了一种人工合成 2-异亚丙基-5-甲基-4-己烯-1-基丁酸酯的新方法，在柿园应用化学信息素可成功干扰日本臀纹粉蚧雄成虫的交配行为（Teshiba et al.，2009；Tsueda，2017），减少雌成虫的交配数量，防控区柿受害率（0.2%）仅为对照区受害率（4.2%）的 5%，防治效果显著。Tabata 等（2012）通过对日本岛根未交配的扶桑绵粉蚧雌成虫挥发物进行提取、分离，鉴定出扶桑绵粉蚧的一种性信息素成分，其化学名称为 (R)-异戊烯酸 (2,2-二甲基-3-异亚丙基环丁基) 甲酯，生物测定表明其 R 型异构体对扶桑绵粉蚧雄成虫有较好的引诱作用，引诱率达 94.5%。目前，浙江省农业科学院植物保护与微生物研究所科技人员突破了扶桑绵粉蚧性信息素重要中间体 (R)-(2,2-二甲基-3-(2-甲基-乙烯基) 环丁基) 甲醇的人工合成难题，研发出该害虫的性诱剂产品，并明确了其田间最佳引诱剂量为 40μg/诱芯，与常规黄板诱杀相比，诱杀率提高 300%。此外，日本臀纹粉蚧的性信息素 2,4,4-三甲基-2-环己烯基-丁酸甲酯（cyclolavandulyl butyrate，CLB）对广角跳小蜂 Anagyrus sawadai Ishii 和 Leptomastix dactylopii (Howard) 两种寄生蜂有强烈的吸引作用，可通过吸引寄生蜂来控制柿园粉蚧数量，降低粉蚧对果实的危害（Teshiba and Tabata，2017）。

七、化学防治

粉蚧具有繁殖力高、世代重叠、抗逆性强及体背具厚蜡壳等生态优势，极大地增加了防治难度。对入侵粉蚧的防治，目前化学防治仍是一种有效的防控措施（Saeed et al.，2007；Nalwar et al.，2009），特别是在粉蚧发生量大时，适当合理地运用化学防治可以在短时间内达到较好的防治效果。由于粉蚧体表所被蜡质层厚、抗药能力强，一般药剂难以进入其体内，防治比较困难，一般选用内吸和渗透作用较强的药剂，或兼具触杀、熏蒸和胃毒作用的药剂。经田间筛选，灭多威、丙溴磷和毒死蜱等化学杀虫剂对粉蚧具有良好的防治效果（Saeed et al.，2007），印楝、蒜、马缨丹、番荔枝、番木瓜植物的提取物也对粉蚧具有较强的拒食活性（Nalwar et al.，2009）。

由于入侵粉蚧与多数蚂蚁存在互惠关系，因此，化学防治入侵粉蚧的方法与一般害虫有所不同，具体操作方法如下：①寻找寄主根部的蚁穴，用 20% 毒死蜱乳油 400 倍液或 5% 马拉硫磷 25kg/hm^2 进行处理，此措施全年均可实行；②粉蚧零星发生时，选择受害植株进行挑治，避免大面积施用化学农药，当大面积发生成灾时，全面喷施氨基甲酸盐类（如 50% 胺甲萘可湿性粉剂或 75% 硫双威可湿性粉剂）和有机磷类杀虫剂（50% 丙溴磷乳油、25% 喹硫磷乳油、75% 乙酰甲胺磷可溶性粉剂、25% 毒死蜱乳油）。农药应注意轮用，整株均匀喷雾，包括茎秆基部周围的土壤也需喷药（Tanwar *et al.*，2007）。

参考文献

阿布都加帕·托合提, 孙勇. 2007. 墨玉县真葡萄粉蚧发生规律及防治技术研究. 新疆农业科学, (4): 476-480, 549.

曹婧, 肖铁光, 秦琳, 等. 2013. 扶桑绵粉蚧寄主植物种类调查及危害研究. 作物研究, 27(3): 269-272.

陈华燕, 何娜芬, 郑春红, 等. 2011. 广东和海南扶桑绵粉蚧的天敌调查. 环境昆虫学报, 33(2): 269-272.

陈良昌, 李恂, 张祺, 等. 2009. 湿地松粉蚧的生物学特性及防治. 湖南林业科技, 36(3): 1-3.

陈敏敏. 2014. 木瓜秀粉介壳虫于四种寄主植物上之生命表. 台北: 台湾大学昆虫学研究所.

陈乃中. 2009. 中国进境植物检疫性有害生物（昆虫卷）. 北京: 中国农业出版社: 37-39.

陈青, 梁晓, 伍春玲, 等. 2020a. 不同温度对木瓜秀粉蚧保护酶活性影响. 基因组学与应用生物学, 39(1): 241-245.

陈青, 梁晓, 伍春玲, 等. 2020b. 不同木薯品种对木瓜秀粉蚧生殖和发育的影响. 基因组学与应用生物学, 39(5): 2177-2182.

陈士伟, 陈植基, 杨荣, 等. 2008. 剑麻粉蚧的危害及综合防治. 中国热带农业, (2): 53-54.

陈淑佩, 陈秋男, 翁振宇. 2002. 台湾新纪录害虫: 石蒜绵粉介壳虫（*Phenacoccus solani* Ferris）（Homoptera: Pseudococcidae）. 中华农业研究, 51(2): 79-82.

陈淑佩, 翁振宇, 邱一中. 2012. 台湾地区锦葵科木槿属植物之粉介壳虫（半翅目: 介壳虫总科: 粉介壳虫科）调查. 植物医学, 54(1): 13-27.

陈淑佩, 翁振宇, 吴文哲. 2011. 台湾新发现的木瓜秀介壳虫（半翅目: 粉介壳虫科）危害初报. 台湾农业研究, 60 (1): 72-76.

陈卫民, 王杰花, 荆珺. 2015. 真葡萄粉蚧在新疆伊犁河谷红地球葡萄上的为害与防治技术. 中外葡萄与葡萄酒, (2): 60-63.

陈燕婷. 2015. 湿地松粉蚧在中国的潜在适生区预测及扩散预警. 福建: 福建农林大学硕士学位论文.

陈泽坦, 张小冬, 张妮, 等. 2010. 不同温度条件下新菠萝灰粉蚧实验种群生命表. 热带作物学报, 31(3): 464-468.

陈哲, 鲁专, 邵炜冬. 2017. 石蒜绵粉蚧研究进展. 华东森林经理, 32(2): 45-48.

程佳月, 王丽华, 彭克美, 等. 2009. 国际生命条形码计划: DNA Barcoding. 中国畜牧兽医, 36(8): 49-53.

程寿杰, 曾玲, 许益镌. 2013. 红火蚁与扶桑绵粉蚧互惠关系对松粉蚧抑虱跳小蜂和美棘蓟马的影响. 环境昆虫学报, 35(5): 555-559.

崔志富, 曹凤勤, 林进添, 等. 2012. 龟纹瓢虫对扶桑绵粉蚧的捕食功能反应. 环境昆虫学报, 37(4): 834-842.

丁吉同, 阿地力·沙塔尔, 胡成志. 2013. 温度和相对湿度对扶桑绵粉蚧存活率的影响研究. 新疆农业大学学报, 36(5): 387-390.

董兆克, 戈峰. 2011. 温度升高对昆虫发生发展的影响. 应用昆虫学报, 48(5): 1141-1148.

杜万平, 张海燕, 何晓勤, 等. 2016. 六种生物农药对扶桑绵粉蚧的防效比较. 攀枝花学院学报, 33(5): 14-17.

付海滨, 康凯, 李惠萍, 等. 2009. 沈阳口岸首次截获危险性害虫: 日本臀纹粉蚧. 昆虫知识, 46(6): 955-956.

付海滨, 王芳, 林颖, 等. 2008. 我国首次截获检疫性有害生物: 大洋臀纹粉蚧. 植物检疫, 22(6): 382-384.

傅辽, 黄冠胜, 李志红, 等. 2012. 新菠萝灰粉蚧在中国目前及未来的潜在地理分布研究. 植物检疫, 26(4): 1-5.

高明, 李丽, 李柏树, 等. 2019. 进口山竹携带南洋臀纹粉蚧甲酸乙酯熏蒸技术研究. 植物检疫, 33(2): 53-57.

顾茂彬, 陈佩珍. 1996. 影响湿地松粉蚧种群密度因子的初步研究. 林业科学研究, 9(5): 534-537.

顾渝娟, 梁帆, 马骏. 2015a. 中国进境植物及植物产品携带蚧虫疫情分析. 生物安全学报, 24(3): 208-214.

顾渝娟, 刘海军, 梁帆, 等. 2015b. 一种重要的有害生物: 木瓜粉蚧. 植物检疫, 29(2): 57-60.

顾渝娟, 齐国君. 2015. 警惕一种新的外来入侵生物: 木瓜粉蚧 Paracoccus marginatus. 生物安全学报, 24(1): 39-44.

关鑫, 陆永跃, 曾玲, 等. 2009. 扶桑绵粉蚧的过冷却点和体液结冰点测定. 环境昆虫学报, 31(4): 381-383.

关鑫, 曾玲, 陆永跃. 2011. 广州地区自然条件下扶桑绵粉蚧入侵定殖能力研究. 生物安全学报, 20(3): 192-197.

韩玮, 刘欢, 陆永跃. 2016. 降雨强度对棉花上棉花粉蚧掉落的影响. 环境昆虫学报, 38(4): 710-714.

何衍彪. 2012. 菠萝洁粉蚧的分子鉴定、遗传结构及其控制基础研究. 重庆: 西南大学硕士学位论文.

何衍彪, 詹儒林, 常金梅. 2018. 不同基因型菠萝灰粉蚧种群竞争与其分布的关系. 植物保护学报, 45(2): 397-398.

何衍彪, 詹儒林, 常金梅, 等. 2017. 我国粉蚧寄生蜂的种类及其在生物防治中的应用. 中国植保导刊, 37(10): 23-29.

何衍彪, 詹儒林, 李伟才, 等. 2011. 我国荔枝上的一种新害虫. 环境昆虫学报, 33(1): 126-127.

胡锦, 王小云, 张艳君, 等. 2022. 广西首次发现入侵害虫木瓜秀粉蚧. 广西植保, 35(4): 9-13.

黄标, 邓业余, 郑立权, 等. 2008. 剑麻粉蚧虫发生规律及防治技术研究. 西双版纳: 中国热带作物学会剑麻学术研讨会.

黄标, 邓业余, 郑立权, 等. 2015. 新菠萝灰粉蚧生物学特性与发生规律的研究. 安徽农业科学, 43(29): 147-149.

黄芳, 王飞飞, 张治军, 等. 2014. 转换寄主前后扶桑绵粉蚧取食行为的 EPG 分析. 昆虫学报, 57(4): 503-508.

黄芳, 张蓬军, 章金明, 等. 2011. 三种寄主植物对扶桑绵粉蚧发育和繁殖的影响. 植物保护, 37(4): 58-62.

黄奎, 胡文兰. 2012. 富宁县扶桑绵粉蚧发生现状及防控对策. 生物灾害科学, 35(3): 303-307.

黄玲, 刘慧, 欧高财, 等. 2011. 扶桑绵粉蚧部分生物学特性研究. 作物研究, 25(3): 245-248.

蒋明星, 冼晓青, 万方浩. 2019. 生物入侵: 中国外来入侵动物图鉴. 北京: 科学出版社.

焦懿, 余道坚, 徐浪, 等. 2011. 从进口泰国莲雾上截获重要害虫杰克贝尔氏粉蚧. 植物检疫, 25(4): 69-71.

金明霞, 刘晓华, 李桂兰, 等. 2011. 我国湿地松粉蚧研究进展. 安徽农业科学, 39(25): 15365-15367.

金明霞, 易伶俐, 刘晓华, 等. 2013. 赣南地区湿地松粉蚧生物学特性研究. 生物灾害科学, 36(3): 251253.

金明霞, 喻爱林, 涂业苟, 等. 2015. 赣南湿地松粉蚧林间种群消长规律调查研究. 生物灾害科学, 38(3): 190-192.

李惠萍. 2021. 口岸截获蚧虫彩色图鉴. 北京: 中国农业出版社.

李金峰, 邓军, 陈华燕, 等. 2020. 广西扶桑绵粉蚧寄生蜂发生情况调查. 南方农业学报, 51(4): 853-861.

李孟楼. 2002. 森林昆虫学通论. 北京: 中国林业出版社.

李思怡. 2018. 石蒜绵粉蚧的生物学和生态学特性研究. 杭州: 浙江农林大学硕士学位论文.

李思怡, 王吉锐, 赖秋利, 等. 2018. 温度对石蒜绵粉蚧生长发育和繁殖的影响. 昆虫学报, 61(10): 1170-1176.

廖嵩, 廖为财, 李婷, 等. 2021. 江西首次发现入侵害虫木瓜粉蚧 *Paracoccus marginatus*. 生物灾害科学, 44(1): 10-14.

林凌鸿, 郑丽祯, 史梦竹, 等. 2019. 福建新记录入侵害虫木瓜秀粉蚧的分子检测鉴定. 果树学报, 36(9): 1130-1139.

林晓佳, 吴蓉, 陈昊健, 等. 2013. 新菠萝灰粉蚧研究进展. 浙江农业科学, (11): 1387-1391.

刘刚. 2011. 河北省部署开展扶桑绵粉蚧疫情调查工作. 农药市场信息, (15): 47.

刘涛, 李丽, 李柏树, 等. 2016. 绿植携带扶桑绵粉蚧的甲酸乙酯熏蒸技术研究. 植物检疫, 30(6): 13-16.

吕国庆, 姬可平, 牛宪立, 等. 2010. 建立我国中药材 DNA 条形码数据库方法的探讨和前景展望. 新乡医学院学报, 27(4): 416-418.

吕送枝. 2000. 湿地松粉蚧蔓延进入广西. 森林病虫通讯, (6): 39.

马晨, 李柏树, 任荔荔, 等. 2014. 杰克贝尔氏粉蚧对强制热空气和热水处理的耐受性比较. 植物检疫, 28(2): 10-14.

马骏, 胡学难, 刘海军, 等. 2009. 广州扶桑上发现扶桑绵粉蚧. 植物检疫, 23(2): 35-36.

马骏, 梁帆, 林莉, 等. 2019. 新发入侵害虫: 南洋臀纹粉蚧在广州的发生情况调查. 环境昆虫学报, 41(5): 1006-1010.

马骏, 梁帆, 赵菊鹏, 等. 2012a. 溴甲烷对扶桑绵粉蚧的熏蒸处理研究. 植物检疫, 26(5): 6-9.

马骏, 梁帆, 赵菊鹏, 等. 2012b. 菠萝粉蚧和新菠萝灰粉蚧溴甲烷熏蒸处理研究. 环境昆虫学报, 34(4): 441-446.

马骏, 林莉, 赵菊鹏, 等. 2013. 菠萝粉蚧和新菠萝灰粉蚧 γ-射线辐照处理研究. 应用昆虫学报, 50(3): 784-789.

马骏, 赵菊鹏, 林莉, 等. 2012c. 扶桑绵粉蚧辐照处理研究. 植物检疫, 26(3): 13-16.

马玲. 2019. 入侵扶桑绵粉蚧在我国的种群遗传结构与适应性遗传变异. 长沙: 湖南农业大学硕士学位论文.

马英, 鲁亮. 2010. DNA 条形码技术研究新进展. 中国媒介生物学及控制杂志, 21(3): 275-280.

苗广飞, 黄超. 2013. 安徽省扶桑绵粉蚧疫情发生与防治. 安徽农学通报, 19(8): 58-59.

庞雄飞, 汤才. 1994. 新侵入害虫: 湿地松粉蚧的防治问题. 森林病虫通讯, (2): 32-34.

蒲蜇龙, 何等平, 邓德蔼. 1959. 孟氏隐唇瓢虫和澳洲瓢虫的繁殖和利用. 中山大学学报（自然科学版）, (2): 1-8.

齐国君, 陈婷, 高燕, 等. 2015. 基于 Maxent 的大洋臀纹粉蚧和南洋臀纹粉蚧在中国的适生区分析. 环境昆虫学报, 37(2): 219-223.

任辉, 陈沐荣, 余海滨, 等. 2000. 湿地松粉蚧本地寄生天敌: 粉蚧长索跳小蜂. 昆虫天敌, 22(3): 140-143.

任竞妹. 2016. 粉蚧科昆虫 DNA 条形码鉴定技术及数据库的建立. 广州: 华南农业大学硕士学位论文.

闰鹏飞, 孙跃先, 李正跃, 等. 2013. 云南省扶桑绵粉蚧的分布和危害. 生物安全学报, 22(4): 237-241.

邵炜冬. 2015. 大洋臀纹粉蚧生物学特性研究. 杭州: 浙江农林大学硕士学位论文.

邵炜冬, 徐志宏. 2014. 大洋臀纹粉蚧研究进展. 浙江林业科技, 34 (1): 70-74.

司升云, 彭斌, 刘鑫, 等. 2013. 湖北省蔬菜上发现新外来入侵生物扶桑绵粉蚧. 长江蔬菜, 3: 45.

宋子骄, 秦誉嘉, 马福欢, 等. 2019. 基于 MaxEnt 的木瓜秀粉蚧适生性分析. 植物检疫, 33(5): 73-78.

苏燕春. 2011. 扶桑绵粉蚧发生为害与防控对策. 广西农学报, 26(6): 37-39.

覃武, 胡雍, 桂富荣, 等. 2021. 寄主植物对扶桑绵粉蚧体型及体内能源物质含量的影响. 生物安全学报, 30(3): 189-194.

覃振强. 2010. 新菠萝灰粉蚧生物学特性及孟氏隐唇瓢虫的应用研究. 广州: 华南农业大学博士学位论文.

覃振强, 吴建辉, 任顺祥, 等. 2010. 外来入侵害虫新菠萝灰粉蚧在中国的风险性分析. 中国农业科学, 43(3): 626-631.

汤祊德. 1992. 中国粉蚧科. 北京: 中国农业科技出版社.

汤才, 黄德超. 2003. 降雨对湿地松粉蚧第 1 代低龄若虫的影响. 仲恺农业工程学院学报, 16(4): 38-41.

汤才, 黄德超, 童晓立, 等. 2001. 梯度变温对湿地松粉蚧实验种群的影响. 华南农业大学学报, 22(1): 46-48.

田虎. 2013. 介壳虫类昆虫 DNA 条形码识别技术研究. 北京: 中国农业科学院硕士学位论文.

田兴山, 齐国君, 胡学难, 等. 2016. 中国-东盟重大农业入侵有害生物预警与防控研究进展. 生物安全学报, 25 (3): 153-160.

万方浩, 冯洁, 徐进, 等. 2011. 生物入侵: 检测与监测篇. 北京: 科学出版社: 553-562.

万静. 2015. 粉蚧科一龄若虫分类初步研究（半翅目: 蚧总科）. 北京: 北京林业大学硕士学位论文.

王超, 陈芳, 陆永跃. 2014. 不同光周期条件下棉花粉蚧的生长发育和种群增长能力. 昆虫学报, 57(4): 428-435.

王飞飞, 朱艺勇, 黄芳, 等. 2014. 温度对扶桑绵粉蚧生长发育的影响. 昆虫学报, 57(4): 436-442.

王进强, 许丽月, 李国华, 等. 2013. 西双版纳地区寄生橡胶树的蚧虫种类. 植物保护, 39(4): 129-133.

王俊, 阿依夏木·麦麦提, 陈庆宽, 等. 2012. 新疆扶桑绵粉蚧疫情的传入及扑灭概况. 植物检疫, 26(4): 90-91.

王娌莉, 覃冬冬, 黄应忠. 2008. 番石榴粉蚧的药剂防治试验. 广西园艺, (2): 21-22.

王前进, 高燕, 陈婷, 等. 2013. 5种植物上扶桑绵粉蚧的适生性及其潜在为害分析. 环境昆虫学报, 35(6): 699-706.

王珊珊, 武三安. 2009. 中国大陆新纪录种: 石蒜绵粉蚧 (*Phenacoccus solani* Ferris). 植物检疫, 23(4): 35-37.

王香萍, 雷小涛, 司升云, 等. 2016. 入侵昆虫扶桑绵粉蚧研究进展. 湖北农业科学, 55(18): 4625-4628.

王晓亮, 杨清坡, 姜培, 等. 2021. 国际植物保护公约实施工作与能力发展现状及对我国的建议. 植物检疫, 35(1): 1-6.

王戊勃, 武三安. 2014. 中国大陆一种新害虫: 马缨丹绵粉蚧. 应用昆虫学报, 51(4): 1098-1103.

王艳平, 武三安, 张润志. 2009. 入侵害虫扶桑绵粉蚧在中国的风险分析. 应用昆虫学报, 46(1): 101-106.

王毅. 2015. 甲酸乙酯对杰克贝尔氏粉蚧的熏蒸作用及对菠萝品质的影响. 太原: 山西农业大学硕士学位论文.

王玉生. 2016. 我国常见粉蚧类害虫双基因条形码鉴定技术研究. 北京: 中国农业科学院硕士学位论文.

王玉生. 2019. 扶桑绵粉蚧在中国的地理分布与遗传结构及其寄生蜂的地理分布格局研究. 北京: 中国农业科学院博士学位论文.

王玉生, 周培, 田虎, 等. 2018. 警惕杰克贝尔氏粉蚧 *Pseudococcus jackbeardsleyi* Gimpel & Miller 在中国大陆扩散. 生物安全学报, 27(3): 171-177.

温秀云. 1984. 两种葡萄粉蚧发生与防治研究 (初报). 山东果树, (2): 17-20.

吴福中, 刘志红, 沈鸿, 等. 2014. 扶桑绵粉蚧对华南地区不同生境园林植物的危害调查及分析. 植物检疫, 28(4): 64-69.

吴建辉, 林莉, 任顺祥, 等. 2008. 雷州半岛剑麻新害虫: 新菠萝粉蚧简报. 广东农业科学, (4): 47-48.

吴密, 陈禄, 金刚, 等. 2021. 广西剑麻产区新菠萝灰粉蚧调查初报. 农业研究与应用, 34(3): 69-74.

吴文哲, 涂文光, 李本鹃. 1988. 台湾之臀纹粉蚧族 (Planococcini). 台湾省立博物馆年刊, 31: 71-102.

武三安. 2009. 宁夏粉蚧科昆虫研究 (半翅目: 蚧总科). 昆虫分类学报, 31(1): 12-28.

武三安, 贾彩娟. 1996. 中国粉蚧科 PSEUDOCOCCIDAE 名录续补. 山西农业大学学报: 自然科学版, 16(4): 336-338.

武三安, 南楠, 吕渊. 2010. 中国大陆一新入侵种: 美地绵粉蚧. 昆虫分类学报, 32(S): 8-12.

武三安, 王艳平. 2011. 警惕木薯绵粉蚧入侵我国. 环境昆虫学报, 33(1): 122-125.

武三安, 张润志. 2009. 威胁棉花生产的外来入侵新害虫: 扶桑绵粉蚧. 昆虫知识, 46(1): 159-162.

肖惠华, 程韬略, 王光明. 2016. 湿地松粉蚧发生情况调查. 湖南林业科技, 43(4): 94-96.

徐家雄, 丁克军, 司徒荣贵. 1992. 湿地松粉蚧生物学特性的初步研究. 广东林业科技, (4): 21-24.

徐家雄, 余海滨, 方天松, 等. 2002. 湿地松粉蚧生物学特性及发生规律研究. 广东林业科技, 18(4): 1-6.

徐梅, 黄蓬英, 安榆林, 等. 2008. 检疫性有害生物: 南洋臀纹粉蚧. 植物检疫, 22(2): 100-102.

徐淼锋, 迟远丽, 水克娟, 等. 2016. 从南非啤梨上截获暗色粉蚧. 植物检疫, 30(3): 90-92.

徐世多. 1994. 湿地松粉蚧自然传播规律研究初报. 中国森林病虫, (2): 16-17.

徐文雅, 王迪, 刘涛, 等. 2019. 香蕉携带杰克贝尔氏粉蚧的甲酸乙酯熏蒸技术初探. 植物检疫, 28(4): 16-21.

叶郁菁, 黎瑞铃, 陈秋男. 2006. 温度与寄主植物对美地绵粉介壳虫 (*Phenacoccus madeirensis* Green) 发育与族群介量之影响. 台湾昆虫, 26(4): 329-342.

于永浩, 高旭渊, 曾宪儒, 等. 2016. 广西及越南农业外来有害生物入侵现状. 生物安全学报, 25 (3): 171-180.

余海滨, 方天松, 蔡卫群, 等. 1998. 湿地松粉蚧林间种群量消长规律研究. 林业科技通讯, (8): 16-17.

袁晓丽, 李伟才, 何衍彪, 等. 2012. 我国热区常见粉蚧概述. 广东农业科学, 17(2): 66-67.

曾宪儒, 于永浩, 韦德卫, 等. 2014. 木薯绵粉蚧入侵广西的风险分析. 南方农业学报, 45(2): 214-217.

张桂芬, 王玉生, 田虎, 等. 2019. 警惕检疫性害虫南洋臀纹粉蚧在中国大陆扩散. 生物安全学报, 28(2): 121-126.

张江涛. 2018. 中国臀纹粉蚧族和柊粉蚧族昆虫分类研究 (半翅目: 蚧总科: 粉蚧科: 粉蚧亚科). 北京: 北京林业大学博士学位论文.

张江涛, 武三安. 2015. 中国大陆一新入侵种: 木瓜秀粉蚧. 环境昆虫学报, 37(2): 441-446.

张明真. 2012. 扶桑绵粉蚧的发生与防治措施. 福建农业科技, (11): 51-52.

张妮, 陈泽坦, 徐雪莲, 等. 2011. 不同寄主对新菠萝灰粉蚧生长发育和繁殖的影响. 热带作物学报, 32(9): 1733-1735.

张妮, 陈泽坦, 严珍, 等. 2013. 不同寄主对新菠萝灰粉蚧嗜食性的比较. 农业科技通讯, (10): 116-118.

张心结, 李突震, 苏星, 等. 1997. 湿地松粉蚧为害对湿地松生长的影响. 华南农业大学学报, 18(2): 40-45.

张煜, 李晶, 阿丽亚·阿布拉. 2012. 新疆扶桑绵粉蚧疫情发生处置情况及阻截对策. 新疆农业科技, (1): 6-7.

张总泽, 陈艳, 李敏, 等. 2016. 越南火龙果中杰克贝尔氏粉蚧的检疫鉴定. 植物检疫, 30(1): 53-56.

赵卿颖, 宋子骄, 钟勇, 等. 2021. 南瓜饲养榕树粉蚧的发育历期与生物学特征初报. 植物检疫, 35(2): 24-27.

赵天泽, 高明, 张广平, 等. 2019. 磷化氢熏蒸对南洋臀纹粉蚧的杀灭效果和对进口菠萝品质的影响研究. 植物检疫, 33(2): 48-52.

赵艳龙, 何衍彪, 詹儒林. 2007. 我国剑麻主要病虫害的发生与防治. 中国麻业科学, 29(6): 334-338.

郑庆伟. 2017. 海南白沙首次发现木瓜秀粉蚧、美地绵粉蚧、螺旋粉虱和木薯单爪螨危害. 农药市场信息, 25: 71.

郑斯竹, 高渊, 樊新华. 2015. 石蒜绵粉蚧传入我国风险分析. 中国植保导刊, 35(4): 75-77.

智伏英, 黄芳, 黄俊, 等. 2018. 石蒜绵粉蚧生物学特性. 昆虫学报, 61(7): 871-876.

中华人民共和国国家质量监督检验检疫总局. 2010. 帐幕熏蒸处理操作规程: SN/T 1123—2010. 北京: 中国标准出版社.

中华人民共和国国家质量监督检验检疫总局. 2014. 扶桑绵粉蚧药剂除害处理操作规程: SN/T 3891—2014. 北京: 中国标准出版社.

中华人民共和国国家质量监督检验检疫总局. 2014. 熏蒸库中植物有害生物熏蒸处理操作规程: SN/T 1143—2013. 北京: 中国标准出版社.

中华人民共和国国家质量监督检验检疫总局, 中国国家标准化管理委员会. 2018. 农药合理使用准则（十）: GB/T 8321.10—2018. 北京: 中国标准出版社.

钟勇, 刘若思, 周国辉, 等. 2019. 中国进境水果携带粉蚧疫情分析（2013—2016）. 生物安全学报, 28(3): 208-212.

周昌清, 刘礼平, 陈海东, 等. 2003. 湿地松粉蚧自然种群动态与环境因子关系的研究. 中山大学学报: 自然科学版, 42(6): 64-68, 82.

周梁镒, 翁振宇. 2000. 台湾产介壳虫（同翅目: 介壳虫总科）之六新纪录种. 台湾茶叶研究汇报, 19: 155-165.

周湾, 林云彪, 许凤仙, 等. 2010. 浙江省扶桑绵粉蚧分布危害调查. 应用昆虫学报, 47(6): 1231-1235.

周贤, 张秋娥, 潘绪斌, 等. 2014. 木薯绵粉蚧随进口寄主产品传入中国风险分析. 环境昆虫学报, 36(3): 298-304.

朱烨. 2013. 浦东新区扶桑绵粉蚧的疫情发生情况及防控对策. 上海农业科技, (3): 97-98.

朱艺勇, 黄芳, 吕要斌. 2011. 扶桑绵粉蚧生物学特性研究. 昆虫学报, 54(2): 246-252.

Abbas G, Arif M J, Ashfaq M, *et al.* 2010. Host plants distribution and overwintering of cotton mealybug (*Phenacoccus solenopsis*; Hemiptera: Pseudococcidae). International Journal of Agriculture & Biology, 12(3): 421-425.

Abbas G, Arif M J, Saeed S. 2005. Systematic status of a new species of the genus *Phenacoccus* Cockerell (Pseudococcidae), a serious pest of cotton, *Gossypium hirsutum* L. in Pakistan. Pakistan Entomologist, 27(1): 83-84.

Abbasipour H, Taghavi A. 2007. Description and seasonal abundance of the tea mealybug, *Pseudococcus viburni* (Signoret) (Homoptera: Pseudococcidae) found on tea in Iran. Journal of Entomology, 4(6): 474-478.

Abdrabou S, Germain J F, Malausa T. 2010. *Phenacoccus parvus* Morrison and *P. solenopsis* Tinsley, two new scale insects in Egypt (Hemiptera, Pseudococcidae). Bulletin de la Société Entomologique de France, 115(4): 509-510.

Abd-Rabou S, Shalaby H, Germain J F, *et al.* 2012. Identification of mealybug pest species (Hemiptera: Pseudococcidae) in Egypt and France, using a DNA barcoding approach. Bulletin of Entomological Research, 102(5): 515-523.

Abdul-Rassoul M S, Al-Malo I M, Hermiz F B. 2015. First record and host plants of solenopsis mealybug, *Phenacoccus solenopsis* Tinsley, 1898 (Hemiptera: Pseudococcidae) from Iraq. Journal of Biodiversity and Environmental Sciences, 7(2): 216-222.

Akintola A J, Ande A T. 2008. First record of *Phenacoccus solenopsis* Tinsley (Hemiptera: Pseudococcidae) on *Hibiscus rosa-sinensis* in Nigeria. Agricultural Journal, 3(1): 1-3.

Ali A, Hameed A, Saleem M, *et al.* 2012. Effect of temperature and relative humidity on the biology cotton mealy bug (*Phenacoccus solenopsis* Tinsley). Journal of Agricultural Research, 50(1): 89-101.

Amarasekare K G, Chong J H, Epsky N D, *et al.* 2008. Effect of temperature on the life history of the mealybug *Paracoccus marginatus* (Hemiptera: Pseudococcidae). Journal of Economic Entomology, 101(6): 1798-1804.

Amarasekare K G, Mannion C M, Osborne L S, *et al.* 2014. Life history of *Paracoccus marginatus*

(Hemiptera: Pseudococcidae) on four host plant species under laboratory conditions. Environmental Entomology, 37(3): 630-635.

Andalo V, Moino A, Santa-Cecilia L V C, *et al.* 2004. Compatibility of *Beauveria bassiana* with chemical pesticides for the control of the coffee root mealybug *Dysmicoccus texensis* Tinsley (Hemiptera: Pseudococcidae). Neotropical Entomology, 33(4): 463-467.

APPPC (Asia and Pacific Plant Protection Commission). 1987. Insect pests of economic significance affecting major crops of the countries in Asia and the Pacific region. Technical Document No. 135. Bangkok: Regional Office for Asia and the Pacific region (RAPA).

Arif M I, Rafiq M, Ghaffar A. 2009. Host plants of cotton mealybug (*Phenacoccus solenopsis*): a new menace to cotton agroecosystem of Punjab, Pakistan. International Journal of Agriculture and Biology, 11(2): 163-167.

Aroua K, Kadan M B, Ercan C, *et al.* 2020. First record of *Phenacoccus solenopsis* Tinsley (Hemiptera: Coccoidea: Pseudococcidae) in Algeria. Entomological News, 129(1): 63-66.

Ashfaq M, Noor A R, Mansoor S. 2010. DNA-based characterization of an invasive mealybug (Hemiptera: Pseudococcidae) species damaging cotton in Pakistan. Applied Entomology and Zoology, 45(3): 395-404.

Assefa Y, Dlamini G. 2018. *Phenacoccus solenopsis* Tinsley (Hemiptera: Pseudococcidae): a new polyphagous invasive mealybug pest in Highveld, Lowveld and Lubombo regions of Swaziland. African Entomology, 26(2): 536-542.

Badr S, Moharum F. 2017. The Madeira *Phenacoccus madeirensis* Green (Hemiptera: Pseudococcidae) a new record of mealybug in Egypt. Alexandria Journal of Agricultural Sciences, 62(3): 329.

Bale J S, Masters G J, Hodkinson I D, *et al.* 2002. Herbivory in global climate change research: direct effects of rising temperature on insect herbivores. Global Change Biology, 8(1): 1-16.

Banu J G, Suruliveru T, Amutha M, *et al.* 2010. Susceptibility of cotton mealybug, *Paracoccus marginatus* to entomopathogenic fungi. Annals of Plant Protection Sciences, 18(1): 247-248.

Beardsley J W. 1959. On the taxonomy of pineapple mealybugs in Hawaii, with description of a previously unnamed species (Homoptcra: Pseudococcidae). Proceedings of the Hawaiian Entomological Society, 17(1): 29-37.

Beardsley J W. 1966. Insects of Micronesia Homoptera: Coccoidea. Insects of Micronesia, 6(7): 434-435.

Beardsley J W. 1993. The Pineapple Mealybug Complex: Taxonomy, Distribution and Host Relationships. Acta-hortic. Wageningen: International Society for Horticultural Science: 383-386.

Beltrà A, Soto A. 2011. New records of mealybugs (Hemiptera: Pseudococcidae) from Spain. Phytoparasitica, 39(4): 385-387.

Beltrà A, Soto A, Malausa T. 2011. Molecular and morphological characterisation of Pseudococcidae surveyed on crops and ornamental plants in Spain. Bulletin of Entomological Research, 102(2): 165-172.

Ben-Dov Y. 1990. *Pseudococcus affinis* (Maskell), an apple pest in Israel. Hassadeh, 71(2): 230-231.

Ben-Dov Y. 1994. A Systematic Catalogue of the Mealybugs of the World (Insecta: Homoptera: Coccoidae: Pseudococcidae and Putoidae) with Data on Geographical Distribution, Host Plants, Biology and Economic Importance. Andover: Intercept: 1-686.

Ben-Dov Y. 2005. The solanum mealybug, *Phenacoccus solani* Ferris (Hemiptera: Coccoidea: Pseudococcidae), extends its distribution range in the mediterranean basin. Phytoparasitica, 33(1): 15-16.

Ben-Dov Y, Gottlieb Y, Sando T. 2005. First record of *Phenacoccus parvus* Morrison (Hemiptera: Coccoidea: Pseudococcidae) from the Palaearctic Region. Phytoparasitica, 33(4): 325-326.

Ben-Dov Y, Matile-Ferrero D. 1995. The identity of the mealybug taxa described by VA Signoret (Homoptera, Coccoidea, Pseudococcidae). Bulletin de la Sociétéentomologique de France, 100(3): 241-256.

Bennett F D, Hughes I W. 1959. Biological control of insect pests in Bermuda. Bulletin of Entomological Research, 50(3): 423-436.

Bodenheimer F S. 1944. Note on the Coccoidea of Iran, with description of new species. Bulletin de la Société Fouad 1er d'Entomologie, 28: 85-100.

Boussienguet J. 1986. The natural enemy complex of cassava mealybug, *Phenacoccus manihoti* (Hom. Coccoidea Pseudococcidae) in Gabon. I.-Faunistic inventory and trophic relationships. Annales de la Société Entomologique de France, 22(1): 35-44.

Brain C K. 1912. Contribution to the knowledge of mealy bugs, genus *Pseudococcus* in the vicinity of Cape Town, SouthAfrica. Annals of the Entomological Society of America, 5(2): 177-189.

CABI (Center for Agriculture and Biosciences International). 2022. CABI Distribution Database: Status Inferred from Regional Distribution. Wallingford: CABI.

Çanakçioglu H. 1977. A Study of the Coccoidea (Homoptera) of Turkey (Systematic, Distribution, Host Plant, Biology). Istanbul: Istanbul University Faculty for Publication: 2322.

Carter W. 1932. Studies of populations of *Pseudococcus brevipes* (Ckl.) occurring on pineapple plants. Ecology, 13(3): 296-304.

Carter W. 1933. The pineapple mealybug, *Pseudococcus brevipes*, and wilt of pineapples. Phytopathology, 23(3): 207-242.

Carter W. 1934. Mealybug wilt and green spot in Jamaica and Central America. Phytopath, 24(4): 424-426.

Carter W. 1960. *Phenococcus solani* Ferris, a toxicogenic insect. Journal of Economic Entomology, 53(2): 322-323.

Carvalho P J, Franco J C, Aguiar F A M, *et al.* 1996. Insect pests of citrus in Portugal. Proceedings of the International Society of Citriculture, 1: 613-618.

Causton C E, Peck S B, Sinclair B J, *et al.* 2006. Alien insects: threats and implications for conservation of Galápagos Islands. Annals of the Entomological Society of America, 99(1): 121-143.

Chakupurakal J, Markham R H, Neuenschwander P, *et al.* 1994. Biological control of the cassava mealybug, *Phenacoccus manihoti* (Homoptera: Pseudococcidae), in Zambia. Biological Control, 4(3): 254-262.

Chen H S, Yang L, Huang L F, *et al.* 2015. Temperature- and relative humidity-dependent life history traits of *Phenacoccus solenopsis* (Hemiptera: Pseudococcidae) on *Hibiscus rosa-sinensis* (Malvales: Malvaceae). Environmental Entomology, 44(4): 1230-1239.

Choi J K, Lee Y S, Lee H A, *et al.* 2021. Two new records of mealybugs (Coccomorpha:

Pseudococcidae) on succulent plants (Crassulaceae) from Korea. Journal of Asia-Pacific Biodiversity, 14(4): 645-650.

Chong J H, Oetting R D, Van I M W. 2003. Temperature effects on the development, survival, and reproduction of the Madeira mealybug, *Phenacoccus madeirensis* Green (Hemiptera: Pseudococcidae), on chrysanthemum. Annals of the Entomological Society of America, 96(4): 539-543.

Ciampolini M, Lupi D, Suss L. 2002. *Pseudococcus viburni* (Signoret) in apple orchards in central Italy. Bollettino di ZoologiaAgraria e di Bachicoltura, 34(1): 97-108.

Clarke S R, DeBarr G L, Berisford C W. 1990. Life history of *Oracella acuta* (Homoptera: Pseudoeccidae) in loblolly pine seed orchards in Georgia. Environmental Entomology, 19(1): 99-103.

Clarke S R, Negron J F, Debarr G L. 1992. Effects of four pyrethroids on scale insect (Homoptera) populations and their natural enemies in loblolly and short leaf pine seed orchards. Journal of Economic Entomology, 85(4): 1246-1252.

Clarke S R, Yu H B, Chen M R, *et al.* 2010. Classical biological control program for the mealybug *Oracella acuta* in Guangdong Province, China. Insect Science, 17(2): 129-139.

Clausen C P. 1924. The Parasites of *Pseudococcus maritimus* (Ehrhorn) in California (Hymenoptera, Chalcidoidea). Part II: Biological Studies and Life History. Berkeley: University of California Press; London: Leonard Hill: 295.

Collins L, Scott J K. 1982. Interaction of ants, predators and the scale insect *Pulvinariella mesembryanthemi* on *Carpobrotus edulis*, an exotic plant naturalized in Western Australia. Australian Entomologist, 8(5): 73-78.

Constantino G. 1935. Un nemico del cotonello degli agrumi: *Cryptolaemus montrouzieri* Muls. Bolletino Reale Stazione Sperimentale di Agricoltura e Frutticoltura, 6: 7.

Correa M C G, Germain J F, Malausa T, *et al.* 2012. Molecular and morphological characterization of mealybugs (Hemiptera: Pseudococcidae) from Chilean vineyards. Bulletin of Entomological Research, 102(5): 524-530.

Cox J M. 1989. The mealybug genus *Planococcus*. Bulletin of the British Museum (Natural History) Entomology, 58(1): 1-78.

Cox J M, Freeston A C. 1985. Identification of mealybugs of the genus *Planococcus* (Homoptera: Pseudococcidae) occurring on cacao throughout the world. Journal of Natural History, 19(4): 719-728.

Cox J M, Williams D J. 1981. An account of cassava mealybugs (Hemiptera: Pseudococcidae) with a description of a new species. Bulletin of Entomological Research, 71(2): 247-258.

Cristina S B, Raul P, Almeida D E, *et al.* 2007. Occurrence of *Planococcus minor* Maskell (Hemiptera: Pseudococcidae) in cotton fields of Northeast Region of Brazil. Neotropical Entomology, 36(4): 625-628.

Cudjoe A, Neuenschwander P, Copland M. 1993. Interference by ants in biological control of the cassava mealybug *Phenacoccus manihoti* (Hemiptera: Pseudococcidae) in Ghana. Bulletin of Entomological Research, 83(1): 15-22.

Culik M P, Gullan P J. 2005. A new pest of tomato and other records of mealybugs (Hemiptera: Pseudococcidae) from Espírito Santo, Brazil. Zootaxa, 964(5): 1-8.

Culik M P, Martins D S, Ventura J A, *et al.* 2007. Coccidae, Pseudococcidae, Ortheziidae, and Monophlebidae (Hemiptera: Coccoidea) of Espírito Santo, Brazil. Biota Neotropica, 7(3): 61-65.

Daane K M, Almeida B R P P, Bell V A, *et al.* 2012. Biology and management of mealybugs in vineyards // Bostanian N J, Vincent C, Isaacs R. Arthropod Management in Vineyards: Pests, Approaches, and Future Directions. Dordrecht: Spring.

Daane K M, Sime K R, Fallon J, *et al.* 2007. Impacts of Argentine ants on mealybugs and their natural enemies in California's coastal vineyards. Ecological Entomology, 32(6): 583-596.

Daane K M, Sime K R, Hogg B N, *et al.* 2006. Effects of liquid insecticide baits on Argentine ants in California's coastal vineyards. Crop Protection, 25(6): 592-603.

Dapoto G L, Olave A, Bondoni M, *et al.* 2011. Obscure mealybug (*Pseudococcus viburni*) in pear trees in the Alto Valle of Rio Negro and Neuquen, Argentina. Acta Horticultura, 909(2): 497-504.

De Lotto G. 1974. On two genera of mealybugs (Homoptera: Coccoidea: Pseudococcidae). Journal of the Entomological Society of Southern Africa, 37(1): 109-115.

De Lotto G. 1979. Soft scales (Homoptera: Coccidae) of South Africa. IV. Journal of the Entomological Society of Southern Africa, 42(2): 245-256.

DeBach P. 1974. Biological Control by Natural Enemies. New York: Cambridge University Press.

Delpoux C, Germain J F, Delvare G, *et al.* 2013. Les cochenilles à sécrétions cireuses sur manguier Icerya seychellarum, ravageur en recrudescence. Phytoma, 665: 45-49.

Devasahayam S, Koya K A. 2000. Evaluation of entomopathogenic fungi against root mealybug infesting black peppe // Association for Advancement of Entomology. Trivandrum: Entomocongress 2000: 33-34.

Dewer Y, Abdel-Fattah R S, Schneider S A. 2018. Molecular and morphological identification of the mealybug, *Phenacoccus solani* Ferris (Hemiptera: Pseudococcidae): first report in Egypt. Bulletin OEPP/ EPPO Bulletin, 48(1): 155-159.

Dhandapani N, Gopalan M, Sundarababu P C. 1992. Evaluation of insecticides for the control of mealy bugs, (*Planococcus lilacinus* Ckll.) in jasmine. Madras Agricultural Journal, 79(1): 54-55.

Dhawan A K, Singh K, Saini S, *et al.* 2007. Incidence and damage potential of mealy bug, *Phenacoccus solenopsis* Tinsley, on cotton in Punjab. Indian Journal of Ecology, 34: 110-116.

Diaz R, Romero S, Roda A, *et al.* 2015. Diversity of arthropods associated with *Mikania* spp. and *Chromolaena odorata* (Asterales: Asteraceae: Eupatorieae) in Florida. Florida Entomologist, 98(1): 389-393.

El-Aalaoui M, Sbaghi M. 2021. First record of the mealybug *Phenacoccus solenopsis* Tinsley (Hemiptera: Pseudococcidae) and its seven parasitoids and five predators in Morocco. Bulletin OEPP/EPPO Bulletin, 51(2): 299-304.

Elith J, Phillips S J, Hastie T, *et al.* 2011. A statistical explanation of MaxEnt for ecologists. Diversity and Distributions, 17(1): 43-57.

El-Zahi E S, Aref S A E, Korish S K M. 2016. The cotton mealybug, *Phenacoccus solenopsis* Tinsley (Hemiptera: Pseudococcidae) as a new menace to cotton in Egypt and its chemical control.

Journal of Plant Protection Research, 56(2): 111-115.

Fand B B, Suroshe S S. 2015. The invasive mealybug *Phenacoccus solenopsis* Tinsley, a threat to tropical and subtropical agricultural and horticultural production systems: a review. Crop Protection, 69: 34-43.

FAO (Food and Agriculture Organization of the United Nations). 2011. Report of Capacity Building for Spread Prevention and Management of Cassava Pink Mealybug in the Greater Mekong Subregion. Bangkok: FAO: 56.

Feng D D, Michaud J P, Li P, *et al.* 2015. The native ant, *Tapinoma melanocephalum*, improves the survival of an invasive mealybug, *Phenacoccus solenopsis*, by defending it from parasitoids. Scientific Reports, 5: 15691.

Fernandes I M. 1991. New data on the scale fauna of the islands of S. Tome and Principe. Garcia de Orta Série de Zoologia, 18(1/2): 111-113.

Fernando L C P, Kanagaratnam P. 1987. New records of some pests of the coconut inflorescence and developing fruit and their natural enemies in Sri Lanka. Cocos, 5: 39-42.

Ferris G F. 1918. The California Species of Mealy Bugs. California: Leland Stanford, Junior University Publications: 1-85.

Firake D M, Behere G T, Sharma B, *et al.* 2016. First report of the invasive mealybug, *Phenacoccus parvus* Morrison infesting Naga king chili and its colonization potential on major host plants in India. Phytoparasitica, 44(2): 187-194.

Flanders S E. 1944. Biological control of the potato mealybug. Journal of Economic Entomology, 37(2): 312.

Francis A W. 2011. Investigation of Bio-Ecological Factors Influencing Infestation by the Passionvine Mealybug, *Planococcus minor* (Maskell) (Hemiptera: Pseudococcidae) in Trinidad for Application Towards Its Management. Florida: IEEE International Conference on Communication Software and Networks.

Franco J C, Zada A, Mendel Z. 2009. Novel approaches for the management of mealybug pests // Ishaaya I, Horowitz A R. Biorational Control of Arthropod Pests. Dordrecht: Springer: 233-278.

Frick K E. 1952. The value of some organic phosphate insecticides in control of grape mealybug. Journal of Economic Entomology, 45(2): 340-341.

Fuchs T W, Stewart J W, Minzenmayer R, *et al.* 1991. First record of *Phenacoccus solenopsis* Tinsley in cultivated cotton in the United States. Southwestern Entomologist, 16(3): 215-221.

Fujita S, Adachi S, Elsayed A K, *et al.* 2019. Seasonal occurrence and host range of the predatory gall midge *Diadiplosis hirticornis* (Diptera: Cecidomyiidae), a native natural enemy of *Planococcus kraunhiae* (Hemiptera: Pseudococcidae). Applied Entomology and Zoology, 54(2): 197-201.

Galanihe L D, Jayasundera M U P, Vithana A, *et al.* 2010. Occurrence, distribution and control of papaya mealybug, *Paracoccus marginatus* (Hemiptera: Pseudococcidae), an invasive alien pest in Sri Lanka. Tropical Agricultural Research and Extension, 13(3): 81-86.

Gama P B S, Binyason S A, Marchelo-d'Ragga P W. 2020. First report of papaya mealybug, *Paracoccus marginatus* Williams and Granara de Willink (Hemiptera: Pseudococcidae), in Jubek State, South Sudan. International Journal of Agricultural Research and Review, 8(3): 31-46.

Gautam R D. 1990. Mass multiplication technique of the coccinellids predator, the ladybird beetle (*Brumoides suturalis*). Indian Journal of Agricultural Sciences, 60(11): 747-750.

Gautam R D, Saxena U, Gautam S, *et al.* 2007. Studies on solanum mealybug, *Phenacoccus solani* Ferris (Hemiptera: Pseudococcidae) its parasitoids and predator complex, reproductive potential and utilization as laboratory prey for rearing the ladybird and green lacewing predators. Journal of Entomological Research, 31(3): 259-264.

Gautam S, Singh A K, Gautam R D. 2010. Olfactory responses of green lacewings, *Chrysoperla* sp. (carnea group) and *Mallada desjardinsi* on mealybug, *Phenacoccus solenopsis* (Homoptera: Pseudococcidae) fed on cotton. Acta Entomologica Sinica, 53(5): 497-507.

Gavrilov-Zimin I A, Danzig E M. 2015. Some additions to the mealybug fauna (Homoptera: Coccinea: Pseudococcidae) of the Canary Islands. Zoosystematica Rossica, 24(1): 94-98.

Geiger C A, Daane K M. 2001. Seasonal movement and distribution of the grape mealybug (Homoptera: Pseudococcidae): developing a sampling program for san joaquin valley vineyards. Journal of Economic Entomology, 94(1): 291-301.

Germain J F, Attie M, Barbet A, *et al.* 2008. New Scale Insects Recorded for the Comoros and Seychelles Islands. Oieras: Proceedings of the XI International Symposium on Scale Insects Studies: 129-135.

Germain J F, Sookar P, Buldawoo I, *et al.* 2014. Three species of potentially invasive scale insects new for Mauritius (Hemiptera, Coccoidea, Pseudococcidae). Bulletin de la Société Entomologique de France, 119(1): 27-29.

German T L, Ullman D E, Gunasinghe U B. 1992. Mealybug Wilt of Pineapple. New York: Springer.

Giga D P. 1994. First record of the cassava mealybug, *Phenacoccus manihoti* Matile-Ferrero (Homoptera: Pseudococcidae), from Zimbabwe. African Entomology, 2(2): 184-185.

Gimpel W F, Miller D R. 1996. Systematic analysis of the mealybugs in the *Pseudococcus maritimus* complex (Homoptera: Pseudococcidae). Contributions on Entomology, International, 2(1): 1-163.

Goergen G, Ajuonua O, Kyofa-Boamah M E, *et al.* 2014. Classical biological control of papaya mealybug in West Africa. Biocontrol News and Information, 35: 5-6.

Golan K, Górska-Drabik E. 2006. The scale insects (Hemiptera, Coccinea) of ornamental plants in a greenhouse of the Maria Curie Sklodowska University Botanical Garden in Lublin. Journal of Plant Protection Research, 46(4): 347-352.

Gomez-Menor O J. 1937. Cóccidos de Espana. Madrid: Instituto de Investigaciones Agronomicas: 432.

Granara de Willink M C, Scatoni I B, Terra A L, *et al.* 1997. Mealybugs (Homoptera, Pseudococcidae) that affect crops and wild plants in Uruguay: updated list of the host plants. Agrociencia, 1(1): 96-99.

Granara de Willink M C, Szumik C. 2007. Central and south American *Phenacoccine* (Hemiptera: Coccoidea: Pseudococcidae): systematics and phylogeny. Revista de la Sociedad Entomológica, Argentina, 66(1-2): 29-129.

Graziosi I, Minato N, Alvarez E, *et al.* 2016. Emerging pests and diseases of South-east Asian cassava: a comprehensive evaluation of geographic priorities, management options and research needs. Pest Management Science, 72(6): 1071-1089.

Green E E. 1913. Remarks on Coccidae, collected by Mr. Edward Jacobson, of Samarang, Java. Tijdschrift Voor Entomologie, 55: 311-318.

Green E E. 1923. Observations on the Coccidae of the Madeira Islands. Bulletin of Entomological Research, 14(1): 87-97.

Green E E. 1933. Notes on some Coccidae from Surinam, Dutch Guiana, with descriptions of new species. Stylops, 2(3): 49-58.

Guan X, Lu Y Y, Zeng L. 2012. Life table for the experimental population *Phenacoccus solenopsis* at different temperatures. Agriculture Science and Technology, 13(4): 792-797, 814.

Guenaoui Y, Watson G W, Labdaoui Z E. 2019. First record of the mealybug *Phenacoccus madeirensis* Green, 1923 (Hemiptera: Coccomorpha: Pseudococcidae) in Algeria. Bulletin OEPP/ EPPO Bulletin, 49(2): 352-354.

Guisan A, Zimmermann N E. 2000. Predictive habitat distribution models in ecology. Ecological Modelling, 135(2/3): 147-186.

Gupta A. 2020. Hymenopteran parasitoids in cultivated ecosystems: enhancing efficiency // Chakravarthy A K. Innovative Pest Management Approaches for the 21st Century. Singapore: Springer: 323-338.

Gutierrez A P, Daane K M, Ponti L, *et al.* 2008. Prospective evaluation of the biological control of vine mealybug: refuge effects and climate. Journal of Applied Ecology, 45(2): 524-536.

Gutierrez A P, Neuenschwander P, Schulthess F, *et al.* 1988. Analysis of biological control of cassava pests in Africa. II. Cassava mealybug *Phenacoccus manihoti*. Journal of Applied Ecology, 25(3): 921-940.

Hajibabaei M, Singer G A C, Hebert P D N, *et al.* 2007. DNA barcoding: how it complements taxonomy, molecular phylogenetics and population genetics. Trends in Genetics, 23(4): 167-172.

Halima-Kamel M B, Germain J F, Mdellel L, *et al.* 2014. *Phenacoccus madeirensis* (Hemiptera: Pseudococcidae): a new species of mealybug in Tunisia. Bulletin OEPP/ EPPO Bulletin, 44(2): 176-178.

Hambleton E J. 1935. Notes on Pseudococcinae of economic importance in Brazil with a description of four new species. Archivos do Instituto Bio-Logico, 6: 105-120.

Hamlen R A. 1975. Insect growth regulator control of longtailed mealybug, hemispherical scale, and *Phenacoccus solani* on ornamental foliage plants. Journal of Economic Entomology, 68(2): 223-226.

Hammond W N O, Neuenschwander P, Herren H R. 1987. Impact of the exotic parasitoid *Epidinocarsis lopezi* on cassava mealybug (*Phenacoccus manihoti*) populations. International Journal of Tropical Insect Science, 8(4-5-6): 887-891.

Hanchinal S G, Patil B V, Bheemanna M, *et al.* 2010. Population dynamics of mealybug, *Phenacoccus solenopsis* Tinsley and its natural enemies on Bt cotton. Karnataka Journal of Agricultural Sciences, 23(1): 137-139.

Hartmann L J, Grandgirard J F, Germain B, *et al.* 2021. First report of the papaya mealybug, *Paracoccus marginatus* (Coccomorpha: Pseudococcidae), in Tahiti, French Polynesia. Bulletin OEPP/ EPPO Bulletin, 51(1): 229-232.

Hausmann A, Haszprunar G, Hebert P D N. 2011. DNA barcoding the geometrid fauna of Bavaria

(Lepidoptera): successes, surprises, and questions. PLOS ONE, 6(2): e171342.

He Y B, Liu Y H, Zhan R L, et al. 2014. The occurrence of two species of pineapple mealybugs (*Dysmicoccus* spp.) (Hemiptera: Pseudococcidae) in China and their genetic relationship based on rDNA ITS sequences. Caryologia, 67(1): 36-44.

Hebert P D N, Cywinska A, Ball S L, et al. 2003a. Biological identifications through DNA barcodes. Proceedings of the Royal Society B: Biological Sciences, 270(1512): 313-321.

Hebert P D N, Ratnasingham S, Dewaard J R. 2003b. Barcoding animal life: cytochrome c oxidase subunit 1 divergences among closely related species. Proceedings of the Royal Society B: Biological Sciences, 270(S1): 96-99.

Heinrichs E A, Muniappan R. 2016. IPM for food and environmental security in the tropics // Muniappan R, Heinrichs EA. Integrated Pest Management of Tropical Vegetable Crops . Dordrecht: Springer: 1-32.

Hernández H G, Reimer N J, Johnson M W. 1999. Survey of the natural enemies of *Dysmicoccus* mealybugs on pineapple in Hawaii. BioControl, 44(1): 47-58.

Herren H R, Neuenschwander P. 1991. Biological control of cassava pests in Africa. Annual Review of Entomology, 36: 257-283.

Herzig J. 1938. Ameisen und blattläuse: ein beitrag zur Ökologie aphidophiler ameisen. Zeitschrift für Angewandte Entomologie, 24(3): 367-435.

Hobbs R J, Humphries S E. 1995. An integrated approach to the ecology and management of plant invasions. Conservation Biology, 9(4): 761-770.

Hodgson C J, Abbas G, Arif M J, et al. 2008. *Phenacoccus solenopsis* Tinsley (Sternorrhyncha: Coccoidea: Pseudococcidae), an invasive mealybug damaging cotton in Pakistan and India, with a discussion on seasonal morphological variation. Zootaxa, 1913(1): 1-35.

Hodgson C J, Lagowska B. 2011. New scale insect (Hemiptera: Sternorrhyncha: Coccoidea) records from Fiji: three new species, records of several new invasive species and an updated checklist of Coccoidea. Zootaxa, 2766: 29.

Huang F, Tjallingii W F, Zhang P J, et al. 2012. EPG waveform characteristics of solenopsis mealybug stylet penetration on cotton. Entomologia Experimentalis et Applicata, 143(1): 47-54.

Huang J, Zhang J. 2016. Changes in the photosynthetic characteristics of cotton leaves infested by invasive mealybugs tended by native ant species. Arthropod-Plant Interact, 10(2): 161-169.

Huang J, Zhang P J, Zhang J, et al. 2013. Chlorophyll content and chlorophyll fluorescence in tomato leaves infested with an invasive mealybug, *Phenacoccus solenopsis* (Hemiptera: Pseudococcidae). Environmental Entomology, 42(5): 973-979.

Huang J, Zhang P J, Zhang J, et al. 2017. An ant-coccid mutualism affects the behavior of the parasitoid *Aenasius bambawalei*, but not that of the ghost ant *Tetramorium bicarinatum*. Scientific Reports, 7(1): 5175.

Huang L H, Chen B, Kang L. 2007. Impact of mild temperature hardening on thermotolerance, fecundity, and Hsp gene expression in *Liriomyza huidobrensis*. Journal of Insect Physiology, 53(12): 1199-1205.

Ibrahim S S, Moharum F A, Abd El-Ghany N M, 2015. The cotton mealybug *Phenacoccus solenopsis*

Tinsley (Hemiptera: Pseudococcidae) as a new insect pest on tomato plants in Egypt. Journal of Plant Protection Research, 55: 48-51.

Iqbal M S, Zain-ul-Abdin, Arshad M, et al. 2016. The role of parasitoid age on the fecundity and sex ratio of the parasitoid, Aenasius bambawalei (Hayat) (Hymenoptera: Encyrtidae). Pakistan Journal of Zoology, 48(1): 67-72.

Jahn G C. 1993. Gray pineapple mealybugs, Dysmicoccus neobrevipes Beardsley (Homoptera: Pseudococcidae), inside closed pineapple blossom cups. Proceedings of the Hawaiian Entomological Society, 32: 147-148.

Jahn G C, Beardsley J W. 1994. Big-headed ants, Pheidole megacephala: interference with the biological control of gray pineapple mealybugs // Williams D F. Exotic Ants: Biology, Impact, and Control of Introduced Species. Boulder: Westview Press: 199-205.

Jahn G C, Beardsley J W. 2000. Interactions of ants (Hymenoptera: Formicidae) and mealybugs (Homoptera: Pseudococcidae) on pineapple. Proceedings of the Hawaiian Entomological Society, 34: 181-185.

James B D. 1987. The cassava mealybug Phenacoccus manihoti Mat-Ferr (Hemiptera: Pseudococcidae) in Sierra Leone: a survey. Tropical Pest Management, 33(1): 61-66, 103, 107.

Jansen M G M. 2003. A new species of Rhizoecus künkel d'Herculais (Hemiptera, Coccoidea, Psecudococcidae) on bonsai trees. Tijdschrift Voor Entomolgie Amsterdam, 146(2): 297-300.

Jansen M G M. 2004. An Updated List of Scale Insects (Hemiptera, Coccoidea) from Import Interceptions and Greenhouses in the Netherlands. Netherlands: Proceedings of the X International Symposium on Scale Insect Studies: 147-165.

Jansen M G M, Ben-Dov Y, Kaydan M B. 2010. New records of scale insects from Crete Island, Greece (Hem., Coccoidea). Bulletin de la Société Entomologique de France, 115(4): 483-484.

Jepson W F, Wiehe P O. 1939. Pineapple wilt in Mauritius. Bulletin, Department of Agriculture Mauritius, General Series, 47: 15.

Jhala R C, Bharpoda T M, Patel M G, 2008. Phenacoccus solenopsis Tinsley (Hemiptera: Pseudococcidae), the mealy bug species recorded first time on cotton and its alternate host plants in Gujarat, India. Uttar Pradesh Journal of Zoology, (3): 403-406.

Johnson W T, Lyon H H. 1976. Insects that Feed on Trees and Shrubs. New York: Cornell University Press.

Joshi M D, Butani P G, Patel V N, et al. 2010. Cotton mealy bug, Phenacoccus solenopsis Tinsley-a review. Agricultural Reviews, 31(2): 113-119.

Katbeh-Bader A, Al-Jboory I J, Kaydan M B. 2019. First record of the Madeira mealybug, Phenacoccus madeirensis Green (Hemiptera: Pseudococcidae), in Jordan. Bulletin OEPP/ EPPO Bulletin, 49(2): 401-404.

Kawai S. 1980. Scale Insects of Japan in Colors. Tokyo: Zenkoku Noson Kyoiku Kyoukai: 10-106.

Kawai S. 2003. Phenacoccus solani Ferris//Umeya K, Okada T. Agricultural Insect Pests in Japan. Tokyo: Zennoukyou: 263.

Kaydan M B, Caliskan A F, Ulusoy M R. 2013. New record of invasive mealybug Phenacoccus solenopsis Tinsley (Hemiptera: Pseudococcidae) in Turkey. Bulletin OEPP/ EPPO Bulletin, 43(1): 169-171.

Kaydan M B, Erkilic L, Kozár F. 2008. First record of *Phenacoccus solani* Ferris from Turkey (Hem., Coccoidea, Pseudococcidae). Bulletin de la Société entomologique de France, 113(3): 364.

Kaydan M B, Hayat M, Çalışkan A F, *et al.* 2016. New record of a parasitoid (Hymenoptera: Encyrtidae) of the Madeira mealybug, *Phenacoccus madeirensis* Green (Hemiptera: Pseudococcidae) from Turkey. Journal of the Entomological Research Society, 18(3): 107-112.

Keena M A, Trotter III R T, Cheah C, *et al.* 2012. Effects of temperature and photoperiod on the Aestivo-Hibernal egg diapause of *Scymnus camptodromus* (Coleoptera: Coccinellidae). Environmental Entomology, 41(6): 1662-1671.

Khan H A A, Sayyed A H, Akram W, *et al.* 2012. Predatory potential of *Chrysoperla carnea* and *Cryptolaemus montrouzieri* larvae on different stages of the mealybug, *Phenacoccus solenopsis*: a threat to cotton in South Asia. Journal of Insect Science, 12(1): 147.

Kharbade S B, Navale P A, Mehetre S S, *et al.* 2009. Evaluation of Bio-Pesticide Against Mealybugs, *Phenacoccus solenopsis* (Tinsley) on Cotton. Nagpur: Proceedings of National Symposium on Bt-cotton: Opportunities and Prospectus: 89.

Khuhro S N, Lohar M K, Nizamani S M, *et al.* 2013. Prey searching ability of *Brumus suturalis* (Fabricius) (Coleoptera: Coccinellidae) on cotton mealybug under laboratory and field conditions. Pakistan Journal of Agriculture Agricultural Engineering and Veterinary Sciences, 29(1): 70-76.

Kimura M. 1980. A simple method for estimating evolutionary rates of base substitutions through comparative studies of nucleotide sequences. Journal of Molecular Evolution, 16(2): 111-120.

Kinjo M, Nakasone F, Hicia Y, *et al.* 1996. Scale insects on mango in Okinawa prefecture. Kyushu Plant Protection Research, 42: 125-127.

Kirkpatrick T. 1927. Biological Control of Insect Pests, with Particular Reference to the Control of the Common Coffee Mealy Bug in Kenya Colony. Nairobi: Proceedings of the South and East Africa Agricultural Conference: 184-196.

Kollberg I, Bylund H, Schmidt A, *et al.* 2013. Multiple effects of temperature, photoperiod and food quality on the performance of a pine sawfly. Ecological Entomology, 38(2): 201-208.

Kondo T, Esato T, Kawai S. 2001. *Phenacoccus madeirensis* Green (Hemiptera: Pseudococcidae), a recently introduced exotic pest in Japan. Bollettino Di Zoologia Agraria E Di Bachicoltura, 33(3): 337-341.

Kondo T, Muñoz J A. 2016. Scale insects (Hemiptera: Coccoidea) associated with avocado crop, *Persea americana* Mill. (Lauraceae) in Valle del Cauca and neighboring departments of Colombia. Insecta Mundi, 465: 1-24.

Kondo T, Portilla A A, Navarro E V V. 2008. Updated list of mealybugs and putoids from Colombia (Hemiptera: Pseudococcidae and Putoidae). Boletín del Museo de Entomología de la Universidad del Valle, 9(1): 29-53.

Kozár F, Hippe C. 1996. A new species from the genus *Greenisca* Borchsenius, 1948 and additional data on the occurrence of scale insects (Homoptera: Coccoidea) in Switzerland. Folia Entomologica Hungarica, 57: 91-96.

Kozár F, Konczné Benedicty Z. 2007. Rhizoecinae of the World. Budapest: Plant Protection Institute,

Hungrian Academy of Sciences.

Kozár F, Tzalev M, Viktorin R A, *et al.* 1979. New data to the knowledge of the scale-insects of Bulgaria (Homoptera: Coccoidea). Folia Entomologica Hungarica, 32(2): 129-132.

Kumar S, Graham J, West A M, *et al.* 2014. Using district-level occurrences in MaxEnt for predicting the invasion potential of an exotic insect pest in India. Computers and Electronics in Agriculture, 103(2): 55-62.

Kumar S, Sidhu J K, Hamm J C, *et al.* 2013. Effects of temperature and relative humidity on the life table of *Phenacoccus solenopsis*, Tinsley (Hemiptera: Pseudococcidae) on cotton. Florida Entomologist, 96(1): 19-28.

Kuwana S I. 1902. Coccidae (scale insects) of Japan. Proceedings of the California Academy of Sciences, 3: 43-48.

Lai Y C, Chang N T. 2007. The association of pink hibiscus mealybug, *Maconellicoccus hirsutus* (Green) with bigheaded ant *Pheidole megacephala* (Fabricius) on *Hibiscus*. Formosan Entomologist, 27: 229-243.

Larraín S P. 2002. Incidencia de insectos y ácaros plagas en pepino dulce (*Solanum muricatum* Ait.) cultivado en la iv región, chile. Chilean Journal of Agricultural Research, 62(1): 15-26.

Le Pellry R H. 1943. An oriental mealybug (*Pseudococcus lilacinus* Ckll.) (Hemiptera) and its insect enemies. Transactions of the Royal Entomological Society of London, 93(1): 73-93.

Le Pellry R H. 1968. Pests of Coffee. London: Longman.

Le Ru B. 1986. Epizootiology of the entomophthoraceous fungus *Neozygites fumosa* in a population of the cassava mealybug, *Phenacoccus manihoti* (Hom.: Pseudococcidae). Entomophaga, 31(1): 79-89.

Lema K M, Herren H R. 1985. The influence of constant temperature on population growth rates of the cassava mealybug, *Phenacoccus manihoti*. Entomologia Experimentalis et Applicata, 38(2): 165-169.

Liebhold A M, Berec L, Brockeroff E G, *et al.* 2015. Eradication of invading insect populations: from concepts to applications. Annual Review of Entomology, 61: 335-352.

Lim W H. 1973. Studies on the bisexual race of *Dysmicoccus brevipes* (Ckll), its bionomics and economic importance. Journal of Malaysian Agriculture, 49(2): 254-267.

Lit I L, Calilung V J. 1994a. Philippine mealybug of the genus *Pseudococcus* (Pseudococcidae, Coccoidea, Hemiptera). Philippine Entomologist, 9(3): 254-267.

Lit I L, Calilung V J. 1994b. An annotated list of mealybugs (Pseudococcidae, Coccoidea, Hemiptera) from Mount Makiling and Vicinity, Laguna, Philippines. Philippine Entomologist, 9(4): 385-398.

Liu Y H, Xu C, Li Q L, *et al.* 2020. Interference competition for mutualism between ant species mediates ant-mealybug associations. Insects, 11(2): 91.

Lobdell G H. 1930. Twelve new mealybugs from Mississippi (Homoptera: Coccoidea). Annals of the Entomological Society of America, 23(2): 209-236.

Löhr B, Varela A M, Santos B. 1989. Life-table studies on *Epidinocarsis lopezi* (DeSantis) (Hym., Encyrtidae), a parasitoid of the cassava mealybug, *Phenacoccus manihoti* Mat.-Ferr. (Horn., Pseudococcidae). Journal of Applied Entomology, 107(1-5): 425-434.

Löhr B, Varela A M, Santos B. 1990. Exploration for natural enemies of the cassava mealybug, *Phenacoccus manihoti* (Homoptera: Pseudococcidae), in South America for the biological control of this introduced pest in Africa. Bulletin of Entomological Research, 80(4): 417-425.

Longo S, Mazzeo G, Russo A. 1995. Biological observations on some scale insects (Homoptera: Coccoidea) in Sicily. Israel Journal of Entomology, 29: 219-222.

Lu H, Lu F P, Xu X L, *et al.* 2014. Modeling the potential geographic distribution of the Madeira mealybug *Phenacoccus madeirensis* in Hainan using GIS tools. Applied Mechanics & Materials, 448-453: 939-942.

Ma L, Cao L J, Hoffmann A A, *et al.* 2020. Rapid and strong population genetic differentiation and genomic signatures of climatic adaptation in an invasive mealybug. Diversity and Distributions, 26(5): 610-622.

Macharia I, Kibwage P, Heya H M, *et al.* 2021. New records of scale insects and mealybugs (Hemiptera: Coccomorpha) in Kenya. Bulletin OEPP/ EPPO Bulletin, 51(3): 639-647.

Macharia I, Kimani E, Koome F, *et al.* 2017. First report and distribution of the papaya mealybug, *Paracoccus marginatus*, in Kenya. Journal of Agricultural and Urban Entomology, 33(1): 142-150.

Malumphy C. 2014. An annotated checklist of scale insects (Hemiptera: Coccoidea) of Saint Lucia, Lesser Antilles. Zootaxa, 3846(1): 69-86.

Malumphy C, Ostrauskas H, Pye D. 2008. A provisional catalogue of scale insects (Hemiptera, Coccoidea) of Lithuania. Acta Zoologica Lituanica, 18(2): 108-121.

Malumphy C, White L F, Hall J, *et al.* 2015. Five invasive mealybug species new for Ascension Island (Hemiptera: Pseudococcidae), with a revised checklist of scale insects for the island. Entomologist's Monthly Magazine, 151(2): 131-138.

Mani M, Joshi S, Kalyanasundaram M, *et al.* 2013. A new invasive Jack Beardsley mealybug, *Pseudococcus jackbeardsleyi* (Hemiptera: Pseudococcidae) on papaya in India. Florida Entomologist, 96 (1): 242-245.

Mani M, Shivaraju C. 2016. Methods of control // Mani M, Shivaraju C. Mealybugs and Their Management in Agricultural and Horticultural Crops. New Delhi: Springer.

Mansour R, Suma P, Mazzeo G, *et al.* 2012. Interactions between the ant *Tapinoma nigerrimum* (Hymenoptera: Formicidae) and the main natural enemies of the vine and citrus mealybugs (Hemiptera: Pseudococcidae). Biocontrol Science and Technology, 22(5): 527-537.

Marohasy J. 1994. The pest status of *Phenacoccus parvus* Morrison (Homoptera: Pseudcoccidae). International Journal of Pest Management, 40(4): 337-340.

Marohasy J. 1997. Acceptability and suitability of seven plant species for the mealybug *Phenacoccus parvus*. Entomologia Experimentalis et Applicata, 84(3): 239-246.

Marotta S, Harten A V, Mahyoub M A, *et al.* 2001. Mealybugs found on agricultural crops in Yemen. Bollettino di Zoologia Agraria e di Bachicoltura, 33(3): 233-238.

Martin J H, Lau C S K. 2011. The Hemiptera-Sternorrhyncha (Insecta) of Hong Kong, China: an annotated inventory citing voucher specimens and published records. Zootaxa, 2847: 1-122.

Maskell W M. 1894. Further coccid notes: with descriptions of several new species, and discussion of various points of interest. Transactions and Proceedings of the New Zealand Institute, 26(1893): 65-105.

Masner L, Sun J H, Clarke S R, *et al.* 2004. Description of *Allotropa Oracellae* (Hymenoptera: Platygastridae), a parasitoid of *Oracell acuta* (Heteroptera: Pseudococcidae). Florida Entomologist, 87(4): 600-602.

Mastoi M I, Azura A N, Muhammad R, *et al.* 2011. First report of papaya mealybug *Paracoccus marginatus* (Hemiptera: Pseudococcidae) from Malaysia. Australian Journal of Basic and Applied Sciences, 5(7): 1247-1250.

Matile-Ferrero D. 1986. Nouvelles données sur la distribution de *Phenacoccus parvus* Morrion en Afrique (Hom.: Pseudococcidae). Bulletin de la Société Entomologique de France, 91(7-8): 212.

Matile-Ferrero D, Étienne J, 1998. *Paracoccus marginatus* Williams & Granara de Willink, a new introduction in Guadeloupe and to Saint-Barthélemy (Hemiptera, Pseudococcidae). Revue Française d'Entomologie, 20(4): 142.

Matile-Ferrero D, Étienne J. 2006. Cochenilles des Antilles Françaises et de quelques autres îles Caraibes [Hemiptera, Coccoidea]. Revue Française d'Entomologie, 28(4): 161-190.

Matile-Ferrero D, Jean-François G. 2004. *Eriococcus munroi* (Boratynski), nouveau ravageur du Lavandin en France, et note sur deux *Pseudococcines nouvelles* pour la France (Hemiptera, Eriococcidae et Pseudococcidae). Bulletin de la Société entomologique de France, 109(2): 191-192.

Mazzeo G, Russo A, Suma P. 1999. *Phenacoccus solani* Ferris (Homoptera: Coccoidea) on ornamental plants in Italy. Bollettino di Zoologia Agraria e di Bachicoltura, 31(1): 31-35.

Mendel Z, Watson G W, Protasov A, *et al.* 2016. First record of the papaya mealybug, *Paracoccus marginatus* Williams & Granara de Willink (Hemiptera: Coccomorpha: Pseudococcidae), in the Western Palaearctic. Bulletin OEPP/ EPPO Bulletin, 46(3): 580-582.

Meyerdirk D E, Muniappan R, Warkentin R, *et al.* 2004. Biological control of the papaya mealybug, *Paracoccus marginatus* (Hemiptera: Pseudococcidae) in Guam. Plant Protection Quarterly, 19(3): 110-114.

Milek T M, Šimala M, Markotić V. 2015. First records of *Bougainvillea mealybug* (*Phenacoccus peruvianus* Granara de Willink, 2007) and Madeira Mealybug (*Phenacoccus madeirensis* green, 1923) (Hemiptera: Pseudococcidae). Ptuj Slovenija: Zbornik Predavanj in Referatov 12. Slovenskega posvetovanja o varstvu rastlin z mednarodno udeležbo.

Miller D R. 2005. Selected scale insect groups (Hemiptera: Coccoidea) in the southern region of the United States. Florida Entomologist, 88(4): 482-501.

Miller D R, Miller G L. 2002. Redescription of *Paracoccus marginatus* Williams and Granara de Willink (Hemiptera: Coccoidea: Pseudococcidae) including descriptions of the immature stages and adult male. Proceedings Entomological Society of Washington, 104(1): 1-23.

Miller D R, Williams D J, Hamon A B. 1999. Notes on a new mealybug (Hemiptera: Coccoidea: Pseudococcidae) pest in Florida and the Caribbean: the papaya mealybug, *Paracoccus marginatus* Williams and Granara de Willink. Insecta Mundi, 13(3/4): 179-181.

Moghaddam M, Hatami B, Zibaii K, *et al.* 2004. Report of *Phenacoccus solani* (Hom.: Coccoidea: Pseudococcidae) from Iran. Journal of Entomological Society of Iran, 24(1): 135-136.

Moghaddam M, Nematian M R. 2020. First record of two invasive scale insects (Hemiptera: Coccomorpha: Diaspididae & Pseudococcidae) attacking ornamental plants in Iran. Journal of

Entomological Society of Iran, 39(4): 383-391.

Monga D, Kumhar K C, Kumar R. 2010. Record of *Fusarium pallidoroseum* (Cooke) Sacc. on cotton mealybug, *Phenacoccus solenopsis Tinsley*. Journal of Biological Control, 24(4): 366-368.

Moore D. 1988. Agents used for biological control of mealybugs (Pseudococcidae). Biocontrol News and Information, 9(4): 209-225.

Morishita M. 2006. Susceptibility of the mealybug, *Planococcus kraunhiae* (Kuwana) (Thysanoptera: Thripidae) to insecticides, evaluated by the Petri dish-spraying towar method. Japanese Journal of Applied Entomology and Zoology, 50(3): 211-216.

Morrison H. 1924. The Coccidae of the Williams galapagos expedition. Zoologica, 5(13): 143-152.

Muhammad Z A, He R R, Wu M T, *et al.* 2015. First report of the papaya mealybug, *Paracoccus marginatus* (Hemiptera: Pseudococcidae), in China and genetic record for its recent invasion in Asia and Africa. Florida Entomologist, 98(4): 1157-1162.

Muhammad Z A, Ma J, Qiu B L, *et al.* 2015. Genetic record for a recent invasion of *Phenacoccus solenopsis* (Hemiptera: Pseudococcidae) in Asia. Environmental Entomology, 44(3): 907-918.

Muniappan R, Meyerdirk D E, Sengebau F M, *et al.* 2006. Classical biological control of the papaya mealybug, *Paracoccus marginatus* (Hemiptera: Pseudococcidae) in the republic of Palau. Florida Entomologist, 89(2): 212-217.

Muniappan R, Shepard B M, Watson G W, *et al.* 2008. First report of the papaya mealybug, *Paracoccus marginatus* (Hemiptera: Pseudococcidae), in Indonesia and India. Journal of Agricultural and Urban Entomology, 25(1): 37-40.

Muniappan R, Shepard B M, Watson G W, *et al.* 2011. New records of invasive insects (Hemiptera: Sternorrhyncha) in Southeast Asia and West Africa. Journal of Agricultural and Urban Entomology, 26(4): 167-174.

Muniappan R, Watson G W, Vaughan L, *et al.* 2012. New records of mealybugs, scale insects, and whiteflies (Hemiptera: Sternorrhyncha) from Mali and Senegal. Journal of Agricultural & Urban Entomology, 28(1): 1-7.

Munwar A, Mastoi M I, Gilal A A, *et al.* 2016. Effect of different mating exposure timings on the reproductive parameters of papaya mealybug, *Paracoccus marginatus* (Hemiptera: Pseudococcidae). Pakistan Entomologist, 38(1): 65-69.

Murray D A H. 1978. Population studies of the citrus mealybug, *Planococcus citri* (Risso), and its natural enemies on passion-fruit in south-eastern Queensland. Queensland Journal of Agricultural and Animal Sciences, 35(2): 139-142.

Murray D A H. 1982. Effects of sticky banding of custard apple tree trunks on ants and citrus mealybug *Planococcus citri* (Risso) (Pseudococcidae (Hem)) in south-east Queensland. Queensland Journal of Agricultural and Animal Sciences, 39(2): 141-146.

Mwanza F. 1993. South American wasp comes to the rescue of cassava growers in Africa. BioScience, 43(7): 452-453.

Myers J G. 1922. A synonymic reference list of New Zealand Coccidae. New Zealand Journal of Science and Technology, 5: 196-201.

Myrick S, Norton G W, Selvaraj K N, *et al.* 2014. Economic impact of classical biological control of papaya mealybug in India. Crop Protection, 56: 82-86.

N'Guessan P W, Watson G W, Brown J K, et al. 2014. First record of Pseudococcus jackbeardsleyi (Hemiptera: Pseudococcidae) from Africa, Cte d'Ivoire. Florida Entomologist, 97(4): 1690-1693.

Nagrare V S, Kranthi S, Kumar R, et al. 2011. Compendium of Cotton Mealybugs. Shankar Nagar: CICR.

Nakahira K, Arakawa R. 2006. Development and reproduction of an exotic pest mealybug, Phenacoccus solani (Homoptera: Pseudococcidae) at three constant temperatures. Applied Entomology & Zoology, 41(4): 573-575.

Nalwar Y S, Sayyed M A, Mokle S S, et al. 2009. Synthesis and insect antifeedant activity of some new chalcones against Phenacoccus solanopsis. World Journal of Chemistry, 4(2): 123-126.

Narai Y, Murai T. 2002. Individual rearing of the Japanese mealybug, Planococcus kraunhiae (Kuwana) (Homoptera: Pseudococcidae) on germinated broad bean seeds. Applied Entomology and Zoology, 37(2): 295-298.

Narayanan R. 1957. A note on the performance of Cryatolaemus montrouzieri Bul. in citrus orchards at Burnihat (Assam). Technical Bulletin Commonwealth Institute of Biological Control, 9: 137-138.

Nasruddin A, Menzler-Hokkanen I, Hokkanen H M. 2020. Beneficial fungi for promoting plant health in cassava: ecostacking prospects for the management of invasive pests // Gao Y L, Hokkanen H M T, Menzler-Hokkanen I. Integrative Biological Control. Cham: Springer: 217-229.

Neuenschwander P, Hammond W N O. 1988. Natural enemy activity following the introduction of Epidinocarsis lopezi (Hymenoptera: Encyrtidae) against the cassava mealybug, Phenacoccus manihoti (Homoptera: Pseudococcidae), in Southwestern Nigeria. Environmental Entomology, 17(5): 894-902.

Neuenschwander P, Haug T, Ajounu O, et al. 1989. Quality requirements in natural enemies used for inoculative release: practical experience from a successful biological control programme. Journal of Applied Entomology, 108(1-5): 409-420.

Neuenschwander P, Hennessey R D, Herren H R. 1987. Food web of insects associated with the cassava mealybug, Phenacoccus manihoti Matile-Ferrero (Hemiptera: Pseudococcidae), and its introduced parasitoid, Epidinocarsis lopezi (De Santis) (Hymenoptera: Encyrtidae), in Africa. Bulletin of Entomological Research, 77(2): 177-189.

Neuenschwander P, Herren H R. 1988. Biological control of the cassava mealybug, Phenacoccus manihoti by the exotic parasitoid Epidinocarsis lopezi in Africa. Philosophical Transactions of the Royal Society of London B: Biological Sciences, 318(1189): 319-332.

Nguyen T C, Huynh T M C. 2008. The mealybug Phenacoccus solenopsis Tinsley damage on ornamental plants at HCM city and surrounding areas. BVTV, 37(3): 3-4.

Nixon G E J. 1951. The Association of Ants with Aphids and Coccids. London: Commonwealth Institute of Entomology.

Norgaard R B. 1988. The biological control of cassava mealybug in Africa. American Journal of Agricultural Economics, 70(2): 366-371.

Okeke A S, Omoloye A A, Umeh V C, et al. 2019. Food host preference and life cycle characteristics of the Papaya mealybug, Paracoccus marginatus Will. and Granara de Willink in Ibadan,

Southwest Nigeria. Nigerian Journal of Entomology, 35: 135-143.

Oomasa Y. 1990. Ecology and control of mealybugs on citrus trees. Plant Protection, 44: 256-259.

Paik W H. 1972. Scale insects found in the green houses in Korea. Korean Journal of Plant Protection, 11(1): 1-4.

PalmaJiménez M, Blanco-Meneses M. 2016. First record of morphological and molecular identification of mealybug *Pseudococcus jackbeardsleyi* (Hemiptera: Pseudococcidae) in Costa Rica. Universal Journal of Agricultural Research, 4(4): 125-133.

Panis A, Brun J. 1971. Biological control tests against three species of Pseudococcidae (Homoptera, Coccoidea) in greenhouses. Revue de Zoologie Agricole et de Pathologie Vegetale, 70(2): 42-47.

Park D S, Suh S J, Hebert P D N, et al. 2011. DNA barcodes for two scale insect families, mealybugs (Hemiptera: Pseudococcidae) and armored scales (Hemiptera: Diaspididae). Bulletin of Entomological Research, 101(4): 429-434.

Parsa S, Kondo T, Winotai A. 2012. The cassava mealybug (*Phenacoccus manihoti*) in Asia: first records, potential distribution, and an identification key. PLOS ONE, 7(10): e47675.

Phillips S J, Anderson R P, Schapire R E. 2006. Maximum entropy modeling of species geographic distributions. Ecological Modelling, 190(3/4): 231-259.

Pillai G B. 1987. Integrated pest management in plantation crops. Journal of Coffee Research, 17(1): 150-153.

Piyaphongkul J, Pritchard J, Bale J. 2012. Can tropical insects stand the heat? A case study with the brown planthopper *Nilaparvata lugens* (St å l). PLOS ONE,7(1): e29409.

Plank H K, Smith R. 1940. A survey of the pineapple mealybug in Puerto Rico and preliminary studies of its control. Journal of Agriculture of the University of Puerto Rico, 24(2): 49-76.

Porcelli F, Pellizzari G, 2019. New data on the distribution of scale insects (Hemiptera, Coccomorpha). Bulletin de la Société Entomologique de France, 124(2): 183-188.

Prishanthini M, Vinobaba M. 2009. First record of new exotic mealybug species, *Phenacoccus solenopsis* Tinsley (Hemiptera: Pseudococcidae), its host range and abundance in the Eastern Sri Lanka. Journal of Science, Eastern University, Sri Lanka, 6(1): 88-100.

Qin Z Q, Wu J H, Qiu B L, et al. 2011. Effects of host plant on development, survivorship and reproduction of *Dysmicoccus neobrevipes* Beardsley (Hemiptera: Pseudococcidae). Crop Protection, 30(9): 1124-1128.

Qin Z Q, Wu J H, Qiu B L, et al. 2019. The impact of *Cryptolaemus montrouzieri* Mulsant (Coleoptera: Coccinellidae) on control of *Dysmicoccus neobrevipes* Beardsley (Hemiptera: Pseudococcidae). Insects, 10(5): 131.

Qin Z Q, Qiu B L, Wu J H, et al. 2013. Effects of temperature on the life history of *Dysmicoccus neobrevipes* (Hemiptera: Pseudoccocidae): an invasive species of gray pineapple mealybug in South China. Crop Protection, 45: 141-146.

Ram P, Saini R K. 2010. Biological control of solenopsis mealybug, *Phenacoccus solenopsis* Tinsley on cotton: a typical example of fortuitous biological control. Journal of Biological Control, 24(2): 104-109.

Ren J M, Ashfaq M, Hu X N, et al. 2018. Barcode index numbers expedite quarantine inspections and aid the interception of nonindigenous mealybugs (Pseudococcidae). Biological Invasions, 20(2): 449-460.

Ricupero M, Biondi A, Russo A Z, et al. 2021. The cotton mealybug is spreading along the Mediterranean: first pest detection in Italian tomatoes. Insects, 12(8): 675.

Rohrbach K G, Beardsley J W, German T L, et al. 1988. Mealybug wilt, mealybugs, and ants on pineapple. Plant Disease, 72(7): 558-565.

Saeed S, Ahmad M, Ahmad M, et al. 2007. Insecticidal control of the mealybug *Phenacoccus gossypiphilous* (Hemiptera: Pseudococcidae), a new pest of cotton in Pakistan. Entomological Research, 37(2): 76-80.

Sahito H A, Abro G H, Syed T S, et al. 2011. Screening of pesticides against cotton mealybug *Phenacoccus solenopsis* Tinsley and its natural enemies on cotton crop. International Research Journal of Biochemistry and Bioinformatics, 1(9): 232-236.

Sawamura N, Narai Y. 2008. Effect of temperature on development and reproductive potential of two mealybug species *Planococcus kraunhiae* (Kuwana) and *Pseudococcus comstocki* (Kuwana) (Homoptera: Pseudococcidae). Japanese Journal of Applied Entomology and Zoology, 52(3): 113-121.

Schoen L, Martin C. 1999. A new type of scale on tomatoes. *Pseudococcus viburni*, a potential greenhouse pest. Phytoma, 514: 39-40.

Selene G K, Espinosa-Carrillo L, Campos M, et al. 2017. Reporte Nuevo de *Phenacoccus solani* Ferris sobre *Cyperus esculentus* L. en el Valle de México. Southwestern Entomologist, 42(1): 305-308.

Shibao M, Tanaka H. 2000. Seasonal occurrence of Japanese mealybug, *Planococcus kraunhiae* (Kuwana) on the fig, *Ficus carica* L. and control of the pest by insecticides. Japanese Journal of Applied Entomology and Zoology Chugoku Branch, 42: 1-6.

Shylesha A N, Joshi S. 2012. Occurrence of Madeira mealybug, *Phenacoccus madeirensis* Green (Hemiptera: Pseudococcidae) on cotton in India and record of associated parasitoids. Journal of Biological Control, 26(3): 272-273.

Shylesha A N, Mani M. 2016. Natural enemies of mealybugs // Mani M, Shivaraju C. Mealybugs and Their Management in Agricultural and Horticultural Crops. New Delhi: Springer: 149-171.

Silva V, Kaydan M B, Basso C. 2020. Pseudococcidae (Hemiptera: Coccomorpha) in Uruguay: morphological identification and molecular characterization, with descriptions of two new species. Zootaxa, 4894(4): 501-520.

Silverman J, Brightwell R J. 2008. The Argentine ant: challenges in managing an invasive unicolonial pest. Annual Review of Entomology, 53: 231-252.

Sirisena U G A I, Watson G W, Hemachandra K S, et al. 2012. Mealybugs (Hemiptera: Pseudococcidae) introduced recently to Sri Lanka, with three new country records. The Pan-Pacific Entomologist, 88(3): 365-367.

Şişman S, Ülgentürk S. 2010. Scale insects species (Hemiptera: Coccoidea) in the Turkish Republic of Northern Cyprus. Turkish Journal of Zoology, 34(2): 219-224.

Solangi G S, Karamaouna F, Kontodimas D, et al. 2013. Effect of high temperatures on survival and longevity of the predator *Cryptolaemus montrouzieri* Mulsant. Phytoparasitica, 41(2): 213-219.

Solangi G S, Mahmood R. 2011. Biology, Host Specificity and Population Trends of *Aenasius bambawalei* Hayat and Its Role in Controlling Mealy Bug *Phencoccus solenopsis* Tinsley at Tandojam Sindh. Lahore: 5th Meeting Asian Cotton Research and Development Network: 1-7.

Soysouvanh P, Suh S J, Hong K J. 2015. Faunistic study of the family Pseudococcidae (Hemiptera) from Cambodia and Laos. Korean Journal of Applied Entomology, 54(3): 199-209.

Sridhar V, Joshi S, Rani B J, *et al.* 2012. First record of lantana mealybug, *Phenacoccus parvus* Morrison (Hemiptera: Pseudococcidae), as a pest on China aster from South India. Journal of Horticultural Science, 7(1): 108-109.

Srikanth J, Easwaramoorthy S, Kurup N. 2001. *Camponotus* compressus *F. interferes* with *Cryptolaemus montrouzieri* Mulsant activity in sugarcane. Insect Environment, 7: 51-52.

Subramanian S, Boopathi T, Nebapure S M, *et al.* 2021. Mealybugs // Omkar O. Polyphagous Pests of Crops. Singapore: Springer: 231-272.

Sugie H, Teshiba M, Narai Y, *et al.* 2008. Identification of a sex pheromone component of the Japanese mealybug, *Planococcus kraunhiae* (Kuwana). Applied Entomology and Zoology, 43(3): 369-375.

Sun J H, DeBarr G L, Liu T X, *et al.* 1996. An unwelcome guest in China: a pine-feeding mealybug. Journal of Forestry, 94(10): 27-32.

Sunil J, Pai S G, Deepthy K B, *et al.* 2020. The cassava mealybug, *Phenacoccus manihoti* Matile-Ferrero (Hemiptera: Coccomorpha: Pseudococcidae) arrives in India. Zootaxa, 4772(1): 191-194.

Suresh S, Jothimani R, Sivasubrmanian P, *et al.* 2010. Invasive mealybugs of Tamil Nadu and their management. Karnataka Journal of Agricultural Sciences, 23(1): 6-9.

Swarbrick J. 1989. New hope for lantana control. Australian Weeds Research Newsletter, 38: 51-53.

Sylvestre P. 1973. Aspects Agronomiques de la Production du Manioc a la Ferme d etat de Mantsumba (Rep. Pop. Congo). Paris: Institut de Recherches Agronomiques Tropicales: 35.

Tabata J. 2013. A convenient route for synthesis of 2-isopropyliden-5-methyl-4-hexen-1-yl butyrate, the sex pheromone of *Planococcus kraunhiae* (Hemiptera: Pseudococcidae), by use of β, γ to α, β double-bond migration in an unsaturated aldehyde. Applied Entomology and Zoology, 48(2): 229-232.

Tabata J, Ichiki R T. 2015. A new lavandulol-related monoterpene in the sex pheromone of the grey pineapple mealybug, *Dysmicoccus neobrevipes*. Journal of Chemical Ecology, 41(2): 194-201.

Tabata J, Narai Y, Sawamura N, *et al.* 2012. A new class of mealybug pheromones: a hemiterpene ester in the sex pheromone of *Crisicoccus matsumotoi*. Naturwissenschaften, 99(7): 567-574.

Tabata J, Ohno S. 2015. Enantioselective synthesis of the sex pheromone of the grey pineapple mealybug, *Dysmicoccus neobrevipes* (Hemiptera: Pseudococcidae), for determination of the absolute configuration. Applied Entomology and Zoology, 50(3): 341-346.

Tamura K, Stecher G, Peterson D, *et al.* 2013. MEGA6: molecular evolutionary genetics analysis version 6.0. Molecular Biology and Evolution, 30(12): 2725-2729.

Tanaka H, Uesato T. 2012. New records of some potential pest mealybugs (Hemiptera: Coccoidea: Pseudococcidae) in Japan. Applied Entomology and Zoology, 47(4): 413-419.

Tanaka H, Uesato T, Kamitani S. 2021. A record of *Paracoccus marginatus* Williams & Granara de Willink, 1992 (Hemiptera, Coccomorpha, Pseudococcidae) from Okinawa Island, Japan. Japanese Journal of Applied Entomology and Zoology, 24(2): 36-37.

Tanwar R K, Jeyakumar P, Monga D. 2007. Mealybugs and Their Management. New Delhi: National Centre for Integrated Pest Management.

Teshiba M. 2013. Integrated management of *Planococcus kraunhiae* Kuwana (Homoptera: Pseudococcidae) injuring Japanese persimmons. Japanese Journal of Applied Entomology and Zoology, 57(3): 129-135.

Teshiba M, Kawano S, Tokuda M, et al. 2019. Development and reproduction of the parasitic wasp *Allotropa subclavata* (Hymenoptera: Platygastridae) on the Japanese mealybug *Planococcus kraunhiae* (Hemiptera: Pseudococcidae). Applied Entomology and Zoology, 54(3): 313-318.

Teshiba M, Shimizu N, Sawamura N, et al. 2009. Use of a sex pheromone to disrupt the mating of *Planococcus kraunhiae* (Kuwana) (Hemiptera: Pseudococcidae). Japanese Journal of Applied Entomology and Zoology, 53(4): 173-180.

Teshiba M, Tabata J. 2017. Suppression of population growth of the Japanese mealybug, *Planococcus kraunhiae* (Hemiptera: Pseudococcidae), by using an attractant for indigenous parasitoids in persimmon orchards. Applied Entomology and Zoology, 52(1): 153-158.

Thuy N T, Vuong P T, Hung H Q. 2011. Composition of scale insects on coffee in Daklak, Vietnam and reproductive biology of Japanese mealybug, *Planococcus kraunhiae* Kuwana (Hemiptera: Pseudococcidae). Journal of International Society for Southeast Asian Agricultural Sciences, 17(2): 29-37.

Timofeeva T V. 1979. A parasite of the maritime mealybug. Zashchita Rastenii, (6): 45.

Tinsley J D. 1898. Notes on coccidae with descriptions of new species. Canadian Entomologist, 30: 317-320.

Tok B, Kaydan M B, Mustu M, et al. 2016. Development and life table parameters of *Phenacoccus madeirensis* Green (Hemiptera: Pseudococcidae) on four ornamental plants. Neotropical Entomology, 45(4): 389-396.

Tomonori A. 1996. Temperature-dependent developmental rate of three mealybug species, *Pseudococcus citriculus* Green, *Planococcus citri* (Risso), and *Planococcus kraunhiae* (Kuwana) (Homoptera: Pseudococcidae) on Citrus. Japanese Journal of Applied Entomology and Zoology, 40(1): 25-34.

Tranfaglia A. 1972. Studies on the Homoptera Coccoidea I. On the discovery of *Pseudococcus obscurus* Essig in Campania, a species new for the Italian fauna. Boll Lab Entomol Agrar Portici, 30: 294-299.

Tsueda H. 2017. Mating disruption of Japanese mealybug, *Planococcus kraunhiae* (Kuwana), using the sex pheromone fujikonyl butyrate. Annual Report of the Kansai Plant Protection Society, 59: 33-40.

Ueno H. 1963. Studies on the scale insects injury to the Japanese persimmon, *Diospyros kaki* L. 1. On the overwintered larvae of the mealybug, *Planococcus kraunhiae* (Kuwana). Japanese Journal of Applied Entomology and Zoology, 7(2): 85-91.

Ueno H. 1977. Ecology and control of *Planococcus kraunhiae* (Kuwana). Plant Protect, 31: 159-164.

United States Department of Agriculture. 1979. A mealybug (*Dysmicoccus neobrevipes* Beardsley)-

Florida-new continental United States record. Cooperative Plant Pest Report, 4 (5/6): 64.

Van Driesche R G, Bellow T S. 1996. Biological Control. New York: Chapman and Hall.

Vea I M, Tanaka S, Shiotsuki T, et al. 2016. Differential juvenile hormone variations in scale insect extreme sexual dimorphism. PLOS ONE, 11(2): e0149459.

Vennila S, Deshmukh A J, Pinjarkar D, *et al.* 2010. Biology of the mealybug, *Phenacoccus solenopsis* on cotton in the laboratory. Journal of Insect Science, 10(1): 115.

Waage J K, Reaser J K. 2001. A global strategy to defeat invasive species. Science, 292(5521): 1486.

Wakgari W M, Giliomee J H. 2004. Description of adult and immature female instars of *Pseudococcus viburni* (Hemiptera: Pseudococcidae) found on apple in South Africa. African Entomology, 12(1): 29-38.

Walter C. 1942. The geographical distribution of mealybug wilt with notes on some other insect pests of pineapple. Journal of Economic Entomology, 35(1): 10-15.

Walton V, Dalton D T, Daane K, *et al.* 2013. Seasonal phenology of *Pseudococcus maritimus* (Hemiptera: Pseudococcidae) and Pheromone-Baited Trap survey of four important, mealybug species in three wine grape growing regions of oregon. Annals of the Entomological Society of America, 106(4): 471-478.

Wang X B, Zhang J T, Deng J, *et al.* 2016. DNA barcoding of mealybugs (Hemiptera: Coccoidea: Pseudococcidae) from mainland China. Annals of the Entomological Society of America, 109(3): 438-446.

Wang Y S, Dai T M, Tian H, *et al.* 2019. *Phenacoccus madeirensis* Green (Hemiptera: Pseudococcidae): new geographic records and rapid identification using a species-specific PCR assay. Crop Protection, 116: 68-76.

Watanabe S. 1936. On pineapple wilt. The Horticulture Journal, 6: 105-134.

Williams D J. 1981. New records of some important mealybugs (Hemiptera: Pseudococcidae). Bulletin of Entomological Research, 71(2): 243-245.

Williams D J. 1982. The distribution of the mealybug genus *Planococcus* (Hemiptera: Pseudococcidae) in Melanesia, Polynesia and Kiribati. Bulletin of Entomological Research, 72(3): 441-455.

Williams D J. 2004. The Mealybugs of Southern Asia. London: The Natural History Museum; Kuala Lumpur: Southdene Sdn. Bhd: 1-896.

Williams D J, Blair B W, Khasimuddin S. 1985. *Phenacoccus solani* Ferris in festing tobacco in Zimbabwe (Homoptera, Coccoidea, Pseudococcidae). Entomologist's Monthly Magazine, 121: 87-88.

Williams D J, Cox J M. 1984. Notes on the distribution of *Phenacoccus parvus* Morrison = *Phenacoccus surinamensis* Green Syn. n. (Hem. Pseudococcidae). Entomologist's Monthly Magazine, 120: 139-140.

Williams D J, Granara de Willink M C. 1992. Mealybugs of Central and South America. London: CAB International: 372-375.

Williams D J, Matile-Ferrero D. 2008. Mealybugs of *Mauritius* [Hemiptera, Coccoidea, Pseudococcidae]. Revue Française d'Entomologie, 30(2/4): 97-101.

Williams D J, Matile-Ferrero D, Martin J H. 2001. The mealybug *Planococcus lilacinus* (Cockerell) in Africa (Hemiptera, Coccoidea, Pseudococcidae). Bulletin de la Société Entomologique de France, 106(3): 259-260.

Williams D J, Miller D R. 2010. Scale insects (Hemiptera: Sternorrhyncha: Coccoidea) of the Krakatau islands including species from adjacent Java. Zootaxa, 2451: 43-52.

Williams D J, Watson G W. 1988. The Scale Insects of the Tropical South Pacific Region. Part 2. The Mealybugs (Pseudococcidae). London: CAB International and Institute of Entomology.

Xu C, Li Q L, Qu X B, *et al.* 2020. Ant-Hemipteran association decreases parasitism of *Phenacoccus solenopsis* by endoparasitoid *Aenasiusb ambawalei*. Ecological Entomology, 45(2): 290-299.

Yoo H S, Eah J, Kim J S, *et al.* 2006. DNA barcoding Korean birds. Molecules and Cells, 22(3): 323-327.

You S J, Liu J F, Huang D C, *et al.* 2013. A review of the mealybug *Oracella acuta*: invasion and management in China and potential incursions into other countries. Forest Ecology and Management, 305(1): 96-102.

Zain-ul-Abdin, Arif M J, Gogi M D, *et al.* 2012. Biological characteristics and host stage preference of mealybug parasitoid *Aenasius bambawalei* Hayat (Hymenoptera: Encyrtidae). Pakistan Entomologist, 34(1): 47-50.

Zeddies J, Schaab R P, Neuenschwander P, *et al.* 2001. Economics of biological control of cassava mealybug in Africa. Agricultural Economics, 24(2): 209-219.

Zerbino M S, Altier N A, Panizzi A R. 2013. Effect of photoperiod and temperature on nymphal development and adult reproduction of *Piezodorus guildinii* (Heteroptera: Pentatomidae). Florida Entomologist, 96(2): 572-582.

Zhang P J, Huang F, Zhang J M, *et al.* 2015. The mealybug *Phenacoccus solenopsis* suppresses plant defense responses by manipulating JA-SA crosstalk. Scientific Reports, 5: 9354.

Zhang P J, Zhu X Y, Huang F, *et al.* 2011. Suppression of jasmonic acid-dependent defense in cotton plant by the mealybug *Phenacoccus solenopsis*. PLOS ONE, 6(7): e22378.

Zhou A M, Liang G W, Zeng L, *et al.* 2014. Interactions between ghost ants and invasive mealybugs: the case of *Tapinoma melanocephalum* (Hymenoptera: Formicidae) and *Phenacoccus solenopsis* (Hemiptera: Pseudococcidae). Florida Entomologist, 97(4): 1474-1480.

Zhou A M, Liang G W, Zeng L, *et al.* 2017a. *Solenopsis invicta* suppress native ant by excluding mutual exploitation from the invasive mealybug, *Phenacoccus solenopsis*. Pakistan Journal of Zoology, 49(1): 133-141.

Zhou A M, Lu Y Y, Zeng L, *et al.* 2012a. Effects of honeydew of *Phenacoccus solenopsis* on foliar foraging by *Solenopsis invcta* (Hymenoptera: Formicidae). Sociobiology, 59(1): 71-79.

Zhou A M, Lu Y Y, Zeng L, *et al.* 2012b. Does mutualism drive the invasion of two alien species? The case of *Solenopsis invicta* and *Phenacoccus solenopsis*. PLOS ONE, 7(7): e41856.

Zhou A M, Lu Y Y, Zeng L, *et al.* 2012c. Fire ant-Hemipteran mutualisms: comparison of ant preference for honeydew excreted by an invasive mealybug and a native aphid. Sociobiology, 59(3): 795-804.

Zhou A M, Lu Y Y, Zeng L, *et al.* 2013. *Solenopsis invicta* (Hymenoptera: Formicidae), defend *Phenacoccus solenopsis* (Hemiptera: Pseudococcidae) against its natural enemies. Environmental

Entomology, 42(2): 247-252.

Zhou A M, Qu X B, Shan L F, *et al.* 2017b. Temperature warming strengthens the mutualism between ghost ants and invasive mealybugs. Scientific Reports, 7: 959.

Zizzari Z V, Ellers J. 2011. Effects of exposure to short-term heat stress on male reproductive fitness in a soil arthropod. Journal of Insect Physiology, 57(3): 421-426.

附录一　中国口岸截获粉蚧名录

属	种	中文名	截获频次	国内报道
奥粉蚧属 Allococcus	Allococcus morrisoni	摩氏奥粉蚧	少	无
迪氏粉蚧属 Delottococcus	Delottococcus confusus	混点迪氏粉蚧	偶尔	无
灰粉蚧属 Dysmicoccus	Dysmicoccus texensis	双刺灰粉蚧	少	无
	Dysmicoccus brevipes	菠萝灰粉蚧	频繁	有
	Dysmicoccus grassii	香蕉灰粉蚧	少	无
	Dysmicoccus lepelleyi	李比利氏灰粉蚧	频繁	无
	Dysmicoccus neobrevipes	新菠萝灰粉蚧	频繁	有
曲刺粉蚧属 Exallomochlus	Exallomochlus hispidus	甘蔗簇粉蚧	频繁	无
拂粉蚧属 Ferrisia	Ferrisia virgata	双条拂粉蚧	频繁	有
眼粉蚧属 Hordeolicoccus	Hordeolicoccus nephelii	红毛丹眼粉蚧	少	无
枯粉蚧属 Kiritshenkella	Kiritshenkella sacchari	甘蔗枯粉蚧	少	有（台湾）
曼粉蚧属 Maconellicoccus	Maconellicoccus hirsutus	木槿曼粉蚧	频繁	有
	Maconellicoccus multipori	多孔曼粉蚧	偶尔	无
堆粉蚧属 Nipaecoccus	Nipaecoccus nipae	椰子堆粉蚧	多	有
	Nipaecoccus vastator	柑橘堆粉蚧	频繁	有
椰粉蚧属 Palmicultor	Palmicultor palmarum	东亚椰粉蚧	偶尔	有
秀粉蚧属 Paracoccus	Paracoccus interceptus	截获秀粉蚧	偶尔	无
	Paracoccus marginatus	木瓜秀粉蚧	偶尔	有
簇粉蚧属 Paraputo	Paraputo odontomachi	山竹簇粉蚧	少	无
绵粉蚧 Phenacoccus	Phenacoccus solani	石蒜绵粉蚧	少	有
	Phenacoccus solenopsis	扶桑绵粉蚧	多	有
臀纹粉蚧属 Planococcus	Planococcus citri	柑橘臀纹粉蚧	多	有
	Planococcus ficus	无花果臀纹粉蚧	少	有
	Planococcus indicus	印度臀纹粉蚧	偶尔	无
	Planococcus lilacinus	南洋臀纹粉蚧	频繁	有
	Planococcus litchi	荔枝臀纹粉蚧	偶尔	有
	Planococcus minor	大洋臀纹粉蚧	频繁	有
	Planococcus kenyae	肯尼亚臀纹粉蚧	少	无
	Planococcus kraunhiae	日本臀纹粉蚧	少	有

属	种	中文名	截获频次	国内报道
粉蚧属 Pseudococcus	Pseudococcus aurantiacus	黄皮粉蚧	少	无
	Pseudococcus baliteus	榕树粉蚧	多	有
	Pseudococcus comstocki	康氏粉蚧	多	有
	Pseudococcus cryptus	柑橘棘粉蚧	频繁	有
	Pseudococcus elisae	香蕉粉蚧	少	无
	Pseudococcus calceolariae	柑橘栖粉蚧	少	有
	Pseudococcus jackbeardsleyi	杰克贝尔氏粉蚧	频繁	有
	Pseudococcus longispinus	长尾粉蚧	频繁	有
	Pseudococcus maritimus	真葡萄粉蚧	多	有
	Pseudococcus neomaritimus	新葡萄粉蚧	少	无
	Pseudococcus nakaharai	仙人掌粉蚧	偶尔	无
	Pseudococcus philippinicus	菲律宾粉蚧	偶尔	有
	Pseudococcus saccharicola	东亚蔗粉蚧	多	有
	Pseudococcus viburni	拟葡萄粉蚧	少	有
平刺粉蚧属 Rastrococcus	Rastrococcus chinensis	中华平刺粉蚧	偶尔	有
	Rastrococcus iceryoides	吹绵平刺粉蚧	偶尔	有
	Rastrococcus invadens	杧果平刺粉蚧	偶尔	无
	Rastrococcus tropicasiaticus	热带平刺粉蚧	偶尔	无

附录二　国内防治蚧虫登记药剂情况

据统计，我国现有登记药剂可用于防治蚧虫（包括松干蚧、长白蚧、矢尖蚧、红蜡蚧、松突圆蚧等）的有效成分共 19 种，分别为矿物油、螺虫乙酯、苦参碱、球孢白僵菌、噻嗪酮、噻虫嗪、石硫合剂、双甲脒、氟啶虫胺腈、松脂酸钠、高效氯氰菊酯、溴氰菊酯、稻丰散、喹硫磷、敌敌畏、亚胺硫磷、硝虫硫磷、马拉硫磷、氧化乐果。

登记可用于防治蚧虫的复配药剂共 19 种，分别为氯氰·毒死蜱、螺虫·毒死蜱、啶虫·毒死蜱、阿维·毒死蜱、阿维·啶虫脒、阿维·螺虫、噻嗪·毒死蜱、联苯·螺虫酯、螺虫·噻嗪酮、螺虫·呋虫胺、螺虫·吡丙醚、螺虫·噻虫嗪、吡虫·噻嗪酮、吡丙·噻嗪酮、氰戊·喹硫磷、噻嗪·哒螨灵、石硫·矿物油、马拉松·矿物油、稻散·高氯氟。

生产这些药剂的厂家共有 211 家，登记药剂皆为中等毒性及低毒农药，登记作物以柑橘最多，登记的剂型以乳油最多，登记成分最多的为毒死蜱，其次为噻嗪酮。目前，没有专门防治粉蚧的药剂登记。

上述可用于防治蚧虫的药剂中，蔬菜上已禁止毒死蜱和氧化乐果使用，柑橘上禁止氧化乐果使用。杀扑磷和灭多威是对粉蚧有较好防效的两种药剂，杀扑磷被全面禁止在蔬菜、瓜果、茶叶和中草药上使用，灭多威禁止在柑橘、蔬菜和茶树上使用。目前，防治蚧虫使用最多的毒死蜱禁止在蔬菜上使用。溴甲烷作为熏蒸剂，除土壤熏蒸外禁止使用。凡是标签说明为剧毒或高毒农药，均不得在蔬菜、瓜果、茶叶和中草药等农作物上使用。

附录三 防治蚧虫的主流化学药剂

产品名	剂型和含量	主要特点
乐斯本	毒死蜱 480g/L（乳油）	防效高、持效长；3 天防效可达 80%，持效期 30 天
农地乐	氯氰菊酯 47.5g/L+毒死蜱 475g/L	兼有触杀、胃毒和熏蒸三大杀虫作用
喜斯本	40% 毒死蜱（水乳剂）	混配性好，混用时不限制先后顺序
斯达速	45% 毒死蜱（乳油）	对各种作物上的食叶性害虫、蚜虫、地下害虫及蚧虫防效突出
双品	5% 吡虫啉+20% 毒死蜱	集触杀、胃毒、熏蒸、内吸作用于一体；见效速度快，持效期可达 25 天左右
阿克泰	25% 噻虫嗪（水分散粒剂）	作用速度快，杀虫谱广，安全性好，持效期长，且不易与其他杀虫剂产生交互抗性；集胃毒、触杀及内吸作用于一体
优乐得	25% 噻嗪酮（可湿性粉剂）	具有高活性、高选择性，对矢尖蚧、长白蚧等蚧虫也有较好效果，与常规药剂无交互抗性
破甲壳	5% 啶虫脒+35% 毒死蜱（乳油）	集触杀、熏蒸、胃毒、传导作用于一体
特福力	22% 氟啶虫胺腈（悬浮剂）	具有双向传导的特点，持效期长
亩旺特	22.4% 螺虫乙酯（悬浮剂）	持效期长，可达 8 周，但见效较慢，可与速效型药剂混配

附录四　粉蚧化学防治注意事项

1）粉蚧防治的关键时期是虫卵孵化期和低龄若虫高峰期，此时虫体上的胶、蜡、粉等保护物较少，容易着药，并且低龄若虫对药剂较为敏感。

2）粉蚧虫龄变大后对药剂的敏感性降低，并且分泌粉状蜡状物，此时要使用内吸性能高的药剂，且需借助渗透作用良好的助剂方能奏效，可与有机硅、植物精油等渗透剂配合使用，也可利用蓖麻油皂液有效除去虫体表面蜡质物以达到高效杀虫效果。

3）根据粉蚧常用农药，选择高效、低毒、低残留的农药，应避免使用广谱性杀虫剂（如敌敌畏、辛硫磷），减少对天敌的伤害。在蔬菜、瓜果、茶叶和中草药等农作物上禁止使用高毒、高残留农药。

4）避免长期连续使用单一药剂，合理交替轮用药剂，特别是有机磷类农药。

5）化学防治应与农业防治、生物防治等其他方法相结合，最大程度地降低化学药剂的副作用。

6）严格按照《农药合理使用准则（十）》（GB/T 8321.10—2018）的指导使用量、使用次数及安全间隔期使用。应注意针对不同的粉蚧虫态适当调整用药浓度和施药次数，以达到理想的防治效果。

7）严格按照农药混用技术，尽可能选用化学结构、作用机制不同，但可以增效的农药品种进行复配使用，并注意选用相同的制剂形式，同类型药剂一般不宜混用，容易存在交互抗性等问题。

8）根据粉蚧发生情况，合理选择施药方式和器具。

附录五　扶桑绵粉蚧化学药剂浸泡处理方法

1. 扶桑绵粉蚧化学药剂浸泡处理的剂量指标

药剂名称	剂型	有效浓度/（mg/L）	浸泡时间/min
高效氯氟氰菊酯（cyhalothrin）	乳油	19.2	10
吡虫啉（imidacloprid）	乳油	50	10
啶虫脒（acetamiprid）	乳油	30	10
马拉硫磷（malathion）	乳油	369	10
毒死蜱（chlorquinol）	乳油	436	10
40% 马拉·杀扑磷（malathion-methidathion）（马拉硫磷含量 30%，杀扑磷含量 10%）	乳油	444.4	10
氧化乐果（omethoate）	乳油	400	10

2. 药剂浸泡处理操作步骤

- 用尺准确测量药池的长、宽和深，并计算出药池的容积，根据处理材料选择上表所列的药剂种类，计算药剂使用量。
- 根据计算出的药剂用量配制药剂，投入药池。
- 将待处理的植物材料小心放入药池，注意被处理材料全部浸在药液中。材料放置结束后开始计时。
- 达到处理时间后，将处理材料从药池中取出，放置于无阳光直射的干净地面上，让其自然晾干。
- 药剂浸泡结束后的剩余药剂，在当地环保部门的指导下和监督下统一处理。

附录六 溴甲烷对扶桑绵粉蚧的熏蒸处理方法

1. 溴甲烷熏蒸处理扶桑绵粉蚧的技术指标

处理温度	处理剂量	处理时间	其他要求
<16℃	不宜熏蒸		
16～20℃	41g/m³	2h	熏蒸时要求对注入的溴甲烷进行预热，确保溴甲烷充分气化；处理植
			物在熏蒸库或帐幕中的装载容量不能超过总库容体积的75%；没有打
21～25℃	33g/m³	2h	孔的不透气包装必须打开或打孔；植株或枝条堆垛宽度和高度分别不
			超过1.5m和2m；堆垛之间应留有50cm左右的通道，以保证熏蒸剂
26～30℃	25g/m³	2h	有效循环
>30℃	不宜熏蒸		

2. 溴甲烷熏蒸的操作步骤

● 准备工作：苗木或鲜花的熏蒸温度不可低于11℃或高于31℃。在溴甲烷释放以前，已经过冷藏或存于冷库的植物必须加热至密闭空间的环境温度。

● 检查药剂和器材：根据拟定的熏蒸方案，确认所需的药剂和器材已经齐备，有关仪器设备处于计量有效期内且运行正常，防毒面具的滤毒罐有效。

● 计算投药量：用尺量出熏蒸空间的大小，按上表设定的处理剂量计算出投药重量。

● 投药前后的检查：检查内容如下。

 ✓ 开启熏蒸气体浓度检测仪，检查是否工作正常。

 ✓ 检查熏蒸帐幕或熏蒸库是否气密，气罐通气软管是否有破损。

 ✓ 检查测毒采样管是否正确标记，是否有弯折或破损的地方。

 ✓ 检查防毒面具是否准备妥当。

 ✓ 检查钢瓶瓶嘴与投药管连接是否牢固。

 ✓ 开启电风扇，检查是否工作正常。

 ✓ 检查熏蒸警戒标识是否张贴或悬挂正确。

 ✓ 要求非操作人员离开熏蒸现场。

● 投药。

 ✓ 开启气化器，将气化器水温加热至100℃，并确保通气后水温在65℃以上。

 ✓ 开启电风扇，使熏蒸库内的气体充分循环。

 ✓ 将钢瓶称重，在磅秤上定位好投药量。投药人员戴好防毒面具和防护手套。慢慢打开钢瓶阀门，约2s重新关上，用气体检漏仪检查投药管所有接头是否有泄漏发生。如无泄漏，可以按预先确定的投药量进行投药。

✓ 投药完毕，关闭钢瓶阀门，记录投药结束时间，熏蒸正式开始。

✓ 投药结束后，电风扇应继续开启 30min，使密闭空间气体达到平衡状态。

- 检漏：检测人员戴好防毒面具，再用 GAMBP、MiniREA2000、Gasalert Micro5 等气体检漏仪检查熏蒸库门、通气管接头、投药管、测毒采样管等可能发生泄漏的地方，一旦发现泄漏，要立即采取封堵措施。

- 浓度测定：用熏蒸气体浓度检测仪在投药 30min 和 2h 分别测定溴甲烷的气体浓度及其分布。对于 $30m^3$ 以上的密闭空间，应该至少安放 3 根监测管，分别位于后面顶部中央、密闭空间中心位和前门地面中央；对于 $30m^3$ 以下的密闭空间，应至少安放 1 根监测管，位于密闭空间顶部中心位。30min 时熏蒸设备内溴甲烷的平均浓度应在投药剂量的 75% 以上；2h 时平均浓度应不低于投药剂量的 65%，如果浓度测定值小于投药剂量的 65%，说明熏蒸设备可能有泄漏，应查明原因并改进后重新熏蒸。

- 通风散气：如果散气前的浓度检测值大于或等于规定的最低浓度值，则可以结束熏蒸，并进行通风散气。通风散气的操作步骤按照《熏蒸库中植物有害生物熏蒸处理操作规程》（SN/T 1143—2013）和《帐幕熏蒸处理操作规程》（SN/T 1123—2010）执行。通风散气结束后，可卸下警戒标识并搬动货物。